一冊に凝縮

Office 2024
Microsoft 365 対応

The Best Guide to Microsoft Word for Beginners and Learners.

Word 2024 やさしい教科書

わかりやすさに自信があります！

国本 温子

SB Creative

本書の掲載内容

本書は、2025年1月1日の情報に基づき、Word 2024の操作方法について解説しています。また、本書ではWindows版のWord 2024の画面を用いて解説しています。ご利用のWordのOSのバージョン・種類によっては、項目の位置などに若干の差異がある場合があります。あらかじめご了承ください。

本書に関するお問い合わせ

この度は小社書籍をご購入いただき誠にありがとうございます。小社では本書の内容に関するご質問を受け付けております。本書を読み進めていただきます中でご不明な箇所がございましたらお問い合わせください。なお、ご質問の前に小社Webサイトで「正誤表」をご確認ください。最新の正誤情報を下記のWebページに掲載しております。

本書サポートページ　https://isbn2.sbcr.jp/30218/

上記ページに記載の「正誤情報」のリンクをクリックしてください。
なお、正誤情報がない場合、リンクをクリックすることはできません。

ご質問送付先

ご質問については下記のいずれかの方法をご利用ください。

Webページより

上記のサポートページ内にある「お問い合わせ」をクリックしていただき、ページ内の「書籍の内容について」をクリックするとメールフォームが開きます。要綱に従ってご質問をご記入の上、送信してください。

郵送

郵送の場合は下記までお願いいたします。

〒105-0001
東京都港区虎ノ門2-2-1
SBクリエイティブ　読者サポート係

- 本書内に記載されている会社名、商品名、製品名などは一般に各社の登録商標または商標です。本書中では®、™マークは明記しておりません。
- 本書の出版にあたっては正確な記述に努めましたが、本書の内容に基づく運用結果について、著者およびSBクリエイティブ株式会社は一切の責任を負いかねますのでご了承ください。

ⓒ2025 ATSUKO KUNIMOTO
本書の内容は著作権法上の保護を受けています。著作権者・出版権者の文書による許諾を得ずに、本書の一部または全部を無断で複写・複製・転載することは禁じられております。

はじめに

　Wordは、パソコンを使って文書を作成するときに一般的に使用されるワープロソフトです。おそらく、パソコンを使い始めたときに、最初に出会うソフトの1つと言えるでしょう。

　Wordでは、会社などで使うビジネス文書をはじめとして、レポートや論文などの長文、サークル活動などの案内文、お店のチラシといった文書から、はがきの文面や宛名印刷まで、さまざまな文書を作成することができます。

　本書ではパソコン入門者の方のために、1章でWordの基本操作、2章でキーボードの打ち分け方、文字入力、変換方法を丁寧に説明しています。3章では、簡単なビジネス文書の作成を例に、白紙の文書から、文字入力、印刷、保存までの一連の文書作成の操作をチュートリアル形式で説明しています。3章まで学習すれば、基本操作と基礎知識を身につけていただけることと思います。

　4章～10章は、文書の編集、書式設定、表作成、図形の作成、画像の挿入、便利機能、共同編集と、機能別に説明しています。順番に学習することもできますし、逆引き的に知りたいところだけを選んで学習することもできます。本書には、各セクション内の項目ごとに必要なサンプルを用意していますので、知りたい項目のサンプルを開き、そこだけをピンポイントで確認するという使い方ができます。

　また、付録に年賀状の作成例を紹介しています。本書の内容の総まとめの練習として使っていただけます。加えて、生成AIのCopilotの基本的な使い方と、Wordで文書作成する場合の活用方法も紹介しています。Copilotを利用する際にお役立てください。

　本書では、基本を中心に、できるだけ丁寧にわかりやすく解説を進めています。さらに、使用しているときに疑問に思いがちな内容や、覚えておくと便利な操作をMemo、Hint、ショートカットキー、使えるプロ技として随所に用意しています。本書が、皆様のニーズにお応えし、理解の一助となれば幸いです。

2025年1月

国本温子

本書の使い方

- 本書では、Word 2024をこれから使う人を対象に、文字入力の基本から、文書やはがきの作成／印刷方法、表や図形の作成、画像や飾り文字の挿入、便利な機能の使いこなしまで、画面をふんだんに使用して、とにかく丁寧に解説しています。

- Wordが備える多彩な機能を網羅的に幅広く、わかりやすいサンプルで紹介しています。ページをパラパラとめくって、自分が作りたい文書のスタイルに必要な機能を見つけてください。

- 本編以外にも、MemoやHintなどの関連情報やショートカットキー一覧、用語集など、さまざまな情報を多数掲載しています。お手元に置いて、必要なときに参照してください。

紙面の構成

練習用ファイル
セクションで使用するファイルの名前です。ファイルのダウンロード方法などはp.6 で解説しています。

解説
各項目の操作の内容を解説しています。操作手順の画面とあわせてお読みください。

Memo
セクションで解説している機能や操作に関連する知識を掲載しています。

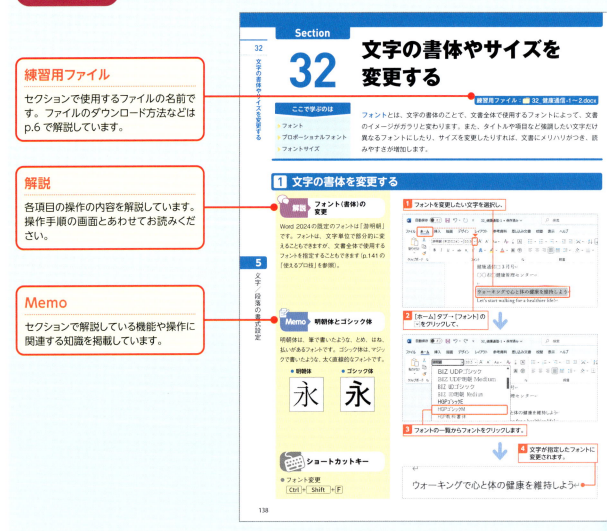

効率よく学習を進める方法

1	まずは全体をながめる	第1章〜第3章までで、Wordの基本的な文書の作成方法をマスターできます。第4章以降は、まずは全体をざっとながめて、Wordがどんな機能を備えているかを確認してみてください。
2	実際にやってみる	本書の各項目では、練習用ファイルとしてサンプルを用意しています。紙面を見ながら実際に操作手順を実行して、結果を確認しながら読み進めてください。
3	リファレンスとして活用	基本をマスターした後は、作りたい文書にあわせて必要な項目を参照してください。MemoやHintなどの関連情報もステップアップにお役立てください。

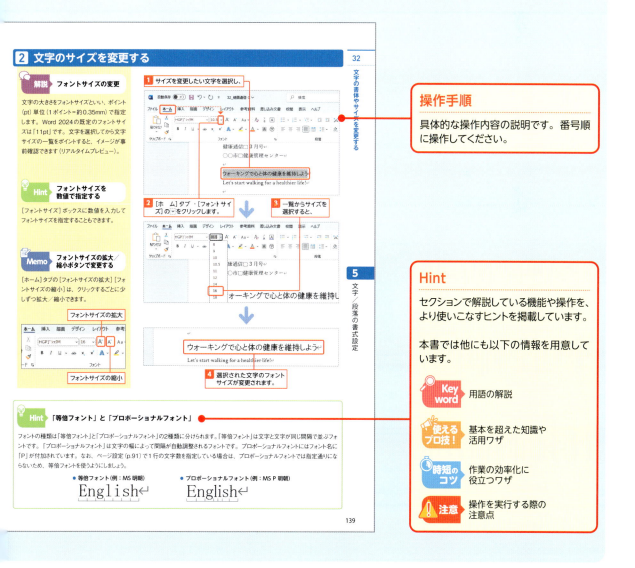

練習用ファイルの使い方

学習を進める前に、本書の各セクションで使用する練習用ファイルをダウンロードしてください。以下のWebページからダウンロードできます。

練習用ファイルのダウンロード

https://www.sbcr.jp/support/4815617906/

ここでは、Windows 11のMicrosoft Edgeを使ったダウンロード方法を紹介します。

1 上記URLを入力してダウンロードページを開き、「Word2024_Practice.zip」をクリックします。

2 ツールバーにダウンロードの指定メニューが開くので、[開く]をクリックすると、ダウンロードが始まります。

3 ダウンロードが終了すると、ZIPファイルが開き、「Word2024_Practice」フォルダーが表示されるので、デスクトップなど好きな場所にドラッグ＆ドロップでコピーしてください。

以降は、コピーしたファイルをWordで開きます。

練習用ファイルの内容

練習用ファイルの内容は下図のようになっています。ファイルの先頭の数字がセクション番号を表します。なお、セクションによっては練習用ファイルがない場合もあります。

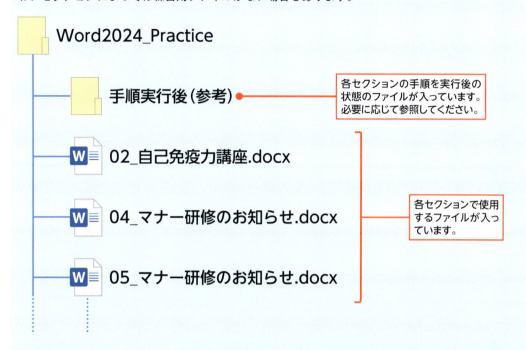

使用時の注意点

練習用ファイルを開こうとすると、画面の上部に警告が表示されることがあります。これはインターネットからダウンロードしたファイルには危険なプログラムが含まれている可能性があるためです。本書の練習用ファイルは問題ありませんので、[編集を有効にする]をクリックして、各セクションの操作を行ってください。

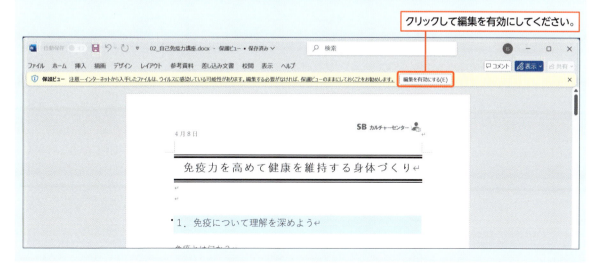

マウス／タッチパッドの操作

クリック

画面上のものやメニューを選択したり、ボタンをクリックしたりするときなどに使います。

左ボタンを1回押します。

左ボタンを1回押します。

右クリック

操作可能なメニューを表示するときに使います。

右ボタンを1回押します。

右ボタンを1回押します。

ダブルクリック

ファイルやフォルダーを開いたり、アプリを起動したりするときに使います。

左ボタンをすばやく2回押します。

左ボタンをすばやく2回押します。

ドラッグ

画面上のものを移動するときなどに使います。

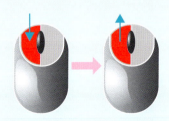

左ボタンを押したままマウスを移動し、移動先で左ボタンを離します。

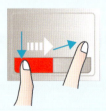

左ボタンを押したままタッチパッドを指でなぞり、移動先で左ボタンを離します。

▶▶ よく使うキー

Esc（エスケープ）キー
操作を取り消すときに使います。

半角／全角キー
日本語入力モードと半角英数モードを切り替えます。

Delete（デリート）キー
カーソルの右側の文字を削除します。

テンキー
電卓のように数字や演算記号が集まったキーです。

BackSpace（バックスペース）キー
カーソルの左側の文字を削除します。

Shift（シフト）キー
他のキーと組み合わせて使います。

スペースキー
空白の入力や漢字への変換に使います。

Enter（エンター）キー
文字の確定や改行入力で使います。

矢印キー
カーソルを上下左右に移動します。

Ctrl（コントロール）キー
他のキーと組み合わせて使います。

ショートカットキー　複数のキーを組み合わせて押すことで、特定の操作をすばやく実行することができます。本書中では ○○ ＋ △△ キーのように表記しています。

▶ Ctrl ＋ A キーという表記の場合

2つのキーを同時に押します。

▶ Ctrl ＋ Shift ＋ Esc キーという表記の場合

3つのキーを同時に押します。

CONTENTS

第1章 Word 2024の基本操作を知る　23

Section 01　Wordでできること　24
Wordで作成できる文書

Section 02　Wordを起動／終了する　26
Wordを起動して白紙の文書を表示する
文書を開く
文書を閉じる
Wordを終了する

Section 03　Wordの画面構成　32
Wordの画面構成

Section 04　リボンを使うには　34
リボンを切り替えて機能を実行する
［ファイル］タブでBackstageビューのメニューを選択する
編集対象によって表示されるリボンを確認する
リボンからダイアログや作業ウィンドウを表示する
リボンを非表示にして文書表示を大きく使う

Section 05　Wordの機能をすばやく実行する　40
クイックアクセスツールバーを使う
ミニツールバーを使う
ショートカットメニューを使う
ショートカットキーを使う

Section 06　画面の表示を操作する　42
画面の表示倍率を変更する
画面をスクロールする
表示モードを切り替える

Section 07　わからないことを調べる　46
Microsoft Searchで調べる
ヘルプで調べる

第 2 章 文字入力を完璧にマスターする　　49

Section 08　キーボードの使い方を覚えよう　　50
キーボードの各部の名称と機能
キーの押し方

Section 09　IMEを確認する　　52
IMEの入力モードを切り替える
ローマ字入力とかな入力
ローマ字入力とかな入力を切り替える

Section 10　日本語を入力する　　54
ひらがなを入力する
入力中の文字を訂正する
漢字に変換する
変換候補から変換する
カタカナに変換する
確定後の文字を再変換する

Section 11　文節／文章単位で入力する　　62
文節単位で変換する
文章をまとめて変換する
文節を移動して変換する
文節を区切り直して変換する

Section 12　英数字を入力する　　66
半角のアルファベットや数字を入力する
全角のアルファベットや数字を入力する
ひらがなモードで入力する

Section 13　記号を入力する　　68
キーにある記号を入力する
記号の読みを入力して変換する
ダイアログから選択する

Section 14　読めない漢字を入力する　　72
手書きで漢字を検索する
総画数で漢字を検索する
部首で漢字を検索する

| Section 15 | **単語登録する** | 76 |

単語を辞書に登録する
単語を削除する

| Section 16 | **ファンクションキーで変換する** | 78 |

F7 キーで全角カタカナ、F8 キーで半角カタカナに変換する
F9 キーで全角英数字、F10 キーで半角英数字に変換する
F6 キーでひらがなに変換する

第3章 文書を思い通りに作成する　　81

| Section 17 | **文書作成の流れ** | 82 |

基本的な文書の作成手順

| Section 18 | **新規文書を作成する** | 84 |

白紙の新規文書を作成する
テンプレートを使って新規文書を作成する

| Section 19 | **用紙のサイズや向きなどページ設定する** | 88 |

用紙のサイズを選択する
印刷の向きを選択する
余白を設定する
数値で余白を変更する
1ページの行数や1行の文字数を指定する

| Section 20 | **簡単なビジネス文書を作ってみる** | 92 |

ビジネス文書の基本構成を覚えよう
発信日付を入力する
宛先、発信者名、タイトルを入力する
頭語と結語を入力する
前文（あいさつ文）を入力する
主文と末文を入力する
記書きを入力する
文字の配置を変更する

Section 21 文書を保存する　　　100

　　保存場所と名前を指定して保存する
　　上書き保存する
　　PDFファイルとして保存する
　　テキストファイルとして保存する

Section 22 文書を開く　　　106

　　保存場所を選択して開く
　　エクスプローラーから開く
　　Word文書以外のファイルを開く
　　保存しないで閉じた文書を回復する

Section 23 印刷する　　　110

　　印刷画面を表示し、印刷イメージを確認する
　　印刷を実行する
　　印刷するページを指定する
　　部単位とページ単位で印刷単位を変更する
　　1枚の用紙に複数のページを印刷する
　　用紙サイズに合わせて拡大／縮小印刷する
　　両面印刷する

第4章 文書を自由自在に編集する　　　115

Section 24 カーソルの移動と改行　　　116

　　文字カーソルを移動する
　　改行する
　　空行を挿入する

Section 25 文字を選択する　　　118

　　文字を選択する
　　行を選択する
　　文を選択する
　　段落を選択する
　　離れた文字を同時に選択する

ブロック単位で選択する
文書全体を選択する

Section 26　文字を修正／削除する　122
文字を挿入する
文字を上書きする
文字を削除する

Section 27　文字をコピー／移動する　124
文字をコピーする
文字を移動する
ドラッグ＆ドロップで文字をコピーする
ドラッグ＆ドロップで文字を移動する

Section 28　いろいろな方法で貼り付ける　128
形式を選択して貼り付ける
［クリップボード］作業ウィンドウを表示して貼り付ける

Section 29　操作を取り消す　130
元に戻す／やり直し／繰り返し

Section 30　文字を検索／置換する　132
指定した文字を探す
指定した文字を別の文字に置き換える

第5章　文字／段落の書式設定　135

Section 31　文字書式と段落書式の違いを覚える　136
文字書式とは
段落書式とは

Section 32　文字の書体やサイズを変更する　138
文字の書体を変更する
文字のサイズを変更する

Section 33　文字に太字／斜体／下線を設定する　142

- 文字に太字を設定する
- 文字に斜体を設定する
- 文字に下線を設定する

Section 34　文字に色や効果を設定する　144

- 文字に色を付ける
- 文字に蛍光ペンを設定する
- 文字に効果を付ける

Section 35　書式をコピーして貼り付ける　148

- 書式を他の文字にコピーする
- 書式を連続して他の文字にコピーする

Section 36　文字にいろいろな書式を設定する　150

- 文字にふりがなを表示する
- 文字を均等割り付けする
- 文字幅を横に拡大／縮小する
- 文字間隔を調整する
- 設定した書式を解除する

Section 37　段落の配置を変更する　156

- 文字を中央／右側に揃える
- 文字を行全体に均等に配置する

Section 38　箇条書きを設定する　158

- 段落に箇条書きを設定する
- 入力しながら箇条書きを設定する

Section 39　段落番号を設定する　160

- 段落に連続番号を付ける
- 入力しながら段落番号を設定する

Section 40　段落に罫線や網かけを設定する　162

- 段落の周囲を段落罫線で囲む
- タイトルの上下に段落罫線を設定する
- 水平線を段落全体に設定する
- 段落に網かけを設定する

Section 41 文字や段落に一度にまとめていろいろな書式を設定する　　166

組み込みスタイルを設定する
オリジナルのスタイルを作成する
作成したスタイルを別の箇所に適用する
作成したスタイルを変更する

Section 42 文章の行頭や行末の位置を変更する　　172

ルーラーを表示する
インデントの種類を確認する
段落の行頭の位置を変更する
段落の行末の位置を変更する
1行目を字下げする
2行目以降の行頭の位置を変更する

Section 43 文字の先頭位置を揃える　　178

タブとは
既定の位置に文字を揃える
任意の位置に文字を揃える
リーダーを表示する

Section 44 行間や段落の間隔を設定する　　182

行間を広げる
段落と段落の間隔を調整する

Section 45 ドロップキャップを設定する　　186

ドロップキャップを設定する
ドロップキャップの設定を変更する

Section 46 段組みと改ページを設定する　　188

文書の一部分を段組みに設定する
任意の位置で段を改める
任意の位置で改ページする

Section 47 セクション区切りを挿入する　　192

セクションとセクション区切り
文書にセクション区切りを挿入する
セクション単位でページ設定をする

第 6 章 表の基本的な作り方と実践ワザ　197

Section 48　表を作成する　198

- 行数と列数を指定して表を作成する
- 文字を表に変換する
- ドラッグして表を作成する
- 罫線を削除する

Section 49　表内の移動と選択　204

- 表の構成
- 表内のカーソル移動と文字入力
- セルの選択
- 行の選択
- 列の選択
- 表全体の選択

Section 50　行や列を挿入／削除する　208

- 行や列を挿入する
- 行や列や表を削除する

Section 51　列の幅や行の高さを調整する　212

- 列の幅や行の高さを調整する
- 表のサイズを変更する
- 複数の列の幅や行の高さを均等にする

Section 52　セルを結合／分割する　216

- セルを結合する
- セルを分割する

Section 53　表の書式を変更する　218

- セル内の文字配置を変更する
- 表を移動する
- 線の種類や太さを変更する
- セルの色を変更する

Section 54 表のデータを並べ替える　224

50音順に並べ替える
NO（ナンバー）順に並べ替える

Section 55 表内の数値を計算する　226

価格×数量を計算する
関数を使って合計する
計算結果を更新する

Section 56 Excelの表をWordに貼り付ける　230

Excelの表をWordに貼り付ける
Excel形式で表を貼り付ける
ExcelのグラフをWordに貼り付ける

第7章 図形を作成する　235

Section 57 図形を挿入する　236

図形を描画する
直線を引く

Section 58 図形を編集する　238

図形のサイズを変更する
図形を回転する
図形を変形する
図形に効果を設定する
図形にスタイルを設定する
図形の色を変更する
枠線の太さや種類を変更する
図形の中に文字を入力する
作成した図形の書式を既定に設定する

Section 59 図形の配置を整える　244

図形を移動／コピーする
図形の配置を揃える
図形を整列する

図形をグループ化する
　　　図形の重なり順を変更する
　　　図形に対する文字列の折り返しを設定する

Section 60　文書の自由な位置に文字を挿入する　　　248

　　　テキストボックスを挿入して文字を入力する
　　　テキストボックス内の余白を調整する
　　　テキストボックスのページ内の位置を設定する

第8章　文書に表現力を付ける　　　251

Section 61　ワードアートを挿入する　　　252

　　　ワードアートを挿入する
　　　ワードアートを編集する
　　　ワードアートに効果を付ける

Section 62　写真を挿入する　　　256

　　　写真を挿入する
　　　写真を切り抜く
　　　写真に効果を設定する
　　　写真のレイアウトを調整する
　　　写真にスタイルを設定する
　　　写真の背景を削除する

Section 63　SmartArtを挿入する　　　264

　　　SmartArtを使って図表を作成する
　　　SmartArtに文字を入力する
　　　SmartArtに図表パーツを追加する
　　　SmartArtのデザインを変更する

Section 64　いろいろな図を挿入する　　　268

　　　ストック画像を挿入する
　　　アイコンを挿入する
　　　3Dモデルを挿入する
　　　スクリーンショットを挿入する

| Section 65 | **文書全体のデザインを変更する** | 274 |

文書全体を罫線で囲む
「社外秘」などの透かしを入れる
テーマを変更する

第9章 文書作成に便利な機能 277

| Section 66 | **署名やロゴを登録してすばやく挿入する** | 278 |

クイックパーツに登録する
クイックパーツを文書に挿入する
クイックパーツを削除する

| Section 67 | **ヘッダー／フッターを挿入する** | 280 |

左のヘッダーにタイトルを入力する
右のヘッダーにロゴを挿入する
中央のフッターにページ番号を挿入する

| Section 68 | **長い文書を作成するのに便利な機能** | 284 |

見出しスタイルを設定する
ナビゲーションウィンドウで文書内を移動する
見出しを入れ替える
目次を自動作成する
画面を分割する

| Section 69 | **誤字、脱字、表記のゆれをチェックする** | 288 |

スペルチェックと文章校正を行う

| Section 70 | **翻訳機能を利用する** | 290 |

英文を翻訳する

| Section 71 | **インクツールを使う** | 292 |

手書きでコメント入力やマーカーを引く
インクを削除する
インクを図形に変換する

Section 72 差し込み印刷を行う　296

差し込み印刷とは
差し込み印刷の基本手順
①データ差し込み用の文書を用意する
②差し込むデータ（宛先）を用意する
③文書にデータを差し込む
④完了と差し込み

Section 73 パスワードを付けて保存する　304

パスワードを設定して文書を暗号化する
パスワードを設定した文書を開く
書き込みパスワードを設定する

第10章 文書を共有する　309

Section 74 OneDriveを利用する　310

OneDriveにWord文書を保存する
パソコンとOneDrive間の自動同期を設定／解除する
Web上でOneDriveを利用する
Wordで開いている文書を共有する

Section 75 コメントを挿入する　318

コメントを挿入する
コメントの表示／非表示を切り替える
コメントに返答する

Section 76 変更履歴を記録する　320

変更履歴を記録する
変更履歴を非表示にする
変更履歴を文書に反映する

Section 77 2つの文書を比較する　324

2つの文書を表示して比較する

Appendix 付録

Section 78 年賀状を作成する

用紙を設定し、写真を挿入する
題字をワードアートで作成する
テキストボックスを作成する
図形の作成
アイコンの挿入
ページ罫線の挿入

Section 79 はがき宛名印刷

宛名データを準備する
[はがき宛名面印刷ウィザード]を開始する
宛名面を修正する
新規文書にデータを差し込む
印刷を実行する

Section 79 生成AIのCopilotを使う

Copilotの種類
Copilotに文書の作成案を考えてもらう
Copilotに文章を要約してもらう
会話をリセットして新しく質問する
以前の質問を再表示する

便利なショートカットキー　354
用語集　356
ローマ字／かな対応表　362
索引　364

第1章

Word 2024の基本操作を知る

ここでは、Wordの起動と終了の仕方や文書の開き方、閉じ方を学習し、Wordで機能を実行するのに重要なリボンの使い方、画面の表示方法、わからないことを調べる方法を紹介します。最も基本的な操作になります。しっかり覚えましょう。

Section 01	▶ Wordでできること
Section 02	▶ Wordを起動／終了する
Section 03	▶ Wordの画面構成
Section 04	▶ リボンを使うには
Section 05	▶ Wordの機能をすばやく実行する
Section 06	▶ 画面の表示を操作する
Section 07	▶ わからないことを調べる

Section 01 Wordでできること

ここで学ぶのは
- Wordで作成できる文書
- 写真や図形の利用
- データの差し込み

Wordは、**文書作成用のソフト**です。文字を入力するだけでなく、罫線や表を追加したり、図形や写真、デザインされた文字を使ったりして、さまざまな種類の文書を作成できます。また、長文を作成するための機能や、別に用意したデータを文書に差し込む機能など、便利な機能が用意されています。

1 Wordで作成できる文書

解説 Wordの文書

Wordでは、ビジネス文書、チラシ、はがき、ラベル、レポートや論文など、さまざまな文書を効率的に作成するための機能が用意されています。ここでは、どんな文書が作成できるのか確認しましょう。

Memo パソコンの画面を文書に取り込める

Webで検索した地図など、パソコンに表示している画面を文書内に貼り付けることができます（スクリーンショット：p.273参照）。

Memo 組織図のような図表が作成できる

図形と文字を組み合わせた図表を作ることができます（SmartArt：p.264参照）。

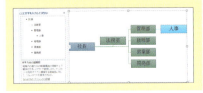

表や罫線のあるビジネス文書

文字のサイズや配置を変更し、表や罫線を使って見やすく整ったビジネス文書を作成できます。

写真や図形を使った表現力のあるチラシ

写真や図形を配置し、デザインされた文字を使って表現力のある魅力的なチラシを作成できます。

01 Wordでできること

自動入力機能

頭語や結語、季節に合わせたあいさつ文の自動入力などの機能が用意されています（p.96参照）。

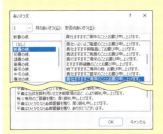

Memo 変更履歴の記録とコメントの挿入

複数の人で文書を校閲する場合に便利な、変更履歴の記録やコメントの追加などができます（p.318参照）。

Memo 目次の作成

文書内に設定した見出しを元に目次を自動的に作成できます（p.286参照）。

Memo はがき宛名印刷・ラベル印刷

差し込み機能を使って、はがきの宛名印刷や宛名ラベルの作成ができます（p.334参照）。

レポートや論文など複数ページの長文作成

章、節、項のように見出しを付けて構成された文書を作成したり、文書内の表記のゆらぎのチェックやスペルチェックもできます。

ページの上下余白部分に日付やロゴ、ページ番号を印刷することができます。

レターに名簿のデータを差し込む

ExcelやWordなどで作成した名簿のデータをWordの文書に差し込んで、宛先が印刷されたレターを作成できます。

---

1 Word 2024の基本操作を知る

Section 02 Wordを起動／終了する

練習用ファイル：📄 02_自己免疫力講座.docx

ここで学ぶのは
- 起動／終了
- 白紙の文書
- 文書を開く／閉じる

Wordを使うには、Wordを起動し、新規に文書を作成したり、既存の文書を開いたりして作業を進めます。ここでは、Wordで作業するのに必要な起動と終了、白紙の文書の作成、文書を開いたり、閉じたりといった基本的な操作を覚えましょう。

1 Wordを起動して白紙の文書を表示する

解説 Wordを起動する

Wordを起動するには、Windowsの[スタート]ボタンをクリックし、スタートメニューを開きます。そこからスタートメニューにある[すべてのアプリ]からスクロールバーで下方向にドラッグして[Word]のアイコンをクリックします。

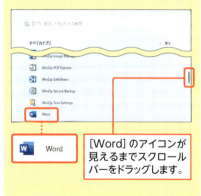

[Word]のアイコンが見えるまでスクロールバーをドラッグします。

Memo プレインストール版のパソコンの場合

パソコン購入時にWord 2024がすでにインストールされている場合は、[スタート]ボタンをクリックして表示されるスタートメニューの「ピン留め済み」に[Word]のアイコンが表示されていることがあります。

1 [スタート]をクリックし、

2 表示されたスタートメニューの[すべてのアプリ]をクリックします。

3 すべてのアプリにある[Word]をクリックすると、

4 Wordが起動し、Wordのスタート画面が表示されます。

5 [白紙の文書]をクリックします。

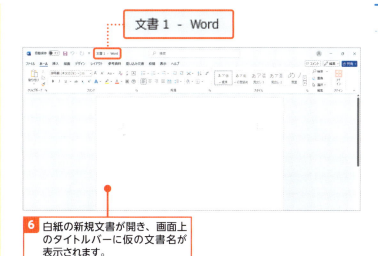

 タイトルバーの文書名の表示

新規文書を作成すると、タイトルバーに文書の仮の名前「文書1」が表示されます。文書を保存すると、ファイル名が表示されます。

 テンプレートを使った新規文書作成

Wordでは白紙の文書以外に、文書のひな型（テンプレート）を使って新規文書を作成することもできます（p.85参照）。

 ショートカットキー

● 白紙の文書作成
[Ctrl]+[N]

6 白紙の新規文書が開き、画面上のタイトルバーに仮の文書名が表示されます。

時短のコツ　Wordをすばやく起動する方法

Wordのアイコンをスタートメニューやタスクバーにピン留めすると、アイコンをクリックするだけですばやく起動できるようになります。

スタートメニューにピン留めする

前ページの手順❸で表示した［Word］を右クリックし①、［スタートにピン留めする］をクリックすると②、スタートメニューの「ピン留め済み」の一覧にWordのアイコンが追加されます③。なお、アイコンはドラッグして任意の位置に移動できるので、使いやすい位置に配置するといいでしょう。

タスクバーにピン留めする

Wordが起動しているときに、タスクバーにあるWordのアイコンを右クリックし①、［タスクバーにピン留めする］をクリックします②。これで、タスクバーにWordのアイコンが常に表示されるようになり、クリックするだけでWordが起動します③。

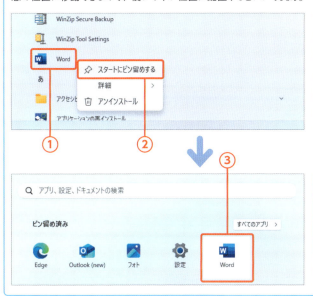

2 文書を開く

解説 文書を開くには

白紙の文書を開いて文書を新規作成するにはp.26の方法でできますが、一度保存（p.100参照）した文書を開いて続きを編集するといった場合は、この手順で文書を開きます。

Hint [開く]画面のメニュー

● ①[開く]画面

[開く]画面には、最近開いたファイルの一覧と（次ページの「時短のコツ」を参照）、よくファイルを保存する場所へのリンクが表示されます。

● ②自分と共有

Microsoftアカウントでサインインしている場合、共有している文書の一覧が表示されます。

● ③OneDrive

OneDrive（p.310参照）内のフォルダーやファイルが表示されます。

● ④このPC

コンピューター内のフォルダーやファイルが表示されます。ダブルクリックすると、[ファイルを開く]ダイアログが表示されます。

● ⑤場所の追加

OneDriveなど、コンピューター外部の新しい保存場所を追加します。

● ⑥参照

[ファイルを開く]ダイアログが表示されます。ファイルが保存されているフォルダーに直接アクセスすることができます。

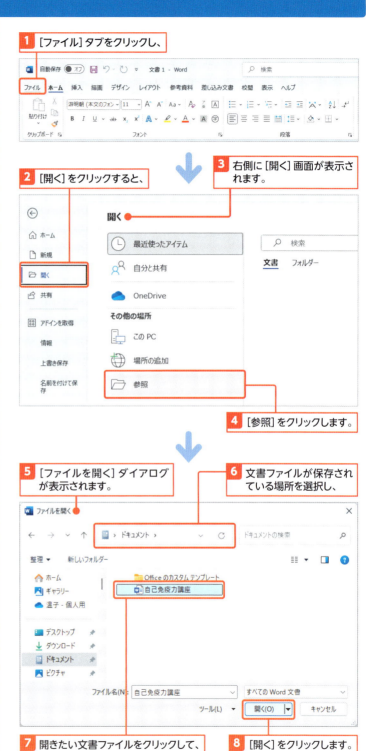

1 [ファイル]タブをクリックし、

2 [開く]をクリックすると、

3 右側に[開く]画面が表示されます。

4 [参照]をクリックします。

5 [ファイルを開く]ダイアログが表示されます。

6 文書ファイルが保存されている場所を選択し、

7 開きたい文書ファイルをクリックして、

8 [開く]をクリックします。

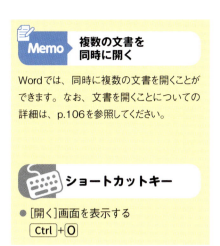

Memo 複数の文書を同時に開く

Wordでは、同時に複数の文書を開くことができます。なお、文書を開くことについての詳細は、p.106を参照してください。

ショートカットキー

● [開く]画面を表示する
 Ctrl + O

9 文書が開きます。

時短のコツ　表示履歴から文書を開く

いくつか文書を開いた後、前ページの手順❷で[開く]画面を表示すると、画面の右側に開いたことのある文書やフォルダーが表示されます。この表示履歴を利用して、一覧にある文書をクリックするだけで、すばやく開けます。

最近表示した文書の一覧から文書を開く

画面右の[文書]が選択されていることを確認し①、表示履歴の文書名をクリックするだけで開きます②。

最近開いたフォルダー内にある文書を開く

[文書]の横の[フォルダー]をクリックすると①、開いたことのあるフォルダーの一覧が表示されます。フォルダー名をクリックすると②、そのフォルダー内のフォルダーやファイルの一覧が表示され③、一覧の文書をクリックするだけで開くことができます④。頻繁に使用するフォルダー内の文書を開くのに便利です。

3 文書を閉じる

解説 文書を閉じる

Wordを終了しないで文書のみを閉じる方法と、同時にWordも終了する方法があります。Wordを終了しないで文書を閉じる場合は、[ファイル]タブ→[閉じる]をクリックします。文書を閉じるのと同時にWordを終了したい場合は、タイトルバーの右端にある[閉じる]をクリックします（次ページ参照）。

Hint 確認メッセージが表示される場合

文書を変更後、保存せずに文書を閉じようとすると、以下のような保存確認のメッセージが表示されます。変更を保存する場合は[保存]、保存しない場合は[保存しない]をクリックして閉じます。[キャンセル]をクリックすると閉じる操作を取り消します。なお、保存についての詳細はp.100を参照してください。

また、Microsoftアカウントでサインインしている場合、文書を編集して閉じようとすると、以下のような保存確認のメッセージが表示されます。

ショートカットキー

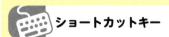

● 文書を閉じる
　Ctrl + W

---

1 [ファイル]タブをクリックし、

2 [その他]→[閉じる]をクリックすると、

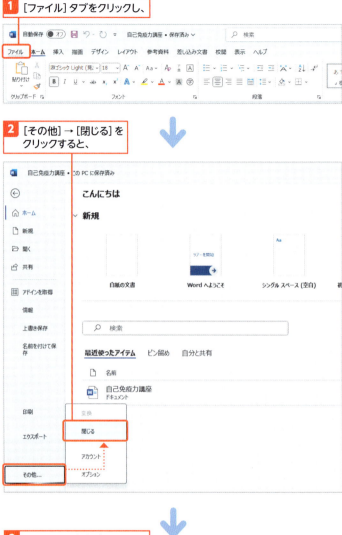

3 開いていた文書が閉じます。

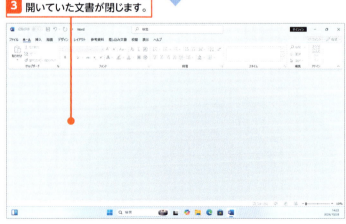

4 Wordを終了する

解説 Wordを終了する

Wordを終了するには、タイトルバーの右端にある[閉じる]をクリックします。複数の文書（Word画面）を開いている場合は、クリックした文書だけが閉じます。開いている文書が1つのみの場合に[閉じる]をクリックすると、文書を閉じるとともにWordも終了します。

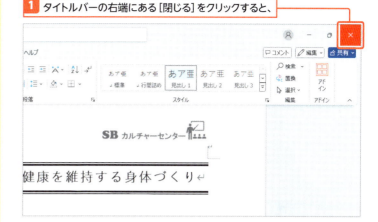

1 タイトルバーの右端にある[閉じる]をクリックすると、

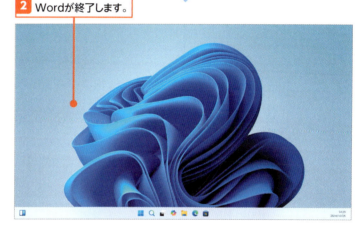

2 Wordが終了します。

ショートカットキー

● Wordを終了する
[Alt] + [F4]

解説 Wordのスタート画面について

Word起動時の画面を「スタート画面」といいます。この画面で、これからWordで行う操作を選択できます。起動時に表示される[ホーム]画面では、新規文書作成の選択画面、最近表示した文書の一覧が表示されます。左側のメニューで[新規]をクリックすると①、文書の新規作成用の[新規]画面が表示されます。また、[開く]をクリックすると②、保存済みの文書を開くための[開く]画面が表示されます。

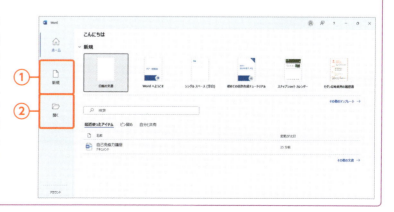

Section 03 Wordの画面構成

ここで学ぶのは
- Word の画面構成
- 各部の名称と役割
- リボンの種類と役割

Wordの画面構成について、主な**各部の名称**と**機能**をここでまとめます。すべての名称を覚える必要はありませんが、操作をする上で迷ったときは、ここに戻って名称と位置の確認をするのに利用してください。

1 Wordの画面構成

Wordの基本的な画面構成は以下の通りです。文書を作成するための白い編集領域と、画面上部にある機能を実行するときに使うリボンの領域の2つに大きく分けられます。リボンは関連する機能ごとに分類されており、タブで切り替えます。

各部の役割を知る

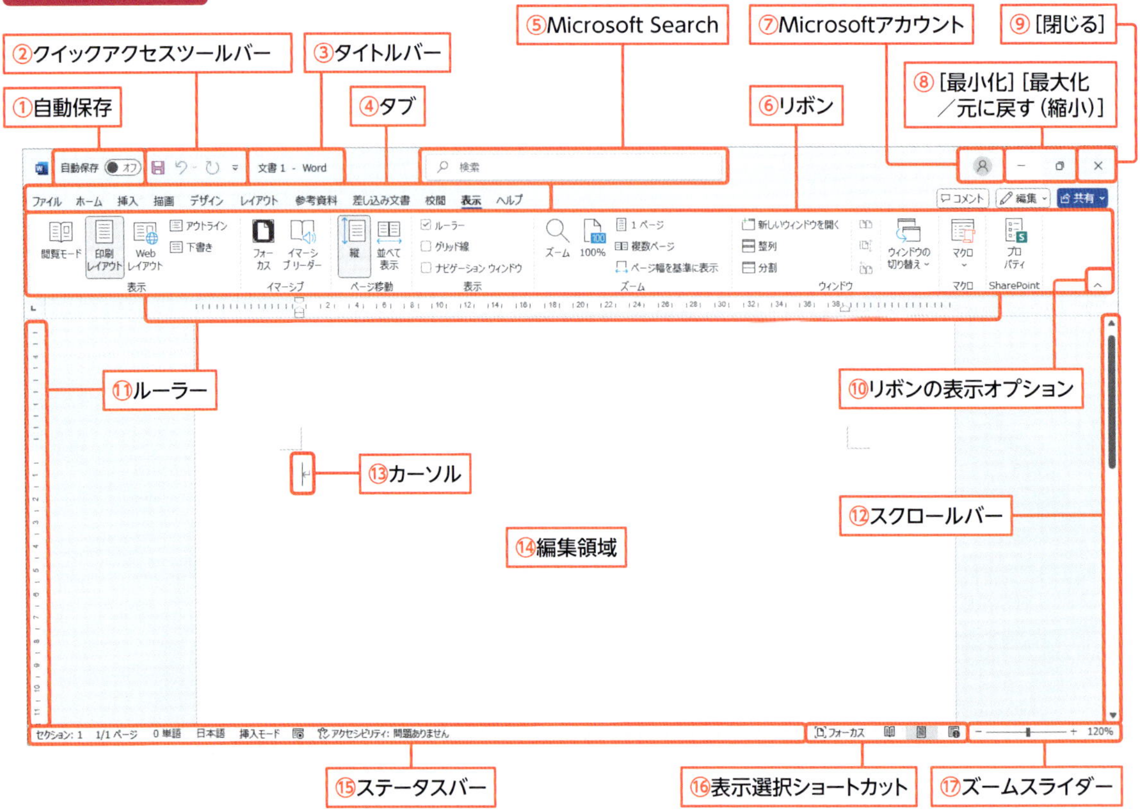

① 自動保存
② クイックアクセスツールバー
③ タイトルバー
④ タブ
⑤ Microsoft Search
⑥ リボン
⑦ Microsoftアカウント
⑧ [最小化] [最大化／元に戻す (縮小)]
⑨ [閉じる]
⑩ リボンの表示オプション
⑪ ルーラー
⑫ スクロールバー
⑬ カーソル
⑭ 編集領域
⑮ ステータスバー
⑯ 表示選択ショートカット
⑰ ズームスライダー

名称	機能
①自動保存	Microsoftアカウントでサインインしているときに有効になる。オンのときに文書が変更されると自動保存される
②クイックアクセスツールバー	[上書き保存]など、よく使うボタンが登録されている。登録するボタンは自由に変更できる
③タイトルバー	開いている文書名が表示される
④タブ	リボンを切り替えるための見出し
⑤Microsoft Search	入力したキーワードに対応した機能やヘルプを表示したり文書内で検索したりする
⑥リボン	Wordを操作するボタンが表示される領域。上のタブをクリックするとリボンの内容が切り替わる。リボンのボタンは機能ごとにグループにまとめられている
⑦Microsoftアカウント	サインインしているMicrosoftアカウントが表示される
⑧[最小化][最大化／元に戻す(縮小)]	[最小化]でWord画面をタスクバーにしまい、[最大化]でWordをデスクトップ一杯に表示する。最大化になっていると[元に戻す(縮小)]に変わる
⑨[閉じる]	Wordの画面を閉じるボタン。文書が1つだけのときはWord自体が終了し、複数の文書を開いているときには、クリックした文書だけが閉じる
⑩リボンの表示オプション	リボンの表示／非表示など表示方法を設定する
⑪ルーラー	水平／垂直方向の目盛。余白やインデント、タブなどの設定をするときに使用する。初期設定では非表示になっている(p.172参照)
⑫スクロールバー	画面に表示しきれていない部分を表示したいときにこのバーのつまみをドラッグして表示領域を移動する。[▼][▲]をクリックしてスクロールすることもできる。また、画面の左右が表示しきれていないときには、画面下に横のスクロールバーが表示される
⑬カーソル	文字を入力する位置や機能を実行する位置を示す
⑭編集領域	文字を入力するなど、文書を作成する領域
⑮ステータスバー	ページ数や文字数など、文書の作業状態が表示される
⑯表示選択ショートカット	文書の表示モードを切り替える(p.44参照)
⑰ズームスライダー	画面の表示倍率を変更する

基本的なリボンの種類(タブ名)と機能

リボン名(タブ名)	機能
①ホーム	文字サイズや色、文字の配置や行間隔といった、文字の修飾やレイアウトなどの設定をする
②挿入	表、写真、図形、ヘッダー／フッター、ページ番号などを文書に追加する
③描画	手書き風に図形や文字を描いたり、描いた線を図形に変換したりする
④デザイン	テーマを使った文書全体のデザイン設定や、透かし、ページ罫線などを設定する
⑤レイアウト	作成する文書の用紙の設定や文字の方向などを設定する
⑥参考資料	論文やレポートといった文書作成時に使用する目次、脚注、索引などを追加する
⑦差し込み文書	はがきやラベルに宛名を印刷したり、文書内に宛名データを差し込んだりする
⑧校閲	スペルチェック、翻訳、変更履歴の記録など、文章校正するための機能がある
⑨表示	画面の表示モードや倍率、ウィンドウの整列方法など画面表示の設定をする
⑩ヘルプ	わからないことをオンラインで調べる

Section 04 リボンを使うには

練習用ファイル：📁 04_マナー研修のお知らせ.docx

Wordで機能を実行するには、**リボン**に配置されている**ボタン**を使います。リボンは機能別に用意されており、タブをクリックして切り替えます。また、複数の機能をまとめて設定できる**ダイアログ**や**作業ウィンドウ**といった設定画面を表示することもできます。

ここで学ぶのは
- リボン／コンテキストタブ
- Backstage ビュー
- ダイアログ／作業ウィンドウ

1 リボンを切り替えて機能を実行する

解説 リボンの使い方

文字や表、図形などに対して機能を実行したい場合は、その対象をあらかじめ選択し、タブを切り替えてからリボンのボタンをクリックします。

Memo メニューが表示されるボタン

右の手順3のように ⌄ が表示されているボタンをクリックするとメニューが表示されます。表示されていないボタンはすぐに機能が実行されます。

Hint ウィンドウサイズによるボタンの表示

ウィンドウのサイズを小さくすると、そのウィンドウサイズに合わせて自動的にリボンのボタンがまとめられます①。まとめられたボタンをクリックすると②、非表示になったボタンが表示されます③。

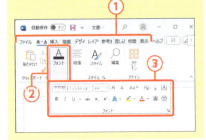

1 切り替えたいタブをクリックすると、

2 リボンが切り替わります。　　3 ボタンをクリックすると、

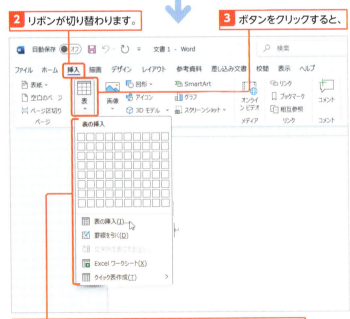

4 メニューが表示されるので、実行したい機能をクリックします。

メニューで選択した機能によっては設定画面が開くことがあります。

2 [ファイル]タブでBackstageビューのメニューを選択する

解説 [ファイル]タブで表示されるメニュー

[ファイル]タブをクリックすると開くBackstageビューのメニューには、文書の新規作成や保存、閉じる、印刷など、文書ファイルの操作に関する設定が用意されています。また、Wordの設定をするときにも使用します。

Key word Backstageビュー

[ファイル]タブをクリックして表示されるメニュー画面を「Backstageビュー」といいます。

Hint 編集画面に戻る

画面左側のメニューの上にあるをクリックするか①、Escキーを押すと、文書の編集画面に戻ります。

1 [ファイル]タブをクリックします。

2 Backstageビューが表示されます。

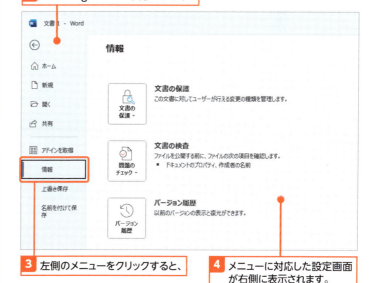

3 左側のメニューをクリックすると、

4 メニューに対応した設定画面が右側に表示されます。

使えるプロ技! [Wordのオプション]ダイアログ

[ファイル]タブをクリックして[その他]→[オプション]を選択すると①、[Wordのオプション]ダイアログが表示されます②。このダイアログでは、Word全般に関する項目を設定できます。表示方法を覚えておきましょう。

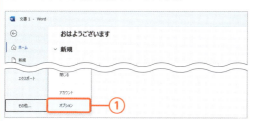

04 リボンを使うには

1 Word 2024の基本操作を知る

3 編集対象によって表示されるリボンを確認する

解説 表示されるリボンの種類は変わる

基本のリボンの内容は、p.34で解説した通りですが、作業の内容や操作の対象によっては、新たなタブやリボンが追加されることがあります。追加されるタブを「コンテキストタブ」といい、青字で表示されます。

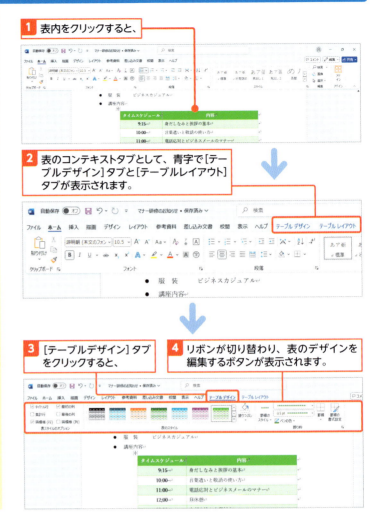

1 表内をクリックすると、

2 表のコンテキストタブとして、青字で[テーブルデザイン]タブと[テーブルレイアウト]タブが表示されます。

3 [テーブルデザイン]タブをクリックすると、

4 リボンが切り替わり、表のデザインを編集するボタンが表示されます。

Keyword コンテキストタブ

上記の手順2で表示される青字のタブは「コンテキストタブ」といいます。コンテキストタブは、文書内にある表や図形を選択するなど、特定の場合に表示されます。コンテキストタブをクリックすると、選択している表や図形の編集用のリボンに切り替わります。また、選択した表や図形以外の部分をクリックすると①、コンテキストタブは非表示になります②。

4 リボンからダイアログや作業ウィンドウを表示する

解説 ダイアログでの設定

ダイアログでは、複数の機能をまとめて設定できます。[OK]で設定が反映され、[キャンセル]で設定せずに画面を閉じます。なお、ダイアログ表示中は文書の編集など他の操作ができなくなります。

ダイアログの表示

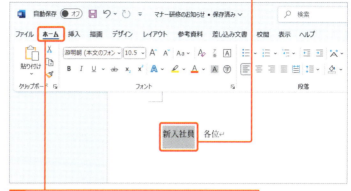

1 設定対象(ここでは文字「新入社員」)を選択し、

2 任意のタブ(ここでは[ホーム]タブ)をクリックして、

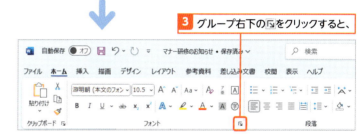

3 グループ右下の をクリックすると、

4 そのグループに関連するダイアログ(ここでは[フォント]ダイアログ)が表示されます。

5 必要な設定をしてから[OK]をクリックすると、ダイアログが閉じ、設定が反映されます。

Hint ダイアログや作業ウィンドウを開く起動ツールのボタン

リボンのボタンは機能ごとにグループにまとめられています。そのグループに設定用のダイアログや作業ウィンドウが用意されている場合には、右の手順❸のように、各グループの右下に起動ツールのボタンが表示されます。

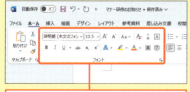

グループ:ボタンが機能ごとにまとめられています。

04 リボンを使うには

解説　作業ウィンドウでの設定

画像や図形が選択されている場合など、設定対象や内容によっては、ダイアログではなく、作業ウィンドウが表示されます。作業ウィンドウの場合は、設定内容がすぐに編集画面に反映されます。作業ウィンドウを表示したまま編集作業を行うことができます。

Hint　作業ウィンドウの表示位置

作業ウィンドウの標準設定では、作業の内容によって文書画面の左横に表示されるものと、右横に表示されるものがあります。また、作業ウィンドウと文書との境界をドラッグして表示の大きさを拡大／縮小したり、上部をドラッグして左右の表示位置を変えたり、独立したウィンドウ表示にすることもできます。

Memo　ダイアログや作業ウィンドウが他に表示される場合

ダイアログや作業ウィンドウは、リボンの各グループの右下のボタン🗔をクリックする以外に、実行したい機能のボタンやメニューをクリックしたときにも表示されることがあります。

作業ウィンドウの表示

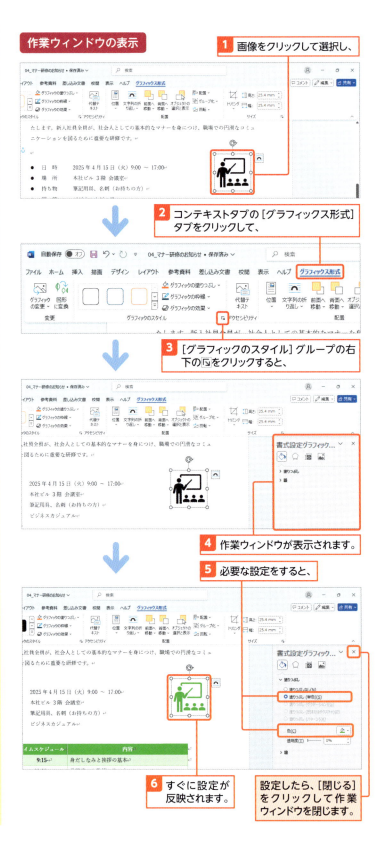

1. 画像をクリックして選択し、
2. コンテキストタブの [グラフィックス形式] タブをクリックして、
3. [グラフィックのスタイル] グループの右下の🗔をクリックすると、
4. 作業ウィンドウが表示されます。
5. 必要な設定をすると、
6. すぐに設定が反映されます。

設定したら、[閉じる] をクリックして作業ウィンドウを閉じます。

5 リボンを非表示にして文書表示を大きく使う

 解説 リボンを非表示にする

リボンはたたんで非表示にすることができます。非表示にすると編集領域を大きく使用できるので、必要に応じて表示と非表示を切り替えて使うのもよいでしょう。

 ショートカットキー

● リボンの表示／非表示
[Ctrl]+[F1]

 Hint リボンの表示を戻すには

リボンが常に表示される状態に戻すには、右の手順❸でタブをダブルクリックするか、[リボンの固定]をクリックします（「Memo」を参照）。

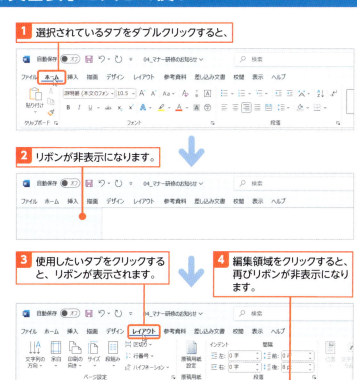

❶ 選択されているタブをダブルクリックすると、

❷ リボンが非表示になります。

❸ 使用したいタブをクリックすると、リボンが表示されます。

❹ 編集領域をクリックすると、再びリボンが非表示になります。

 Memo アイコンをクリックしてリボンの表示／非表示を切り替える

リボンの右端に表示される[リボンを折りたたむ] をクリックしてもリボンを非表示にできます。また、タブをクリックしてリボンが一時的に表示されているときに、[リボンの固定] をクリックすると、リボンが再表示されます。

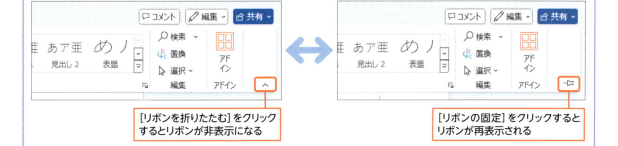

[リボンを折りたたむ]をクリックするとリボンが非表示になる

[リボンの固定]をクリックするとリボンが再表示される

Section 05 Wordの機能をすばやく実行する

練習用ファイル：05_マナー研修のお知らせ.docx

リボン以外に機能をすばやく実行する方法があります。よく使う機能をまとめて表示できる**クイックアクセスツールバー**、編集画面に表示される**ミニツールバー**や**ショートカットメニュー**、特定のキーを押すだけで機能が実行できる**ショートカットキー**です。操作に慣れてきたら使うとよいでしょう。

ここで学ぶのは
- クイックアクセスツールバー
- ミニツールバー
- ショートカットメニュー

1 クイックアクセスツールバーを使う

 クイックアクセスツールバー

クイックアクセスツールバーは、Wordの画面の左上に常に表示されています。そのため、よく使う機能を登録しておくと便利です。既定では［自動保存のオン/オフ切り替え］、［上書き保存］、［元に戻す］、［やり直し］（または［繰り返し］）が表示されています。
また、右の手順 ❷ ～ ❸ のように、自由にボタンを追加できます。手順 ❸ で追加したい機能が一覧にない場合は、p.48の［使えるプロ技］を参照してください。

 クイックアクセスツールバーのボタンを削除する

削除したいボタンを右クリックし、［クイックアクセスツールバーから削除］をクリックすると、ボタンが削除されます。

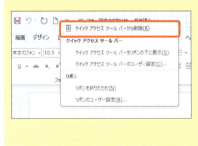

❶ 画面左上に表示されているボタン（ここでは［上書き保存］）をクリックするだけで機能が実行されます。

❷ ［クイックアクセスツールバーのユーザー設定］をクリックし、

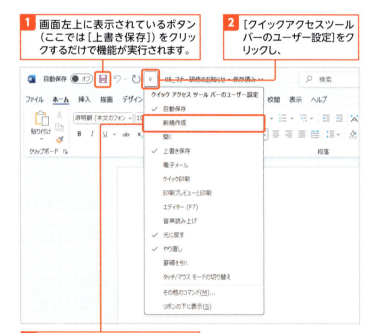

❸ 追加したい機能名をクリックすると、

❹ ボタンが追加されます。

2 ミニツールバーを使う

解説　ミニツールバー

文字を選択したり、右クリックしたりしたときに、対象文字の右上あたりに表示されるボタンの集まりがミニツールバーです。文字を選択した場合は、文字サイズや太字など書式を設定するボタンが表示されますが、設定対象によって、ミニツールバーに表示されるボタンは変わります。なお、不要な場合は、Escキーを押すと非表示にできます。

1 文字を選択すると、
2 ミニツールバーが表示されます。
3 任意のボタンをクリックすると、機能が実行されます。

3 ショートカットメニューを使う

解説　ショートカットメニュー

文字や図形などを選択し、右クリックしたときに表示されるメニューがショートカットメニューです。右クリックした対象に対して実行できる機能が一覧表示されます。機能をすばやく実行するのに便利です。

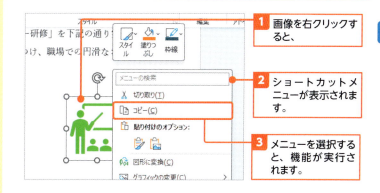

1 画像を右クリックすると、
2 ショートカットメニューが表示されます。
3 メニューを選択すると、機能が実行されます。

4 ショートカットキーを使う

解説　ショートカットキー

ショートカットキーとは、機能が割り当てられている単独のキーまたは、キーの組み合わせです。例えば、Ctrlキーを押しながらBキーを押すと、選択されている文字に太字が設定されます。また、リボンのボタンにマウスポインターを合わせたときに表示されるヒントで機能に割り当てられているショートカットキーを確認できます①。

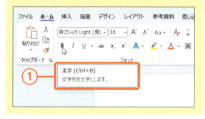

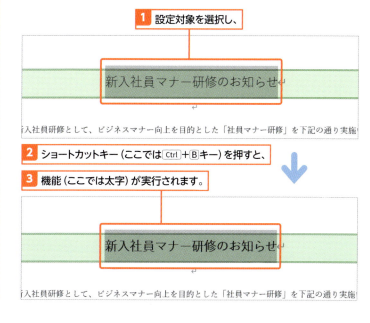

1 設定対象を選択し、
2 ショートカットキー（ここではCtrl+Bキー）を押すと、
3 機能（ここでは太字）が実行されます。

Section 06 画面の表示を操作する

練習用ファイル: 📁 06_フリーマーケット.docx、06_自己免疫力講座.docx

ここで学ぶのは
- ズーム
- スクロール
- 表示モード

文書作成中に、画面に表示されていない文書の下や上の方を見たり、画面を**拡大**して部分的に大きく見たり、**縮小**して文書の全体を見たりなど、画面の表示を操作することができます。また、Wordにはいくつかの**表示モード**が用意されていて、用途によって画面の表示を切り替えられます。

1 画面の表示倍率を変更する

解説 画面の表示倍率

画面の表示倍率はズームスライダーの左右のつまみをドラッグすることで、10～500%の範囲で変更できます。ズームスライダーの左右にある[＋][－]をクリックすると、10%ずつ拡大／縮小します。

Memo いろいろな表示倍率

[表示]タブの[ズーム]グループのボタンをクリックすると指定された倍率に簡単に変更できます。最初の状態に戻すには[100%]をクリックします。[ページ幅を基準に表示]をクリックすると、ページ幅が画面に収まるように倍率が変更されます。[ズーム]をクリックすると、[ズーム]ダイアログが表示されます。また、ズームスライダーの右側にある表示倍率の数字をクリックしても、[ズーム]ダイアログが表示されます。いろいろな倍率の選択肢があり、倍率を直接入力して指定することもできます。

ズームスライダーを使って倍率を変更する

1. 画面左下にあるズームスライダーのつまみを左右にドラッグすると、
2. 画面の表示倍率が変更になります。

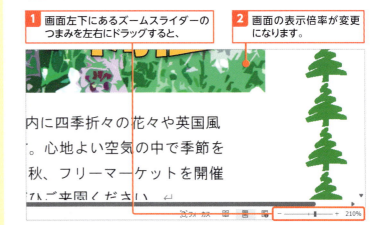

リボンを使って表示倍率を変更する

1. [表示]タブをクリックし、
2. [ズーム]グループ内のボタンをクリックすると、
3. 表示倍率が変更になります。

2 画面をスクロールする

解説　画面のスクロール

画面に表示する領域を移動することを「スクロール」といいます。画面の右や下にあるスクロールバーを使ってスクロールします。

Hint　スクロールの操作方法

垂直方向にスクロールする場合は、右の手順①のようにスクロールバーを上下にドラッグします。また、スクロールバーの両端にある［▲］［▼］をクリックすると、1行ずつ上下にスクロールされます①。横方向に表示しきれていない部分がある場合は水平スクロールバーが表示されます②。なお、スクロールしてもカーソルの位置は変わりません。

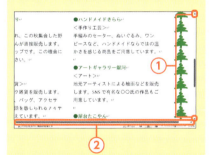

Memo　スクロールバーが表示されないとき

画面内に文書のすべてが表示されている場合は表示されませんが、そうでない場合は、文書内でマウスを動かすと表示されます。

Memo　マウスを使ってスクロールする

マウスにホイールが付いている場合は、ホイールを回転することで画面を上下にスクロールできます。

① スクロールバーをドラッグすると、

② 画面がスクロールされ、文書の表示位置が変更されます。

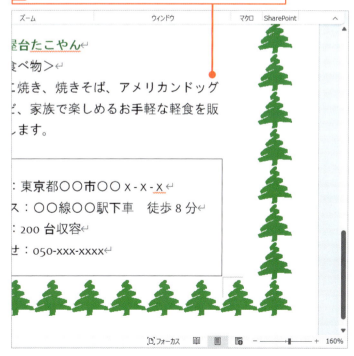

3 表示モードを切り替える

解説 表示モードの種類と切り替え

Wordには、「印刷レイアウト」「閲覧モード」「Webレイアウト」「アウトライン」「下書き」の5つの表示モードがあります。画面右下の表示選択ショートカットを使って下の3つの表示モードに切り替えられます。通常は[印刷レイアウト]が選択されています。

Key word 印刷レイアウト

通常の編集画面です。余白や画像などが、印刷結果のイメージで表示されます。

Key word 閲覧モード

画面の幅に合わせて文字が折り返されて表示され、編集することができません。文書を読むのに便利な画面です。画面上部の[表示]メニューには文字間隔を広げたり、画面の色を変えたり、文書を読みやすくするための機能、[ツール]メニューには検索や翻訳などの機能が用意されています。

Memo ◀ ▶を表示するには

閲覧モードに変更したときに右の手順のように◀▶が表示されていない場合は、[表示]→[レイアウト]→[段組みレイアウト]をクリックします。

Hint フォーカスモード

「フォーカスモード」とは、タブやリボンを非表示にして文章の編集だけに集中できる画面です。表示選択ショートカットの左側にある[フォーカスモード]か、[表示]タブの[フォーカスモード]をクリックして切り替えます。Escキーを押すと元の表示モードに戻ります。

通常の編集画面が「印刷レイアウト」です。

1 印刷レイアウトで表示するには、表示選択ショートカットで[印刷レイアウト]をクリックします。

閲覧モード

1 表示選択ショートカットで[閲覧モード]をクリックすると、

2 閲覧モードに切り替わります。

3 画面の左右に表示される▶をクリックすると、次の画面に移動します。

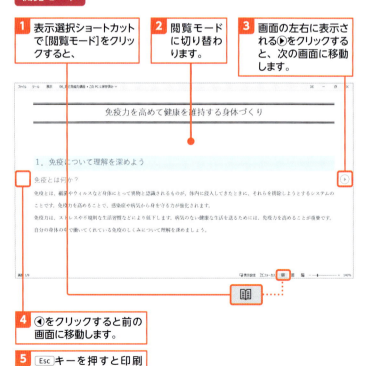

4 ◀をクリックすると前の画面に移動します。

5 Escキーを押すと印刷レイアウトに戻ります。

Webレイアウト

Webブラウザーで文書を開いたときと同じイメージで表示されます。文書をWebページとして保存したい場合に、事前にイメージの確認ができます。

リボンから表示モードを切り替える

[表示]タブの[表示]グループにあるボタンをクリックしても表示モードを切り替えることができます。

アウトライン

罫線や画像が省略され、文章のみが表示されます。章、節、項のような階層構造の見出しのある文書を作成・編集するのに便利な画面です。見出しだけ表示して全体の構成を確認したり、見出しのレベル単位で文章を折りたたんだり、展開や移動したりできます。

見出し単位の折りたたみと展開

アウトライン表示で、見出しが設定されている段落の行頭にある[+]をダブルクリックすると、見出し単位で折りたたまれたり、展開したりできます。

下書き

余白や画像などが非表示になります。そのため、文字の入力や編集作業に集中して作業するのに適しています。

Webレイアウト

① 表示選択ショートカットで[Webレイアウト]をクリックすると、

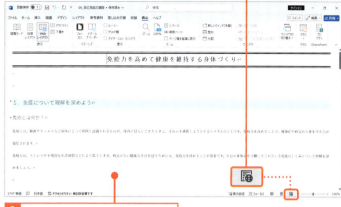

② Webレイアウトに切り替わります。

アウトライン

① [表示]タブ→[アウトライン]をクリックすると、

② アウトラインに切り替わり、

③ [アウトライン]タブが表示されます。

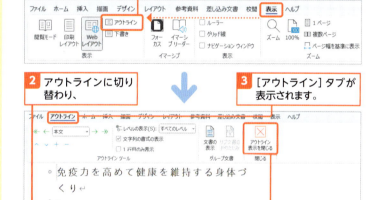

④ [アウトライン表示を閉じる]をクリックすると、印刷レイアウトに戻ります。

下書き

① [表示]タブ→[下書き]をクリックすると、

② 下書きに切り替わります。

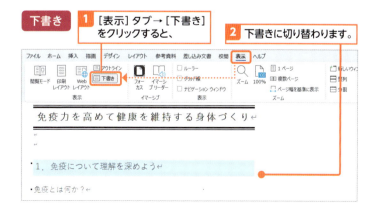

Section 07 わからないことを調べる

ここで学ぶのは
- Microsoft Search
- ヘルプ

文書作成中に、操作でわからないことがあったり、リボンの中で目的のボタンの場所がわからなかったりする場合は、**Microsoft Search**や**ヘルプ**機能を使いましょう。やりたいことやわからないことのキーワードを入力するだけで、目的の操作や内容を表示することができます。

1 Microsoft Searchで調べる

解説 Microsoft Searchで操作を実行する

タイトルバー中央にあるのがMicrosoft Searchです。入力されたキーワードに関連する操作を一覧に表示し、目的の操作をクリックして操作が実行できます。目的の機能（ボタン）の場所がわからないときに便利です。また、キーワードに関するヘルプを調べたり、Web上で検索したりすることもできます。

Hint キーワードを文書内で検索する

Microsoft Searchでは、操作を調べるだけでなく、入力したキーワードを文書内で検索することもできます。右の手順 で[ドキュメント内を検索]に指定したキーワードを文書内で検索した結果が表示されます。

ショートカットキー
- Microsoft Search
   Alt + Q

① Microsoft Searchに調べたい機能のキーワードを入力すると、

② キーワードに関連する操作やヘルプの一覧が表示されます。

③ 目的の操作をクリックすると、その操作が実行されます。

2 ヘルプで調べる

解説　ヘルプ

[ヘルプ]作業ウィンドウの検索欄に調べたい用語や内容を入力すると、それに関連する内容の解説をオンラインで調べることができます。ヘルプを使うにはインターネットに接続されている必要があります。

Memo　[ヘルプ]作業ウィンドウを閉じる

作業ウィンドウの右上にある[閉じる]をクリックして閉じます①。

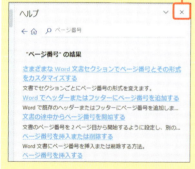

ショートカットキー

● [ヘルプ]作業ウィンドウを表示する
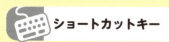

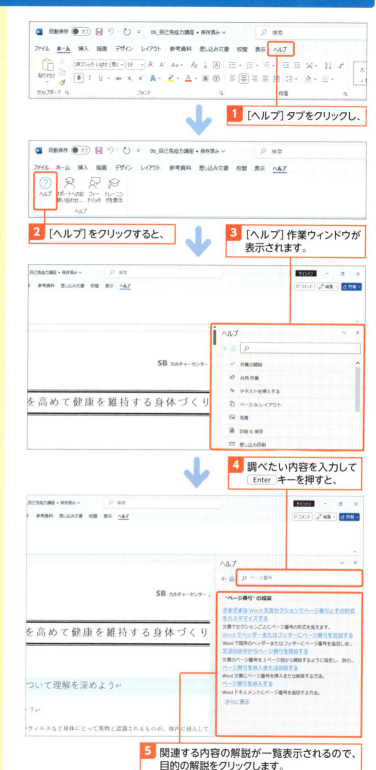

1 [ヘルプ]タブをクリックし、

2 [ヘルプ]をクリックすると、

3 [ヘルプ]作業ウィンドウが表示されます。

4 調べたい内容を入力してEnterキーを押すと、

5 関連する内容の解説が一覧表示されるので、目的の解説をクリックします。

クイックアクセスツールバーをカスタマイズする

p.40で説明したように、クイックアクセスツールバーに機能をボタンとして追加しておくと、リボンのタブを切り替えたりする手間なく、素早く実行できるようになります。[クイックアクセスツールバーのユーザー設定]をクリックして表示される一覧に追加したい機能がなかった場合は、以下の手順で追加できます。なお、追加したボタンの削除方法は、p.40の「Hint」を参照してください。

リボンから追加する

追加したいボタンがリボンに表示されている場合は、追加したいボタンを右クリックし①、[クイックアクセスツールバーに追加]をクリックすると②、追加されます③。

[クイックアクセスツールバーのユーザー設定]

[Wordのオプション]ダイアログから追加する

[ファイル]タブをクリックしたときに表示されるメニューなど、リボンの中にボタンが配置されていない場合は、[クイックアクセスツールバーのユーザー設定]をクリックし①、[その他のコマンド]を選択すると②、[Wordのオプション]ダイアログが[クイックアクセスツールバー]メニューが選択された状態で開きます③。[コマンドの選択]で追加したい機能があるタブ名を選択し④、追加する機能をクリックして⑤、[追加]をクリックすると⑥、右側に追加されます⑦。[OK]をクリックすると⑧、クイックアクセスツールバーに追加されています⑨。

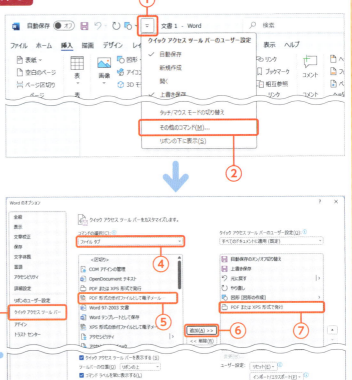

第 2 章

文字入力を完璧にマスターする

　ここでは、キーボードの使い方から文字変換まで、文字入力の基本を説明します。1つひとつ丁寧に解説していますので、初めての方でも安心して操作していただけます。ここで基礎をしっかりマスターしましょう。

Section 08	▶ キーボードの使い方を覚えよう
Section 09	▶ IMEを確認する
Section 10	▶ 日本語を入力する
Section 11	▶ 文節／文章単位で入力する
Section 12	▶ 英数字を入力する
Section 13	▶ 記号を入力する
Section 14	▶ 読めない漢字を入力する
Section 15	▶ 単語登録する
Section 16	▶ ファンクションキーで変換する

Section 08 キーボードの使い方を覚えよう

ここで学ぶのは
- キーボードの名称と機能
- 文字キーと機能キー
- キーの押し方

キーボードには、文字が割り当てられている**文字キー**と何らかの機能が割り当てられている**機能キー**があります。文字を入力するには、文字キーを使います。ここでは、文字入力で使用するキーの種類と、キーを押すときのポイントを確認しましょう。

1 キーボードの各部の名称と機能

文字入力に使用する主なキーの名称と機能

文字入力の際によく使用するキーボード上の主なキーの配置です。

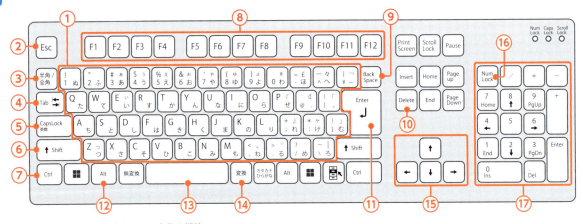

● 文字入力に使用する主なキーの名称と機能

番号	名称	機能
①	文字キー	文字が割り当てられている。文字や記号を入力する
②	Esc（エスケープ）キー	入力や変換を取り消したり、操作を取り消したりする
③	半角/全角 キー	入力モードの「ひらがな」と「半角英数」を切り替える
④	Tab（タブ）キー	字下げを挿入する（行頭に空白を挿入する）
⑤	CapsLock（キャップスロック）キー	アルファベット入力時に Shift キーを押しながらこのキーを押して、大文字入力の固定と小文字入力の固定を切り替える
⑥	Shift（シフト）キー	文字キーの上部に表示された文字を入力するときに、文字キーと組み合わせて使用する
⑦	Ctrl（コントロール）キー	他のキーを組み合わせて押し、さまざまな機能を行う
⑧	ファンクションキー	アプリによってさまざまな機能が割り当てられている。文字変換中は、F6〜F10にひらがな、カタカナ、英数字に変換する機能が割り当てられている
⑨	Back space（バックスペース）キー	カーソルより左側（前）の文字を1文字削除する
⑩	Delete（デリート）キー	カーソルより右側（後）の文字を1文字削除する
⑪	Enter（エンター）キー	変換途中の文字を確定したり、改行して次の行にカーソルを移動したりする

番号	名称	機能
⑫	Alt (オルト) キー	他のキーと組み合わせて押し、さまざまな機能を行う
⑬	Space (スペース) キー	空白を入力したり、文字を変換するときに使う
⑭	変換 キー	確定した文字を再変換する
⑮	↑、↓、←、→ キー	カーソルを上、下、左、右に移動する
⑯	NumLock (ナムロック) キー	オンにすると、テンキーの数字が入力できる状態になる
⑰	テンキー	数字や演算記号を入力するキーの集まり

Hint キーボードのキーの配置

キーボードは、文字が割り当てられている「文字キー」と、何らかの機能が割り当てられている「機能キー」の大きく2つの種類があります。標準的なキーボードの配置は前ページのようになりますが、パソコンによって機能キーの配置が多少異なります。また、テンキーがないものもあります。

2 キーの押し方

ポイント1

キーは、軽くポンと押します。キーは押し続けると、連打（連続して複数回押す）したとみなされます。

ポイント2

テンキーを使って数字を入力するときは、キーを押してオンにします①。キーがオンのときは、キーボードの「Num Lock」のランプが点灯します②。再度キーを押すとオフになり、ランプが消灯します。キーボードの「Num Lock」のランプの位置と点灯を確認しておきましょう。なお、パソコンによっては、キーを Fn キーと組み合わせて押すタイプがあります。

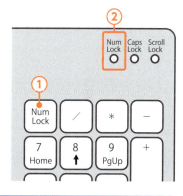

Memo Shift キー、Ctrl キー、Alt キー

機能キーの中でも、Shift キー、Ctrl キー、Alt キーは、他のキーと組み合わせて使います。これらのキーは押し続けても連打したことにはなりません。

Memo キーボードのひらがなの配置について

キーボード上のひらがなの配置は、JIS配列という形式が主流です。ほとんどのパソコンではこの配列でひらがなが配置されています。本書はJIS配列で解説しています。

Hint Num Lockランプのないパソコンもある

Num Lockランプのないキーボードもあります。パソコンの機種によっては、キーを押すたびにパソコンの画面に表示され、Num Lockのオン／オフが確認できる場合があります。

Section 09 IMEを確認する

ここで学ぶのは
- IME
- 日本語入力システム
- かな入力／ローマ字入力

IMEは、パソコンでひらがな、カタカナ、漢字などの日本語を入力するためのプログラムで、Windowsに付属しています。このようなプログラムを日本語入力システムといいます。ここでは、IMEの入力モードの切り替え方、ローマ字入力とかな入力の違いと切り替え方法を説明します。

1 IMEの入力モードを切り替える

解説　IMEの入力モードの切り替え

IMEの入力モードの状態は、Windowsのタスクバーの通知領域に表示されています。Wordを起動すると自動的に入力モードが「ひらがな」に切り替わり、「あ」と表示されます。［半角/全角］キーを押すと、「半角英数」モードに切り替わり、「A」と表示され、半角英数文字が入力できる状態になります。［半角/全角］キーを押すか、表示をクリックするごとに入力モードが交互に切り替わります。なお、入力モードが「全角カタカナ」「全角英数」「半角カタカナ」の場合も、［半角/全角］キーで「半角英数」と交互に切り替わります。

「ひらがな」モード　←半角/全角→　「半角英数」モード

Hint　入力モードの種類

タスクバーの通知領域の入力モードの表示を右クリックすると、IMEのメニューが表示されます。上から「ひらがな」「全角カタカナ」「全角英数字」「半角カタカナ」「半角英数字／直接入力」と5種類の入力モードに切り替えることができます。先頭に「•」と表示されているものが現在の入力モードです。

キーボードで切り替える

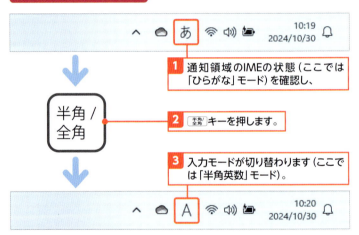

1. 通知領域のIMEの状態（ここでは「ひらがな」モード）を確認し、
2. ［半角/全角］キーを押します。
3. 入力モードが切り替わります（ここでは「半角英数」モード）。

メニューから切り替える

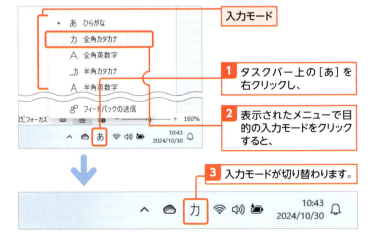

1. タスクバー上の［あ］を右クリックし、
2. 表示されたメニューで目的の入力モードをクリックすると、
3. 入力モードが切り替わります。

2 ローマ字入力とかな入力

Key word　ローマ字入力

ローマ字入力は、キーに表示されている「英字」をローマ字読みでタイプして日本語を入力します。例えば、「うめ」と入力する場合は、「UME」とタイプします。Wordの初期設定は、ローマ字入力です。

ローマ字入力

キーに表示されている英字をローマ字読みでタイプする方法です。

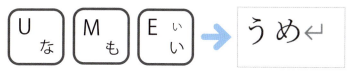

Key word　かな入力

かな入力は、キーに表示されている「ひらがな」をそのままタイプして日本語を入力します。

かな入力

キーに表示されているひらがなをそのままタイプする方法です。

3 ローマ字入力とかな入力を切り替える

解説　入力方法の切り替え

タスクバーのIMEの表示を右クリックし、表示されるメニューで[かな入力(オフ)]をクリックするとかな入力に切り替わります。再度メニューを表示して[かな入力(オン)]をクリックするとローマ字入力に戻ります。

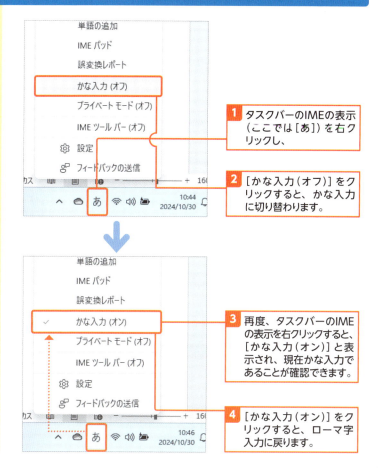

1 タスクバーのIMEの表示(ここでは[あ])を右クリックし、

2 [かな入力(オフ)]をクリックすると、かな入力に切り替わります。

3 再度、タスクバーのIMEの表示を右クリックすると、[かな入力(オン)]と表示され、現在かな入力であることが確認できます。

4 [かな入力(オン)]をクリックすると、ローマ字入力に戻ります。

Section 10

日本語を入力する

ここで学ぶのは
- ひらがなモード
- Delete キーと Back space キー
- Space キーと 変換 キー

ここでは、ローマ字入力／かな入力の**入力の方法**、入力中の文字の**訂正と変換の方法**、**全角カタカナに変換する方法**を説明します。文字入力の基礎となるので、しっかり覚えておきましょう。

1 ひらがなを入力する

解説　ひらがなの入力

ひらがなや漢字などの日本語を入力するには、入力モードを [あ]（「ひらがな」モード）にします。日本語の入力方法には、「ローマ字入力」と「かな入力」との2種類があります。

注意　入力途中に変換候補が表示される

文字の入力途中に、予測された変換候補が自動で表示されます。ここでは、そのまま入力を進めてください。なお、詳細はp.59の「Hint」で説明します。

Hint　ローマ字入力で長音や句読点を入力する

長音「ー」：

読点「、」：　＜　
　　　　　　　, ね

句点「。」：　＞
　　　　　　　. る

中黒「・」：　？
　　　　　　　/ め

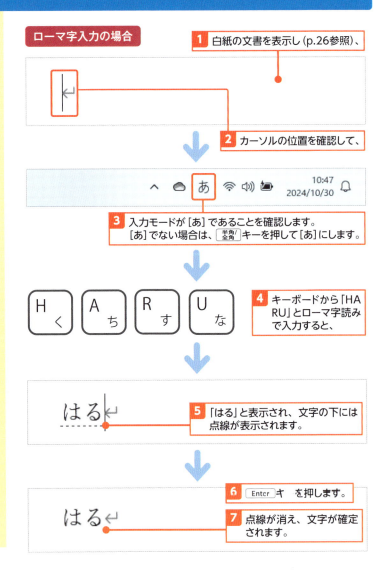

● ローマ字入力で注意する文字

入力文字	入力の仕方	例
ん	N N ※「ん」の次に子音が続く場合は「N」を1回でも可	ほん → HONN ぶんこ → BUNKO、またはBUNNKO
を	W O	かをり → KAWORI
っ（促音）	次に続く子音を2回入力	ろっぽんぎ → ROPPONGI
や、ゆ、よ（拗音） ぁ、ぃ（など小さい文字）	子音と母音の間にYまたはHを入力。単独の場合は、先頭に「X」または「L」を入力	きょう → KYOU てぃあら → THIARA ゃ → LYA、ぁ → LA

※ローマ字入力の詳細はローマ字・かな対応表を参照してください（p.354）

Memo ローマ字入力／かな入力の切り替え方法

ローマ字入力／かな入力の切り替え方法については、p.53を参照してください。

Memo ローマ字入力／かな入力を確かめる

「ひらがな」モード（「あ」）の状態で、文字キーを押して確認します。例えば、キーを押して「ち」と入力されたら、かな入力です。一方「あ」と入力されたらローマ字入力です。

Hint Enter キーで改行する

右の手順7で文字を確定した後、Enterキーを押すと、改行されてカーソルが次の行に移動します。Enterキーは文字の確定と、段落の改行の役割があります。文字入力の練習のときに、Enterキーで改行しながら操作するといいでしょう。なお、間違えて改行した場合は、Back spaceキーを押せば改行を削除できます。

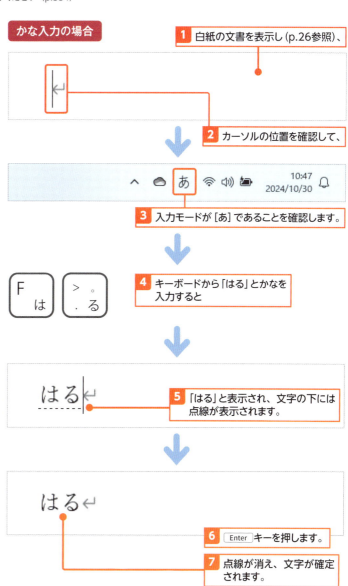

● かな入力で注意する文字

入力文字	入力の仕方
を	Shiftキーを押しながら 0わ キーを押す
っ（促音） や、ゆ、よ（拗音） ぁ、ぃ 等（小さい文字）	Shiftキーを押しながら、それぞれのかな文字キーを押す 例：みっか → N(み) Shift + Z(っ) T(か)
゛（濁音）	かな文字の後に @ キーを押す 例：がく → T(か) @ H(く)
゜（半濁音）	かな文字の後に [キーを押す 例：ぱり → F(は) [L(り)

Hint: かな入力で長音、句読点を入力する

長音「ー」： ¥
読点「、」： Shift + ね
句点「。」： Shift + る
中黒「・」： Shift + め

かな入力の場合のキーの打ち分け方

下半分はそのまま押し、上半分は Shift キーを押しながら押します。

2 入力中の文字を訂正する

 入力中の文字の訂正

入力途中のまだ文字を確定していない状態では、←→キーでカーソルを移動して、文字を削除します。

確定前の文字の削除

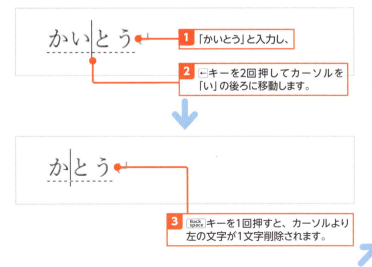

1 「かいとう」と入力し、
2 ←キーを2回押してカーソルを「い」の後ろに移動します。
3 Backspaceキーを1回押すと、カーソルより左の文字が1文字削除されます。

Memo: クリックでも移動できる

ここでは←キーを使ってカーソルを移動させていますが、マウスポインターを動かして、文字上でクリックしても移動させることができます。その場合は文字が確定されます。

Hint キーと キーの使い分け

Deleteキーはカーソルより右(後)の文字を削除し、Back spaceキーはカーソルより左(前)の文字を削除します。

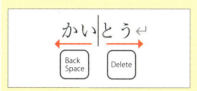

Hint まとめて削除する

削除したい文字をドラッグして選択し、DeleteキーまたはBack spaceキーを押すと、選択した複数の文字をまとめて削除できます。なお、文字の選択方法はp.118を参照してください。

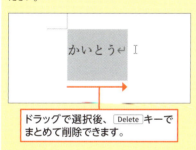

ドラッグで選択後、Deleteキーでまとめて削除できます。

解説 入力途中の文字の追加

入力途中のまだ文字を確定していない状態では、←→キーでカーソルを移動して文字を追加入力できます。

解説 キーで入力を取り消す

文字を確定する前の文字には、点線の下線が表示されています。この状態のときにEscキーを押すと入力を取り消すことができます。入力を一気に取り消したいときに便利です。

4 Deleteキーを1回押すと、カーソルより右の文字が1文字削除されます。

5 Enterキーを押して確定します。

確定前の文字の挿入

1 「ゆき」と入力し、

2 ←キーを1回押してカーソルを移動します。

3 「う」と入力すると、「ゆうき」になります。

4 Enterキーを押して確定します。

確定前の文字の入力の取り消し

1 「げんき」と入力します。

2 Escキーを押すと、確定前の文字入力が取り消されます。

③ 漢字に変換する

 Space キーを押して漢字変換する

漢字を入力するには、ひらがなで漢字の読みを入力し、Space キー、または 変換 キーを押して変換します。
正しく変換できたら Enter キーで確定します。

 変換前に戻す

文字を確定する前であれば、Esc キーを押して変換前の状態に戻すことができます。

絵文字を入力する

■(Windows)+.(ピリオド)キーを押すと、絵文字選択画面が表示されます。絵文字、GIF、顔文字、記号など、さまざまな種類の絵文字や記号が用意されています。任意の絵文字をクリックすると、カーソル位置に挿入されます。

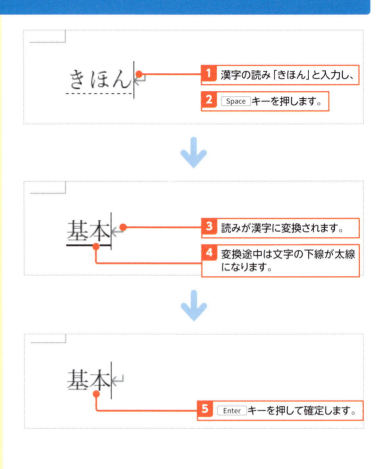

1 漢字の読み「きほん」と入力し、
2 Space キーを押します。
3 読みが漢字に変換されます。
4 変換途中は文字の下線が太線になります。
5 Enter キーを押して確定します。

 ひらがなの入力練習をしてみよう

文字入力が初めての方は、50音を順番に「あ」から「ん」まで入力して、文字キーの位置を一通り確認しましょう。そして、ローマ字入力でもかな入力でも、さまざまな言葉を入力して練習してみます。ここでは、練習をするときに、少し入力しづらい単語を紹介しておきます。p.54〜57を参照しながら練習してみてください。ローマ字入力の方は、ローマ字／かな対応表（p.354）も参考にしてください。

① のーとぶっく　　④ ちゃんぴおん　　⑦ でぃーぜる

② あっぷるてぃー　⑤ こーひーぎゅうにゅう　⑧ がっこうきゅうしょく

③ こんちゅうさいしゅう　⑥ しゅうがくりょこう　⑨ てぃらのざうるす

4 変換候補から変換する

解説　変換候補から選択する

最初の変換で目的の漢字に変換されなかった場合は、続けて Space キーを押して変換候補から選択します。 Space キーまたは、↑↓キーを押して正しい候補を選択し、 Enter キーで確定します。

Hint　予測変換の候補を使う

入力途中に表示される予測変換の候補から漢字を選択したい場合は、 Tab キーまたは↓↑キーを押して候補を選択し、続けて入力するか、 Enter キーで確定します。予測変換に表示される候補を削除するには、削除したい候補を選択し、 Ctrl + Delete キーを押します。

Tab キー、↓↑キーで変換候補間を移動できます。

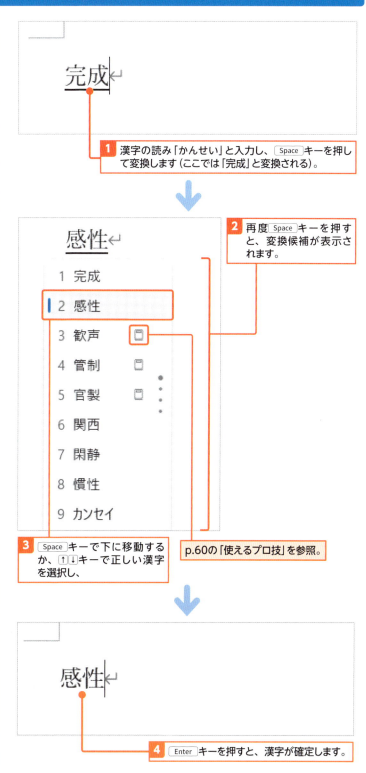

1. 漢字の読み「かんせい」と入力し、 Space キーを押して変換します（ここでは「完成」と変換される）。

2. 再度 Space キーを押すと、変換候補が表示されます。

3. Space キーで下に移動するか、↑↓キーで正しい漢字を選択し、

p.60の「使えるプロ技」を参照。

4. Enter キーを押すと、漢字が確定します。

変換候補の使い方

変換候補の中で、辞書の絵 が表示されているものを選択すると①、同音異義語の意味や使い方の一覧が表示されるので②、意味を確認しながら正しい漢字を選択できます。

標準統合辞書で同音異義語の意味を確認する

Tab キーで変換候補を複数列に表示する

変換候補数が多い場合は、変換候補の右下角に表示されている をクリックするか、Tab キーを押すと複数列で表示され、↑↓→← キーで変換候補を選択できます。 をクリックするか、Tab キーを押すと表示が戻ります。

ここをクリックして、表示を切り替えます。

5 カタカナに変換する

解説 ［Space］キーを押して カタカナ変換する

カタカナを入力するには、ひらがなで入力してから［Space］キーまたは［変換］キーを押して変換します。
正しく変換できたら［Enter］キーで確定します。

Memo ［F7］キーで カタカナ変換する

ひらがなをカタカナに変換するには、ファンクションキーの［F7］キーを押す方法もあります。詳細はp.78を参照してください。

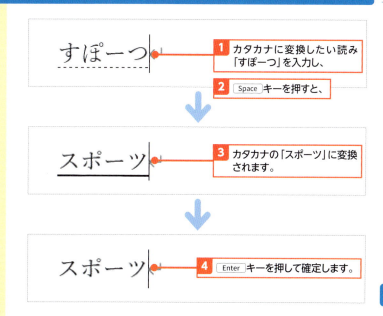

1 カタカナに変換したい読み「すぽーつ」を入力し、
2 ［Space］キーを押すと、
3 カタカナの「スポーツ」に変換されます。
4 ［Enter］キーを押して確定します。

6 確定後の文字を再変換する

解説 確定後の文字を 再変換する

確定した文字を再度変換するには、［変換］キーを使います。再変換したい文字にカーソルを移動するか、変換する文字を選択し、［変換］キーを押すと変換候補が表示されます。［変換］キーまたは［↑］［↓］キーで変換候補を選択し、［Enter］キーで確定します。

Memo 右クリックで 再変換する

再変換したい文字上で右クリックすると表示されるショートカットメニューの上部に変換候補が表示されます。一覧から漢字をクリックして選択できます。

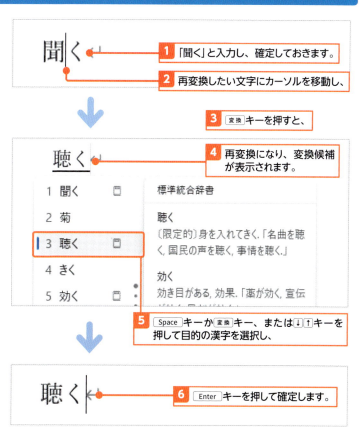

1 「聞く」と入力し、確定しておきます。
2 再変換したい文字にカーソルを移動し、
3 ［変換］キーを押すと、
4 再変換になり、変換候補が表示されます。
5 ［Space］キーか［変換］キー、または［↓］［↑］キーを押して目的の漢字を選択し、
6 ［Enter］キーを押して確定します。

Section 11 文節／文章単位で入力する

ここで学ぶのは
- 文節
- 文章
- 一括変換

文章を入力するときは、**文節単位でこまめに変換する方法**と、「、」や「。」を含めた一文をまとめて**一括変換する方法**があります。ここでは、それぞれの変換の仕方と、変換する文字の長さを変更する方法を確認しましょう。

1 文節単位で変換する

解説　ここで入力する文章

ここでは、「本を読む。」を、文節単位で変換して文章を入力します。

Hint　文節単位の変換

文節単位で変換すると、単語単位で変換する場合よりも正確に変換されやすく、入力の効率がよくなります。

Keyword　文節

文節とは、文章を意味がわかる程度に区切った言葉の単位です。例えば、「僕は今日映画を観た。」の場合「僕は<u>ね</u>今日<u>ね</u>映画を<u>ね</u>観た<u>よ</u>」のように、「ね」とか「よ」などの言葉を挟んで区切ることができる単位です。

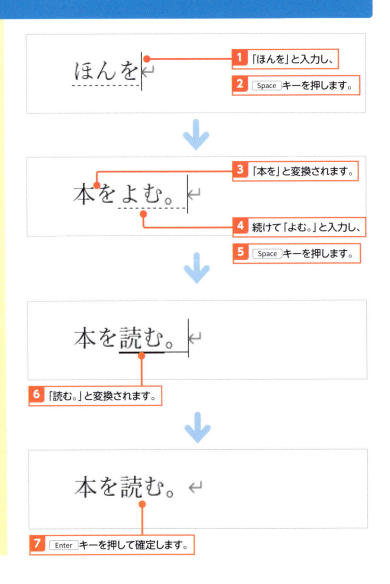

1 「ほんを」と入力し、
2 Space キーを押します。

3 「本を」と変換されます。
4 続けて「よむ。」と入力し、
5 Space キーを押します。

6 「読む。」と変換されます。

7 Enter キーを押して確定します。

2 文章をまとめて変換する

 ここで入力する文章

ここでは、「私は明日ハイキングに行きます。」を一括変換で文章を入力します。

 一括変換する

句読点を含めたひとまとまりの文の読みを一気に入力して Space キーを押すと、一括変換できます。

 入力を速くするには

文字入力のスピードを速くするには、キーの配列を指に覚えさせ、キーを見なくても入力できるようにする「タッチタイプ」の練習をするといいでしょう。タイピング練習ソフトを使用することを検討してみてください。

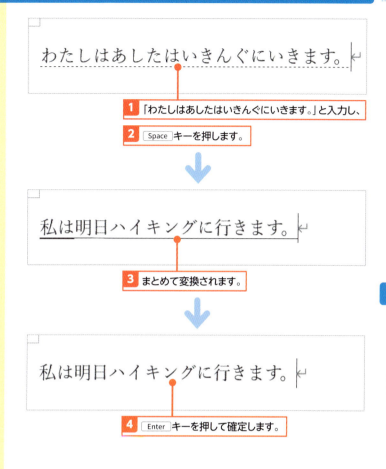

1. 「わたしはあしたはいきんぐにいきます。」と入力し、
2. Space キーを押します。
3. まとめて変換されます。
4. Enter キーを押して確定します。

Hint 文字を入力する前に入力モードを確認しよう

文章を入力するときは、先にIMEの入力モード（p.52参照）の状態を確認するようにしましょう。日本語の文章を入力する際は、「ひらがな」モード あ であることを確認してから、入力を始めます。

● 入力モードの種類

表示	モード	入力される文字	入力例
あ	ひらがな	ひらがな、漢字	みかん、苺
カ	全角カタカナ	全角のカタカナ	メロン
A	全角英数	全角の英文字・数字・記号	Ｃａｔ、１２３、％
ｶ	半角カタカナ	半角のカタカナ	ﾚﾓﾝ
A	半角英数	半角の英文字・数字・記号	Dog、123、%

3 文節を移動して変換する

解説 ここで変換する文章

ここでは、一括変換した「舞台で講演する。」を、文節を移動して「舞台で好演する。」に変換します。

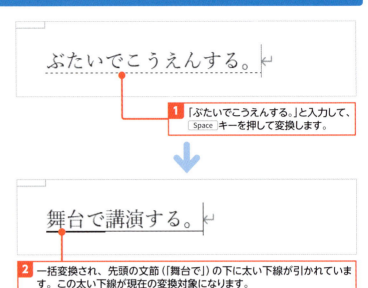

1 「ぶたいでこうえんする。」と入力して、Spaceキーを押して変換します。

2 一括変換され、先頭の文節（「舞台で」）の下に太い下線が引かれています。この太い下線が現在の変換対象になります。

3 →キーを押して次の文節に移動します。

Hint 文節を移動しながら変換する

一括変換した後、文節単位で移動して変換できます。確定前の状態では、変換対象となる文節に太い下線が表示されます。←→キーを押して変換対象の文節を移動し、Spaceキーを押して正しく変換し直します。

4 「講演する」に太い下線が移動し、変換対象となります。

5 Spaceキーを押して変換します。

Hint 文字を確定してしまった場合

文節移動をしないでEnterキーを押して文字が確定してしまった場合は、再変換したい文節内にカーソルを移動し①、変換キーを押せば文節単位で再変換できます②。

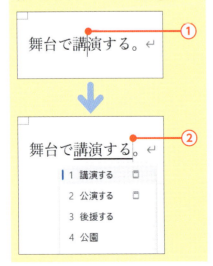

6 数回Spaceキーを押して「好演する」を選択し、

7 Enterキーを押して確定します。

4 文節を区切り直して変換する

 解説　ここで変換する文章

ここでは、「私は医者へ行く。」の文節を区切り直して「私歯医者へ行く。」に変換し直します。

 Hint　文節を区切り直して再変換する

文節の区切りが間違っていて正しく変換されていない場合は、文節を区切り直して、正しい長さに修正します。文節の長さを変更するには、Shiftキーを押しながら←→キーを押します。

 Hint　変換候補から文節を区切り直す

文節が正しく区切られていなかった場合、←→キーで区切り直したい文節に移動し、Spaceキーを押して①、表示される変換候補の中に目的の変換候補が表示されていた場合は、その変換候補を選択して区切り直すことができます②。

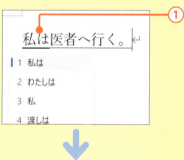

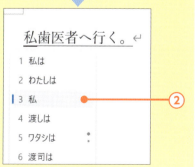

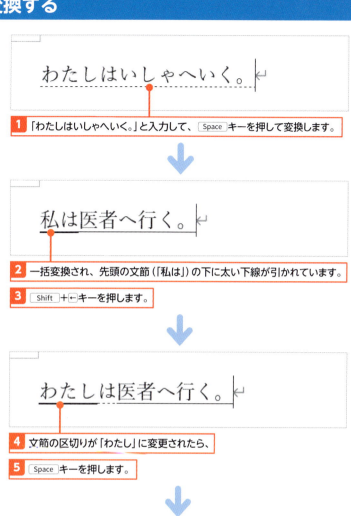

1　「わたしはいしゃへいく。」と入力して、Spaceキーを押して変換します。

2　一括変換され、先頭の文節（「私は」）の下に太い下線が引かれています。

3　Shift+←キーを押します。

4　文節の区切りが「わたし」に変更されたら、

5　Spaceキーを押します。

6　「私」と変換されたら、

7　「歯医者へ行く」と変換できたことを確認して、Enterキーを押して確定します。

Section 12 英数字を入力する

ここで学ぶのは
- 半角英数モード
- 全角英数モード
- 大文字・小文字

キーの左側に表示されている**英数字を入力**するには、入力モードを半角英数モード、または全角英数モードに切り替えます。英字の入力では、**大文字と小文字の打ち分け方**を覚えてください。なお、ひらがなモードのままで英単語に変換できるものもあります。ここでは、英数字の入力方法を一通り確認しましょう。

1 半角のアルファベットや数字を入力する

解説 英数字を入力する

キーボードの左半分に表示されている英数字を入力するには、入力モードを半角英数モードまたは全角英数モードに切り替えます。英字や数字のキーをそのまま押すと、小文字の英字、数字が入力されます。大文字を入力するには、Shiftキーを押しながら英字のキーを押します。

全角英数モード／半角英数モード

そのまま押す ……… a（小文字）
Shiftキーを押しながら押す ……… A（大文字）

Memo テンキーから数字を入力する

パソコンにテンキー（p.50参照）がある場合は、入力モードを気にすることなく常に数字を入力できるので便利です。テンキーを使用するには「Num Lock」をオンにします（p.51参照）。

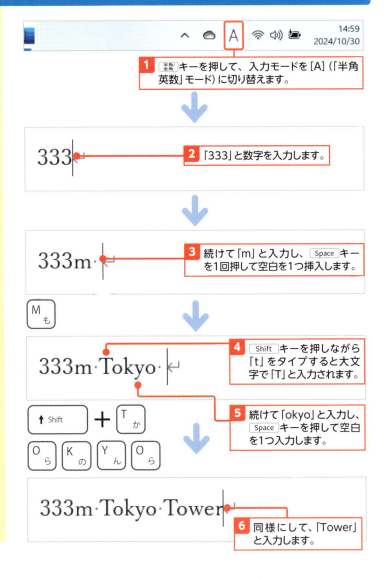

1 半角/全角キーを押して、入力モードを[A]（「半角英数」モード）に切り替えます。

2 「333」と数字を入力します。

3 続けて「m」と入力し、Spaceキーを1回押して空白を1つ挿入します。

4 Shiftキーを押しながら「t」をタイプすると大文字で「T」と入力されます。

5 続けて「okyo」と入力し、Spaceキーを押して空白を1つ入力します。

6 同様にして、「Tower」と入力します。

2 全角のアルファベットや数字を入力する

解説　全角英数モードで入力する

全角英数モードには、右の手順のようにメニューを使って切り替えます。全角の数字やアルファベットを入力するときに切り替えましょう。キーの押し方は半角英数モードの場合と同じです。全角英数モードで入力すると、変換途中の点線下線が表示されるので最後に Enter キーで確定しましょう。

Memo　英大文字を継続的に入力する

連続して英大文字を入力する場合、Shift + CapsLock キーを押して「Caps Lock」をオンにします。このとき、そのまま英字キーを押すと大文字が入力されます。小文字を入力したいときは、Shift キーを押しながら英字キーを押します。元に戻すには、再度 Shift + CapsLock キーを押してください。

1 タスクバーのIMEの表示を右クリックし、
2 表示されたメニューから［全角英数字］を選択します。
3 「634m TOKYO SKYTREE」と入力します。
4 Enter キーを押して文字を確定します。

3 ひらがなモードで入力する

使えるプロ技！　英単語に変換される

ひらがなモードで「あっぷる」や「れもん」のような英単語の読みを入力して変換すると、変換候補の中に該当する英単語が表示されます。比較的一般的な英単語に限られますが、アルファベットで綴らなくても入力することが可能です。

Memo　ローマ字入力で英数字を入力する

ローマ字入力であれば、ひらがなモードであっても、数字や英字を入力できます。例えば、「dream」とタイプすると、「dれあm」と表示されますが、予測変換の候補の中にアルファベットの綴りが表示されます。あるいは、ファンクションキーの F9 や F10 キーで変換が可能です（p.79参照）。

1 p.52を参照して、入力モードを［あ］（「ひらがな」モード）に切り替えます。
2 「あっぷる」と英語読みでひらがなを入力し、
3 Space キーを押します。
4 カタカナの「アップル」に変換されます。
5 再度 Space キーを押すと変換候補が表示され、一覧の中に英単語が表示されます
6 Space キーまたは↓キーを押して目的の英単語に移動し、
7 Enter キーを押して確定します。

Section 13 記号を入力する

ここで学ぶのは
- 記号と特殊文字
- 顔文字
- 郵便番号と住所

文章内に、「（日曜日）」や「10％」のように記号を入力しなければならないことがよくあります。記号を入力するには、記号の配置されているキーから入力する方法と、読みから変換する方法、[記号と特殊文字] ダイアログから記号を選択する方法の3通りがあります。

1 キーにある記号を入力する

解説　記号を入力する

キーの左半分に表示されている記号を入力するには、入力モードを半角英数モードまたは全角英数モードに切り替えます。下側の記号はそのまま押し、上側の記号は Shift キーを押しながら押します。例えば、「；」（セミコロン）はそのまま押し、「＋」（プラス）は Shift キーを押しながら ; キーを押します。

Shift ＋ [＋／；れ]
そのまま

Memo　ローマ字入力の場合はそのまま入力できる

ローマ字入力の場合は、英数モードに切り替えなくてもひらがなモードのままで記号のキーを押して入力できます。全角で記号が入力されますが、F10 キーを押せば半角に変換できます（p.79参照）。

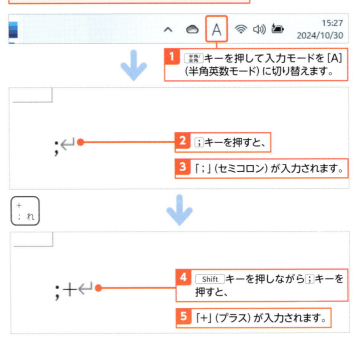

ここでは半角英数モードで記号を入力してみましょう。

1. 半角/全角 キーを押して入力モードを [A]（半角英数モード）に切り替えます。
2. ; キーを押すと、
3. 「；」（セミコロン）が入力されます。
4. Shift キーを押しながら ; キーを押すと、
5. 「＋」（プラス）が入力されます。

2 記号の読みを入力して変換する

解説　読みから記号に変換する

「まる」とか「さんかく」のように、記号の読みを入力して Space キーを押すことで、記号に変換することができるものもあります。

1. 「まる」と入力し、
2. Space キーを2回押すと、

> **Memo** 顔文字も入力できる
>
> 記号の他に顔文字も同様の方法で入力できます。「かおもじ」と入力してSpaceキーを押すとさまざまな顔文字が変換候補に表示されます。

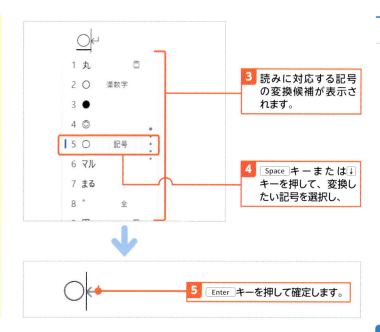

3 読みに対応する記号の変換候補が表示されます。

4 Spaceキーまたは↓キーを押して、変換したい記号を選択し、

5 Enterキーを押して確定します。

記号の読みを入力してSpaceキーで変換できる主なものを表にまとめます。読みがわからない場合は「きごう」と入力して変換すると、より多くの記号が表示されます。

● 読みと変換される主な記号

読み	主な記号
まる	● ◎ ○ ①～⑳ ㊤ ㊥ ㊦
しかく	■ □ ◇ ◆
さんかく	△ ▽ ▲ ▼ ◀ ▶ ∴
ほし	★ ☆ ※ ☆彡
かっこ	「」 【】 〖〗 () 『』 " " ‖
やじるし	← → ↑ ↓ ⇒ ⇔
から	～
こめ	※
ゆうびん	〒

読み	主な記号
でんわ	℡
かぶ	㈱ (株) 株式会社
たんい	℃ kg mg km cm mm m² cc カロリー
てん	: ; ・ , … 、
すうじ	Ⅰ～Ⅹ ⅰ～ⅹ ①～⑳
おなじ	〃 々 ゞ 仝
かける	×
わる	÷
けいさん	± √ ∫ ≠ ≦ [

> **使えるプロ技！** 郵便番号から住所に変換する
>
> 郵便番号から住所に変換することができます。例えば、「105-0001」と入力してSpaceキーで変換すると、変換候補に住所「東京都港区虎ノ門」と表示されます。

住所を簡単に入力することができます。

3 ダイアログから選択する

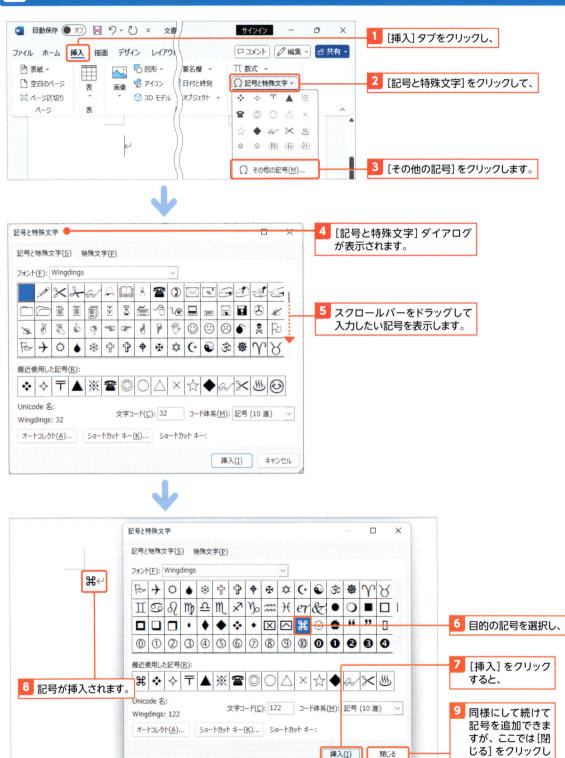

記号用のフォントを使う

[記号と特殊文字]ダイアログを表示すると、[記号と特殊文字]タブの[フォント]欄には「Windings」というフォントが選択されています。[フォント]欄で、文字の種類を変更することができます。「Windings」は、記号や絵文字だけのフォントで、さまざまな記号や絵文字が用意されています。そのほかに「Webdings」「Windings2」「Windkings3」も同様に記号や絵文字専用のフォントです。なお、[（現在選択されているフォント）]を選択すると、現在使っているフォント（書体）に用意されている記号が選択できます。

● Webdings

● Windings2

● Windings3

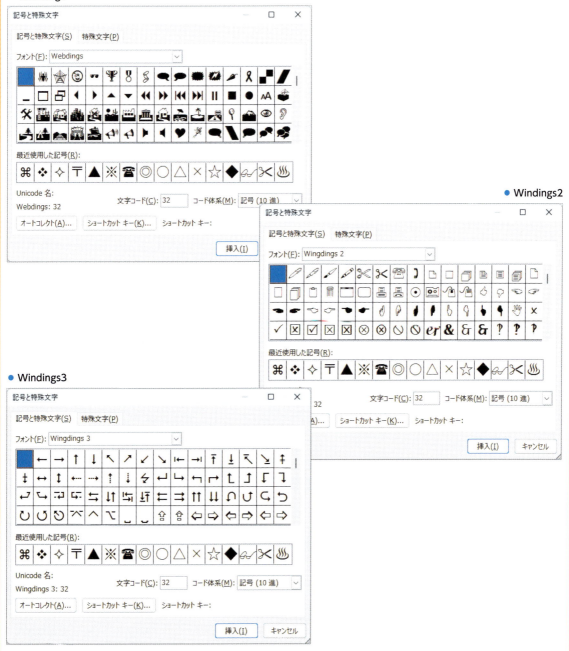

Section 14 読めない漢字を入力する

ここで学ぶのは
- IMEパッド
- 手書きアプレット
- 総画数／部首アプレット

読みがわからない漢字を入力したいときは、**IMEパッド**を使います。IMEパッドには「アプレット」といわれる検索用のツールが用意されており、これを使って文字をマウスでドラッグして**手書き**したり、**総画数や部首の画数**など、いろいろな方法で漢字を検索できます。

1 手書きで漢字を検索する

解説 ここで検索する単語

ここではマウスをドラッグ操作することで漢字を手書きして、「亘」の文字を検索してみます。

Key word IMEパッド

IMEパッドを使うと、読みのわからない漢字を、マウスでドラッグして手書きで検索したり、総画数や部首で検索したりすることができます。また、記号や特殊文字などを文字コード表から探して入力することもできます。

Hint 手書きで検索する

読みがわからないけど漢字は書けるという場合は、手書きアプレットを表示してドラッグで漢字を描いて検索できます。

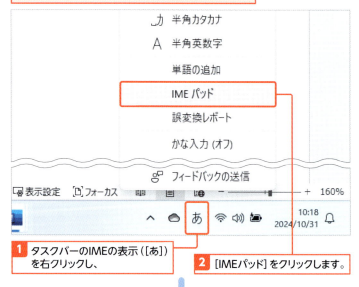

文字を入力したい位置にカーソルを移動しておきます。

1 タスクバーのIMEの表示（[あ]）を右クリックし、

2 [IMEパッド]をクリックします。

3 [IMEパッド]が表示されます。

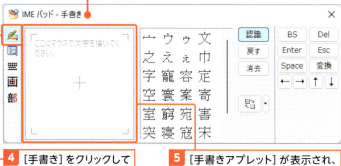

4 [手書き]をクリックしてオンにすると、

5 [手書きアプレット]が表示され、入力欄が表示されます。

Hint ドラッグで描いた文字を修正するには

［戻す］をクリックすると、直前のドラッグした部分が消去され、［消去］をクリックするとすべて消去されます。

6 入力欄にマウスを使って検索したい漢字（ここでは「亘」）をドラッグして描きます。

7 ドラッグされた文字が自動的に認識され、漢字の候補が表示されます。

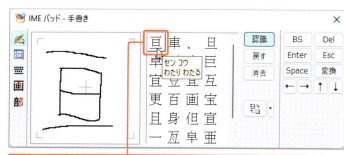

8 漢字にマウスポインターを合わせると、漢字の読みが表示されます。

9 漢字をクリックすると、

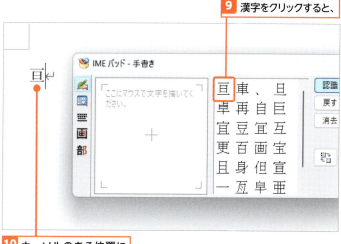

10 カーソルのある位置に漢字が入力されます。

 Memo IMEパッドの位置を移動する

IMEパッドは表示したままでカーソル移動や文字入力などの操作ができます。IMEパッドが文字やカーソルを隠している場合は、タイトルバーをドラッグして移動してください。

タイトルバー

14 読めない漢字を入力する

2 文字入力を完璧にマスターする

2 総画数で漢字を検索する

解説　ここで検索する漢字

ここでは「凪」（6画）という漢字を総画数で検索してみます。あらかじめ入力する位置にカーソルを移動し、IMEパッドを表示しておきます。

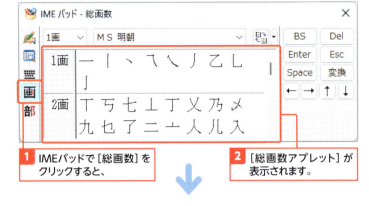

1 IMEパッドで［総画数］をクリックすると、

2 ［総画数アプレット］が表示されます。

3 ここをクリックして、画数を選択します。

4 指定した画数の漢字一覧が表示されたら、スクロールバーをドラッグして、目的の漢字を探します。

5 見つかった漢字をクリックするとカーソルのある位置に文字が入力されます。

Hint　総画数で検索する

漢字の画数がわかっていれば、総画数で検索できます。IMEパッドの総画数アプレットでは画数ごとに漢字がまとめられているので、探している漢字の画数を指定して、一覧から探して入力します。

使えるプロ技！　［文字一覧］から記号や特殊文字を入力する

IMEパッドで［文字一覧］をクリックすると、文字がカテゴリー別に整理されて表示されます。さまざまな文字を入力でき、記号や特殊文字なども入力できます。

文字一覧

カテゴリーのフォルダーをクリックすると、該当する文字の一覧が表示されます。

3 部首で漢字を検索する

 解説 ここで検索する漢字

ここでは「忖」（部首：りっしんべん、3画）を部首で検索してみます。あらかじめ入力する位置にカーソルを移動し、IMEパッドを表示しておきます。

 Hint 目的の部首が表示されない場合

同じ画数の部首が多い場合は、部首一覧にあるスクロールバーをドラッグしてください。

 ドラッグする

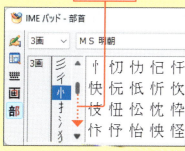

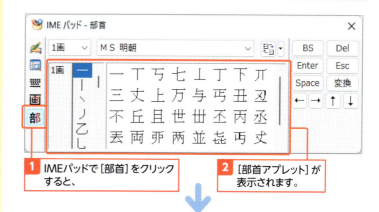

1 IMEパッドで［部首］をクリックすると、

2 ［部首アプレット］が表示されます。

3 ここをクリックして部首の画数を選択し、

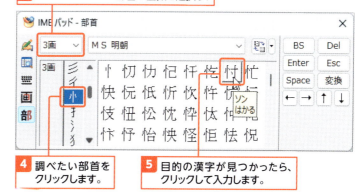

4 調べたい部首をクリックします。

5 目的の漢字が見つかったら、クリックして入力します。

 使えるプロ技！ ［ソフトキーボード］からクリックで文字を入力する

IMEパッドで［ソフトキーボード］をクリックすると、［ソフトキーボードアプレット］が表示され、キーボードのイメージ画面が表示されます。画面上の文字キーをクリックして入力できます。また、［配列の切り替え］をクリックして入力する文字種や配列を変更できます。

 ソフトキーボード

［配列の切り替え］をクリックして表示する文字種や配列を変更できます。

Section 15 単語登録する

ここで学ぶのは
- 単語登録
- Microsoft IMEユーザー辞書ツール
- 単語の修正・削除

読みが難しい名前や長い住所や会社名などは、**単語登録**しておくと簡単な読みですばやく入力できます。登録された単語は、**Microsoft IMEユーザー辞書ツール**によって管理され、パソコン全体で使えます。そのため、Wordだけでなく、Excelなど別のソフトでも使うことができます。

1 単語を辞書に登録する

解説　単語を登録する

人名や会社名などよく使用する単語を登録しておくと、入力が効率的に行えます。[単語の登録]ダイアログを表示し、登録する単語と読みと品詞を指定して登録します。

Memo　「読み」に登録できる文字

ひらがな、英数字、記号が「読み」として使えます。カタカナや漢字は使えません。

Memo　[単語の登録]ダイアログのサイズを調整する

[単語の登録]ダイアログのサイズは、右下の >> をクリックすると横に拡大します（拡大するとボタンは << に変わります）。このボタンをクリックするごとに拡大／縮小を切り替えられます。拡大すると[単語収集へのご協力のお願い]の画面が表示されます。

ここをクリックするごとに、サイズが拡大／縮小します。

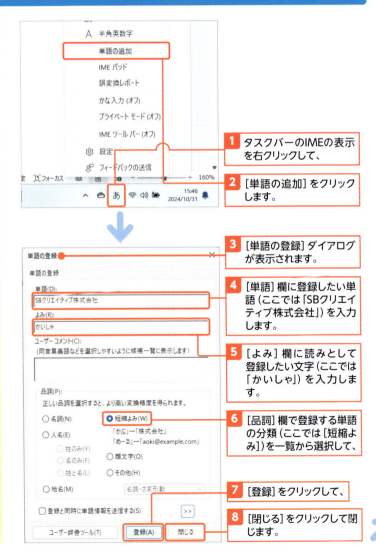

1 タスクバーのIMEの表示を右クリックして、

2 [単語の追加]をクリックします。

3 [単語の登録]ダイアログが表示されます。

4 [単語]欄に登録したい単語（ここでは「SBクリエイティブ株式会社」）を入力します。

5 [よみ]欄に読みとして登録したい文字（ここでは「かいしゃ」）を入力します。

6 [品詞]欄で登録する単語の分類（ここでは[短縮よみ]）を一覧から選択して、

7 [登録]をクリックして、

8 [閉じる]をクリックして閉じます。

9 読み（ここでは「かいしゃ」）を入力し、Space キーを押すと、

10 登録した単語に変換されます。

11 Enter キーを押して確定します。

2 単語を削除する

 解説 登録した単語を削除する

［Microsoft IME ユーザー辞書ツール］ダイアログを表示すると、ユーザーが登録した辞書が一覧表示されます。登録した単語を削除したり、編集したりできます。

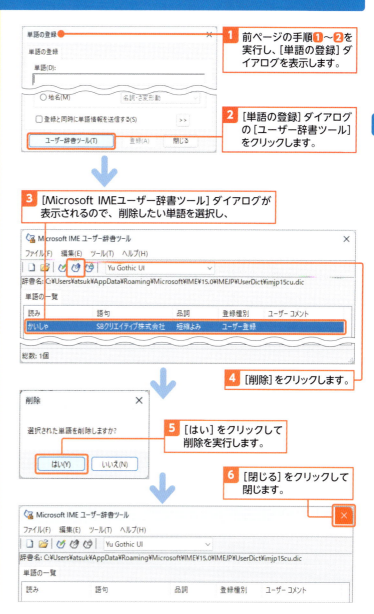

1 前ページの手順❶〜❷を実行し、［単語の登録］ダイアログを表示します。

2 ［単語の登録］ダイアログの［ユーザー辞書ツール］をクリックします。

3 ［Microsoft IMEユーザー辞書ツール］ダイアログが表示されるので、削除したい単語を選択し、

4 ［削除］をクリックします。

5 ［はい］をクリックして削除を実行します。

6 ［閉じる］をクリックして閉じます。

 Hint 登録した単語を修正する

登録した単語の読みや品詞などの修正をしたい場合は、［変更］をクリックします。［単語の変更］ダイアログが表示され内容を修正できます。

Section 16 ファンクションキーで変換する

ここで学ぶのは
- F6 キー
- F7、F8 キー
- F9、F10 キー

F6 ～ F10 の**ファンクションキー**を使うと、ひらがなをカタカナに変換したり、英字を大文字や小文字、全角や半角に変換したりできます。F6 キーで**ひらがな変換**、F7 と F8 キーで**カタカナ変換**、F9 と F10 キーで**英数字変換**できます。非常に便利なキー操作なのでぜひとも覚えておきましょう。

1 F7 キーで全角カタカナ、F8 キーで半角カタカナに変換する

解説　全角／半角カタカナに変換する

変換途中の読みをまとめてカタカナに変換するには、F7 キーまたは F8 キーを押します。F7 キーで全角カタカナ、F8 キーで半角カタカナに変換されます。文字が確定されている場合は別の機能が実行されるので注意してください。

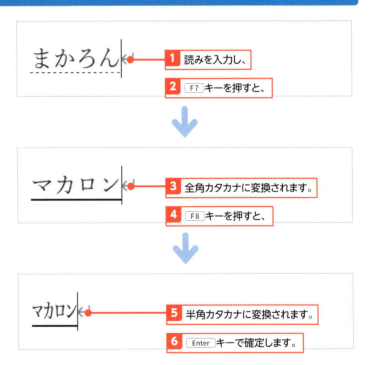

1. 読みを入力し、
2. F7 キーを押すと、
3. 全角カタカナに変換されます。
4. F8 キーを押すと、
5. 半角カタカナに変換されます。
6. Enter キーで確定します。

使えるプロ技！　F7 キー、F8 キーを押すごとにひらがな混じりに変換される

カタカナに変換後、さらに F7 キーまたは F8 キーを押すごとに、後ろの文字から順番にひらがなに変換されます。送り仮名の部分をひらがなにしたいときなどに活用できます。

| 全角カタカナ変換 | イチゴ → F7 → イチご → F7 → イちご |
| 半角カタカナ変換 | ｲﾁｺﾞ → F8 → ｲﾁご → F8 → ｲちご |

2 キーで全角英数字、 F10 キーで半角英数字に変換する

解説　全角／半角英数字に変換する

変換途中の読みをまとめて英数字に変換するには、F9 キーまたは F10 キーを押します。F9 キーで全角英数字、F10 キーで半角英数字に変換されます。文字が確定されていない状態でキーを押します。また、キーを押すごとに小文字、大文字、頭文字だけ大文字に変換できます（ページ下部の「使えるプロ技」を参照）。

Memo　かな入力の場合

かな入力の場合、英字のキーを「TOKYO」と順番にタイプすると、「からのんら」とひらがなが入力されますが、F9 キーまたは F10 キーを押せば、ローマ字入力の場合と同様に英数字に変換できます。

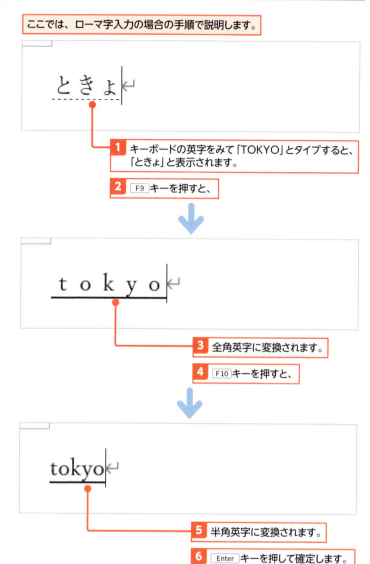

ここでは、ローマ字入力の場合の手順で説明します。

1 キーボードの英字をみて「TOKYO」とタイプすると、「ときょ」と表示されます。
2 F9 キーを押すと、
3 全角英字に変換されます。
4 F10 キーを押すと、
5 半角英字に変換されます。
6 Enter キーを押して確定します。

使えるプロ技！　F9 キー、F10 キーを押すごとに小文字、大文字、頭文字だけ大文字に変換される

F9 キーまたは F10 キーを押すごとに、小文字、大文字、頭文字だけ大文字に変換されます。英単語混じりの文書を作成する場合、ひらがなモードのままで英単語の綴りを入力して、F9 キーまたは F10 キーで簡単に英字に変換できるので大変便利です。

全角英数字変換	ｔｏｋｙｏ	→F9→	ＴＯＫＹＯ	→F9→	Ｔｏｋｙｏ
半角英数字変換	tokyo	→F10→	TOKYO	→F10→	Tokyo

3 キーでひらがなに変換する

解説　全角ひらがなに変換する

変換途中の読みをまとめてひらがなに変換するには、F6キーを押します。文字が確定されていない状態でキーを押します。

1. 読み（ここでは「まかろん」）を入力し、F7キーを押してカタカナ変換しておきます。
2. F6キーを押すと、
3. 全角ひらがなに変換されます。
4. Enterキーを押して確定します。

使えるプロ技！　F6キーを押すごとに順番にカタカナに変換される

F6キーを押すごとに、先頭の文字から順番にカタカナに変換されます。先頭から数文字分だけカタカナに変換したいときに使えます。

| 全角ひらがな変換 | いちご ― F6 → イちご ― F6 → イチご |

使えるプロ技！　オートコレクトによる自動変換について

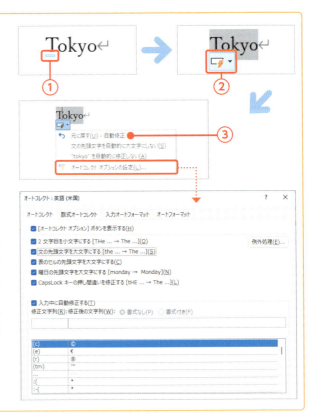

「tokyo」と入力し、SpaceキーやEnterキーを押すと、自動的に頭文字だけ大文字に変換され「Tokyo」と表示される場合があります。これは、オートコレクトの機能によるものです。英字で「tokyo」とか「sunday」などの単語を入力するとオートコレクト機能がはたらいて、自動的に頭文字だけ大きくします。

オートコレクトによる変更を元に戻したい場合は、次の手順で取り消せます。大文字に変換された文字の下にマウスポインターを合わせ①、表示される［オートコレクトのオプション］をクリックし②、［元に戻す-自動修正］を選択します③。

なお、［文の先頭文字を自動的に大文字にしない］を選択すると、これ以降の英単語について先頭文字が大文字に変換されなくなります。［" (入力した英単語)"を自動的に修正しない］を選択すると、「Tokyo」のような入力した英単語について自動修正しなくなります。

また、［オートコレクトオプションの設定］を選択すると［オートコレクト］ダイアログが表示され、英字のオートコレクトの設定の確認と変更ができます。

第 3 章

文書を思い通りに作成する

　ここでは、新規文書の作成とページ設定の方法を確認し、簡単なビジネス文書の作成を例に、一から文書を作成していきます。入力オートフォーマットという自動入力機能を確認しながら文章を入力し、保存と印刷の方法を説明します。ここで基本的な文書作成手順を学びましょう。

Section 17	▶ 文書作成の流れ
Section 18	▶ 新規文書を作成する
Section 19	▶ 用紙のサイズや向きなどページ設定する
Section 20	▶ 簡単なビジネス文書を作ってみる
Section 21	▶ 文書を保存する
Section 22	▶ 文書を開く
Section 23	▶ 印刷する

Section 17 文書作成の流れ

ここで学ぶのは
- 文書の作成手順
- 文書入力から印刷までの流れ

Wordで文書を作成するには、最初にこれから作成する文書の種類や目的に合わせて**用紙サイズ**や**向き**、**余白**などを設定します。そして、文章を入力していき、文字サイズや色、配置などの設定や表、写真、図形などを挿入して完成させます。作成した文書は、ファイルとして保存したり、印刷します。

1 基本的な文書の作成手順

Step1：ページ設定

1 用紙サイズ、用紙の向き、余白などページの基本的な設定をします。なお、文書作成途中の変更も可能です。

Step2：文字入力

2 文章のみを入力します。

Hint 文書作成の流れ

文書の基本的な作成手順は、まず用紙サイズや向き、余白など、ベースとなるページの設定を行います。次に、文章だけを入力します。そして、書式設定などの編集をして完成させます。文書が完成したら、必要に応じて印刷します。また、Step 4に保存がありますが、Step 2やStep 3の合間にもこまめに保存することをお勧めします。

Step 3：書式設定、表、写真や画像などの挿入

Step 4：保存

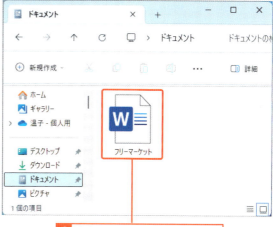

4 文書をファイルとして保存します。

3 文字の種類、大きさ、色、スタイル、配置などを変更したり、罫線や表、画像などを挿入したりして、見栄えを整えます。

5 作成した文書を印刷します。印刷する枚数や、ページ数、印刷方法などを指定できます。

Step 5：印刷

Section 18

新規文書を作成する

ここで学ぶのは
- 白紙の文書
- テンプレート
- テンプレートの検索

新規に文書を作成するには、白紙の文書を開いて、一から作成する方法と、文書のひな型として用意されている**テンプレート**を使う方法があります。Wordでは、オンラインにさまざまなテンプレートが用意されており、これらを使うことで簡単に見栄えのよい文書を作成できます。

1 白紙の新規文書を作成する

解説 白紙の文書を開く

Wordを起動し、すでに文書を作成中でも、右の手順のように、新規に白紙の文書を追加して作成することができます。その場合は、別の新しいWordのウィンドウで表示されます。

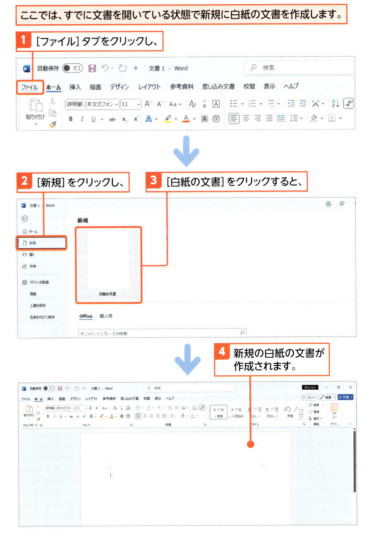

ここでは、すでに文書を開いている状態で新規に白紙の文書を作成します。

1 [ファイル] タブをクリックし、

2 [新規] をクリックし、

3 [白紙の文書] をクリックすると、

4 新規の白紙の文書が作成されます。

ショートカットキー

● 白紙の文書作成
　Ctrl + N

2 テンプレートを使って新規文書を作成する

解説 テンプレートを開く

テンプレートとは、文書のひな型のことです。サンプルの文字や写真などがあらかじめ用意されていますが、自由に書き換えたり、差し替えたりして、きれいで整った文書をすばやく簡単に作成できます。テンプレートは［新規］画面で選択して開くことができます。

Memo インターネットが必要

テンプレートを利用するには、ダウンロードする必要があるため、インターネットに接続していなければいけません。

Hint テンプレートをオンラインで検索する

テンプレートは、Microsoft社が無料で提供しており、ダウンロードして使用できます。［新規］画面には主なテンプレートが表示されていますが、検索ボックスにキーワードを入力すると、それに対応したテンプレートが表示されます。

Hint 検索の候補から選択する

検索ボックスの下に表示されている検索の候補をクリックしても表示できます。

1 ［ファイル］タブ→［新規］をクリックします。

2 作成したい文書の内容にあったキーワードを入力し、

3 Enter キーを押します。

4 キーワードに関連するテンプレートの一覧が表示されます。

5 好みのテンプレートをクリックします。

6 内容を確認し、［作成］をクリックし、ダウンロードします。

18 新規文書を作成する

Hint プレースホルダーを使って文字を置換する

テンプレートに入力されている文字はクリックだけでまとめて選択できるようになっています。これを「プレースホルダー」といいます。選択された状態でそのまま文字を入力すれば、同じスタイルで文字だけ置き換わります。また、文字が不要であれば、削除することもできます。Deleteキーまたは Back spaceキーで削除してください。

Hint ［個人情報の削除が有効］と表示される

テンプレートをもとに新規文書を作成すると、［個人情報の削除が有効］メッセージバーが表示されます。通常、文書を保存する場合、作成者の名前が文書の情報として残されます。テンプレートをもとに作成した文書は、保存するときに作成者などの個人情報が残らないように設定されています。作成者を残したい場合は、［設定の変更］をクリックしてください。それ以外は［×］をクリックしてメッセージバーを閉じておきましょう。

Memo 文字を追加するには

プレースホルダーがない部分に文字を追加したい場合は、追加したい箇所をクリックし、カーソルを移動して入力します。カーソルが移動できない場合は、文字を追加したい位置にテキストボックスを追加するとよいでしょう（p.248参照）。

Memo 文字サイズや文字色も変更できる

テンプレートのサンプル文字は、きれいにデザインされているので文字を置き換えるだけで充分ですが、必要に応じて、文字サイズや色を変更して（p.139参照）、オリジナリティを出すこともできます。

7 テンプレートを元に新規文書が作成されます。

8 サンプルの文字列をクリックすると、文字全体が選択されます。

9 文字を入力すると置き換わります。

10 イベントのタイトルをクリックし、文字を置き換えます。

11 不要な文字をクリックして選択し、Deleteキーを押して削除します。

12 同様に文字を置き換えていきます。

Hint 別の写真に変更したい

テンプレートで使われている写真を、自分で用意した写真に差し替えたい場合は、以下の手順で変更してください。なお、写真を挿入すると、現在の写真の枠に収まるように自動で画像が拡大縮小されます。そのため、縦横の比率が変わってしまうことがあります。挿入する画像の縦横のサイズを画像の枠のサイズにあらかじめ合わせておくか、挿入後に画像の縦横のサイズを変更したり、トリミング（画面の切り取り）したりして調整してください。サイズ変更やトリミングについては、Section62を参照してください。

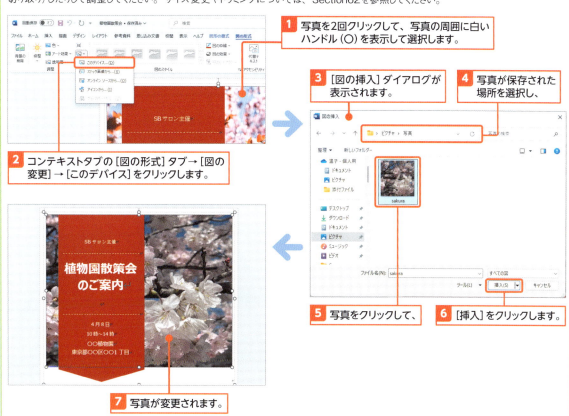

1. 写真を2回クリックして、写真の周囲に白いハンドル（○）を表示して選択します。
2. コンテキストタブの［図の形式］タブ→［図の変更］→［このデバイス］をクリックします。
3. ［図の挿入］ダイアログが表示されます。
4. 写真が保存された場所を選択し、
5. 写真をクリックして、
6. ［挿入］をクリックします。
7. 写真が変更されます。

 最新のOfficeテンプレートをWebサイトから直接ダウンロードする

Microsoft社のOfficeテンプレート用のWebサイトには、季節に合わせたタイムリーなものやビジネスで使用する文書など、最新のテンプレートが数多く、無料で提供されています。以下のURLで開くWebサイトから直接ダウンロードして使用することができます。

URL https://www.microsoft.com/ja-jp/office/pipc

Section 19 用紙のサイズや向きなどページ設定する

ここで学ぶのは
- ページ設定
- 用紙サイズ、印刷の向き
- 余白、行数／文字数

例えば、案内文のようなビジネス文書はA4縦置き、年賀状であればはがきサイズといった具合に、作成する文書によって、**用紙の大きさ**、**印刷の向き**、**行数**や**文字数**などが異なります。このようなページ全体に関する設定を**ページ設定**といいます。ここでは、ページ設定の方法を確認しましょう。

1 用紙のサイズを選択する

解説　一覧に表示される用紙サイズ

選択できる用紙サイズは、使用しているプリンターによって異なります。一覧にないサイズを指定したい場合は、右の手順❷で[その他の用紙サイズ]を選択し、表示される[ページ設定]ダイアログの[用紙]タブで横と高さをmm単位で指定します。

❶ [レイアウト]タブ→[サイズ]をクリックして、

❷ 一覧から用紙サイズを選択します。

Memo　新規文書の既定の設定

Word 2024の新規の白紙の文書のページ設定は、既定では以下のようになっています。

用紙サイズ	A4
印刷の向き	縦置き
余白	上：35mm　下／右／左：30mm
文字方向	横書き
行数	36行
フォント	遊明朝
フォントサイズ	11pt
段落後間隔	8pt
行間	1.08pt

使えるプロ技！　用紙サイズの基礎知識

用紙サイズには、一般的にJIS規格のA版とB版が使われています。B版の方がやや大きめになります。右図のようにサイズの数字が大きいほど用紙サイズは小さくなります。例えば、A5サイズはA4サイズの半分の大きさになります。最も使用されているのはA4サイズで、Wordの初期設定の用紙サイズもA4です。

A判	寸法(mm)
A0	1,189×841
A1	841×594
A2	594×420
A3	420×297
A4	297×210
A5	210×148
A6	148×105

B判	寸法(mm)
B0	1,456×1,030
B1	1,030×728
B2	728×515
B3	515×364
B4	364×257
B5	257×182
B6	182×128

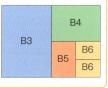

2 印刷の向きを選択する

解説 印刷の向き

印刷の向きは、ページを横長のレイアウトにしたい場合は[横]を選択し、縦長のレイアウトにしたい場合は[縦]を選択します。

● [横]の場合

1 [レイアウト]タブ→[印刷の向き]をクリックして、

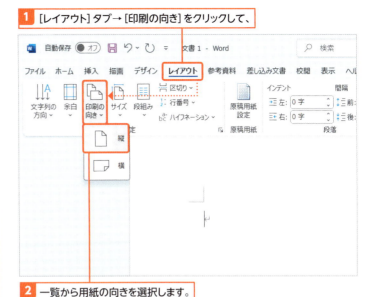

2 一覧から用紙の向きを選択します。

3 余白を設定する

解説 余白の設定

用紙の上下左右にある空白の領域です。余白のサイズを小さくすると、その分印刷する領域が大きくなるので、1行の文字数や1ページの行数が変わってきます。編集できる領域を増やしたいときは[狭い]や[やや狭い]を選択するとよいでしょう。

1 [レイアウト]タブ→[余白]をクリックして、

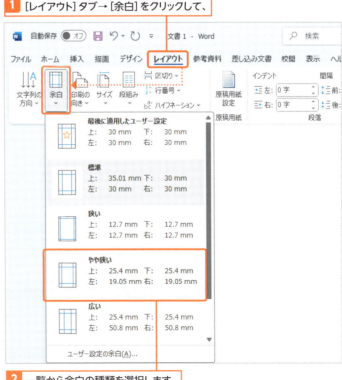

2 一覧から余白の種類を選択します。

4 数値で余白を変更する

解説　余白サイズの変更方法

[ページ設定]ダイアログの[余白]タブで、余白の上下左右の各ボックスの[▲][▼]をクリックすると1mmずつ数値が増減します。ボックス内の数字を削除して直接数字を入力しても変更できます。

Memo　縦書きと横書き

[レイアウト]タブの[文字列の方向]、または[ページ設定]ダイアログの[文字数と行数]タブで、横書きと縦書きを選択することができます。縦書きにすると、文字を縦書きに入力できます。縦書き文書は、年賀状や招待状、社外に発信する案内状やお祝い状など、儀礼的な目的で送られる文書で多く使います（p.114の「使えるプロ技」を参照）。

● 印刷の向き：縦／文字列の方向：縦

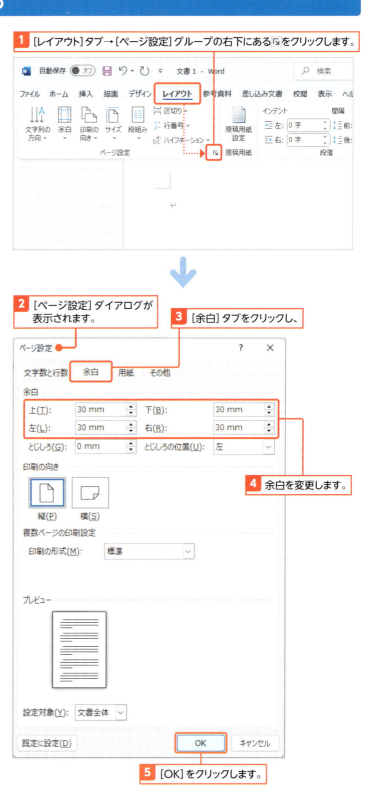

5 1ページの行数や1行の文字数を指定する

解説 文字数と行数の設定

初期設定では、[行数だけを指定する]が選択されており、行数のみ変更できるようになっています。このときの文字数は、設定されているフォントやフォントサイズで1行に収まるようになっています。1行の文字数を指定したい場合は、右の手順のように設定してください。

Hint 文字数と行数は最後に設定する

用紙に設定できる文字数や行数は、用紙のサイズと余白によって決まります。先に文字数や行数を設定しても、用紙サイズや余白を変更すると、それに合わせて文字数と行数が変更になります。そのため、用紙サイズ、余白を設定した後で、文字数と行数を指定してください。

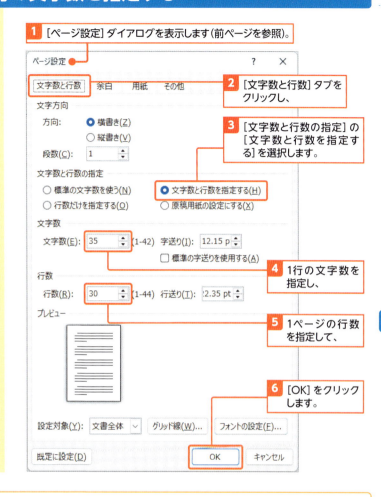

1. [ページ設定]ダイアログを表示します(前ページを参照)。
2. [文字数と行数]タブをクリックし、
3. [文字数と行数の指定]の[文字数と行数を指定する]を選択します。
4. 1行の文字数を指定し、
5. 1ページの行数を指定して、
6. [OK]をクリックします。

使えるプロ技！ 設定した通りの行数にならない場合

使用しているフォント(p.138)や段落後間隔などの設定によっては、ページ設定で行数を増やしたのに、実際には行数が減ってしまう場合があります。指定通りの行数にしたい場合は、以下の操作を行ってください。

1. [デザイン]タブ→[フォント]で[Office 2007-2010]を選択
2. [デザイン]タブ→[段落の間隔]で[段落間隔なし]を選択

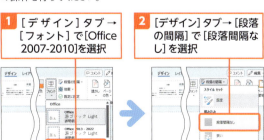

なお、フォントの種類を変更しないで行数を増やしたい場合は、以下の操作を行ってください。この場合は、指定した行数にはなりませんが、行数を増やすことができます。

1. 文章全体を選択し、[ホーム]タブの[段落]グループの右下にある⤵をクリックして[段落]ダイアログを表示
2. [インデントと行間隔]タブで[1ページの行数を指定時に文字を行グリッド線に合わせる]のチェックをオフにする。

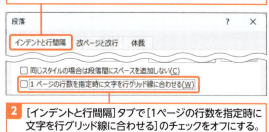

Section 20 簡単なビジネス文書を作ってみる

練習用ファイル： 20_ご案内.docx

Wordには、効率的に文書を作成できる**入力オートフォーマット機能**が用意されています。ここでは、文字の入力と配置を変更するだけのシンプルなビジネス文書を作成しながら、ビジネス文書の基本構成と入力オートフォーマット機能を確認しましょう。

ここで学ぶのは
- 入力オートフォーマット機能
- 日付入力
- 頭語と結語

1 ビジネス文書の基本構成を覚えよう

解説 ビジネス文書の基本構成

ビジネス文書は、基本的に8つの部分で構成されており、だいたいのスタイルは決まっています。この構成をベースに覚えておけば、ビジネス文書作成時に役に立ちます。ここでは、白紙の文書を作成し（p.84参照）、p.88で行ったページ設定で文書を作成していきます。あらかじめ用意してから始めてください。

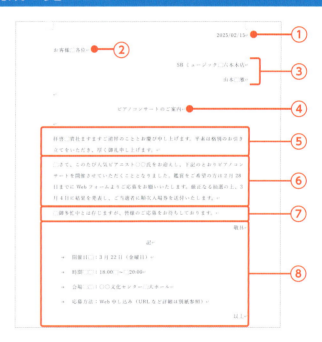

● ビジネス文書の基本構成とその内容

NO	構成	内容
①	発信日付	文書を発信する日付。文書の内容によっては、発信日付の上に文書番号（例：請求書NO0001、人事20-001）が入る場合もある。右揃えで配置する
②	宛先	相手先を指定。相手が複数の場合は、「各位」や「皆様」を付ける。左揃えで配置する
③	発信者名	発信者を指定。右揃えで配置する
④	タイトル	タイトルを指定。中央揃えで配置する
⑤	前文	頭語、時候の挨拶、慶賀（安否）の挨拶、感謝の挨拶の順の定型文
⑥	主文	伝えたい内容
⑦	末文	結びの挨拶、最後に結語を右揃えで配置する
⑧	記書き	必要な場合のみ、別記で要点を箇条書きする。中央揃えの「記」で始まり、箇条書きを記述したら、最後に「以上」を右揃えに配置する

2 発信日付を入力する

解説 日付の入力

ビジネス文書の1行目には、発信日となる日付を入力します。ここでは、発信日を「令和7年2月15日」として入力します。

1 文書の先頭位置にカーソルがある状態で、「令和7年2月15日」と入力し、

2 Enter キーを押してカーソルを次の行に移動します。

Hint 今日の日付を自動入力する

「令和」と入力し Enter キーを押して変換を確定すると、和暦で今日の日付がヒントで表示されます①。 Enter キーを押すと、そのまま和暦の今日の日付が入力されます。同様に、半角文字で今日の西暦4桁に続けて「/」（スラッシュ）を入力すると、西暦で今日の日付がヒントで表示されます②。 Enter キーを押すと、そのまま西暦で今日の日付が入力されます。

使えるプロ技！ [日付と時刻]ダイアログから日付を入力する

Wordの日付入力では、入力する日付の表示形式を指定したり、ファイルを開くたびに入力した日付を自動的に今日の日付に更新する機能もあります。[挿入]タブの[テキスト]グループにある[日付と時刻]①をクリックすると開く、[日付と時刻]ダイアログ②で設定します。例えば、和暦で表示したい場合は、[言語の選択]で[日本語]を指定し③、[カレンダーの種類]で[和暦]を選択します④。すると[表示形式]に和暦の日付の表示形式が一覧になるので、入力したい形式を選択し⑤、[OK]をクリックして挿入します⑥。
また、[日付と時刻]ダイアログの右下にある[自動的に更新する]にチェックを入れておくと、ファイルを開くたびにその日の日付に更新されるようになります。

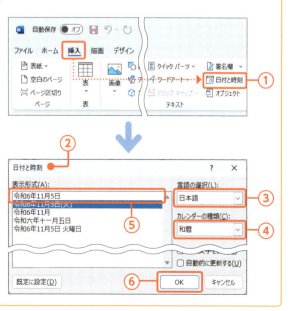

3 宛先、発信者名、タイトルを入力する

Hint 編集記号を表示する

[ホーム]タブの[段落]グループの[編集記号の表示/非表示]をクリックしてオンにすると、段落記号↵以外のスペース□やタブ→などの編集記号が表示されます。右の手順では「様」と「各」の間にスペース□の記号が表示されています。編集の際の目安になるので、表示しておくと便利です。なお、編集記号は印刷されません。

Memo 全角や半角の空白を入力する

空白（スペース）を入力するには、Space キーを押します。「ひらがな」モードのときは、全角で空白が入力されます。「ひらがな」モードのときに半角の空白を入力するには、Shift キーを押しながら Space キーを押します。

Memo 空行を挿入する

何も入力しない空行を挿入したい場合は、行頭で Enter キーを押します。行頭に段落記号のみが表示されます（p.117参照）。

宛先を入力する

1 2行目に宛先を入力し、Enter キーを押して改行します。

発信者名を入力する

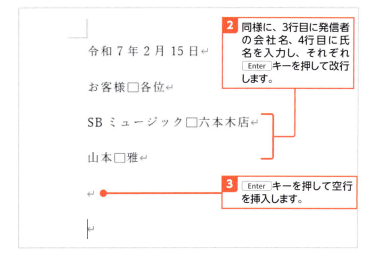

2 同様に、3行目に発信者の会社名、4行目に氏名を入力し、それぞれ Enter キーを押して改行します。

3 Enter キーを押して空行を挿入します。

タイトルを入力する

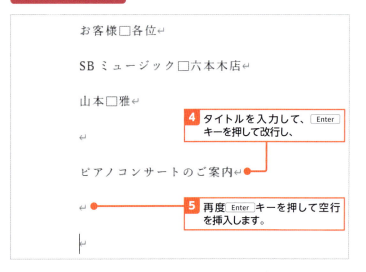

4 タイトルを入力して、Enter キーを押して改行し、

5 再度 Enter キーを押して空行を挿入します。

4 頭語と結語を入力する

解説 頭語と結語の自動入力

Wordでは、「拝啓」のような頭語を入力すると、入力オートフォーマットの機能により、空行が挿入され、次の行に頭語に対応する結語が右揃えで自動入力されます。なお、ここでは「拝啓」と入力後、Spaceキーを押していますが、Enterキーで改行した場合でも結語は自動入力されます。

1 頭語「拝啓」と入力し、Spaceキーを押して空白を入力すると、

2 空行が挿入され、頭語に対応する結語「敬具」が右揃えで自動入力されます。

Key word 頭語と結語

頭語とは、「拝啓」「前略」のように手紙やビジネス文書などの最初に記述する決まり言葉です。頭語の後ろに「、」は付けず、1文字空けます。また、結語とは、文書の最後に記述する決まり言葉で「敬具」や「草々」などがあります。右表のように頭語と結語はワンセットになっています。

● 文書の種類による頭語と結語

頭語と結語	文書の種類
拝啓　敬具	一般的な文書
前略　草々	前文を省略した文書
謹啓　謹白	あらたまった文書

Hint 頭語と結語の自動入力をオフにする

頭語と結語の自動入力の機能はオフにすることができます。[ファイル]タブをクリックしてBackstageビューを開き、左側のメニュー項目の一番下にある[その他]→[オプション]をクリックして、[Wordのオプション]ダイアログで設定します。[Wordのオプション]ダイアログの左側のメニュー項目で[文章校正]❷をクリックして開いたパネルの[オートコレクトのオプション]をクリックしてください。[オートコレクト]ダイアログが開くので、[入力オートフォーマット]タブ❹をクリックして、下の方にある[頭語に対応する結語を挿入する]❺のチェックボックスをオフにします。[OK]をクリックすると、頭語と結語の自動入力はされなくなります。

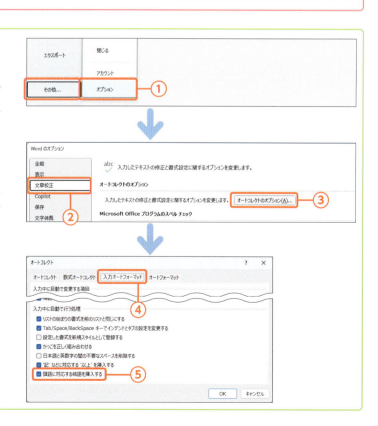

5 前文(あいさつ文)を入力する

解説　あいさつ文の自動入力

[あいさつ文]ダイアログでは、前文となる季節のあいさつ、安否のあいさつ、感謝のあいさつを一覧から選択するだけで自動入力できます。作成する文書の内容に合ったものを選択してください。また、ダイアログでは、それぞれの内容を修正することもできます。

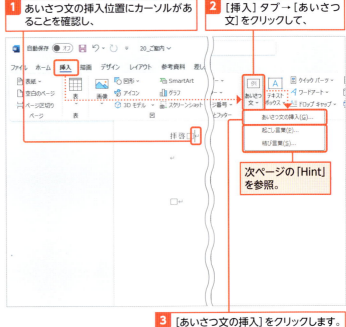

1 あいさつ文の挿入位置にカーソルがあることを確認し、

2 [挿入]タブ→[あいさつ文]をクリックして、

次ページの「Hint」を参照。

3 [あいさつ文の挿入]をクリックします。

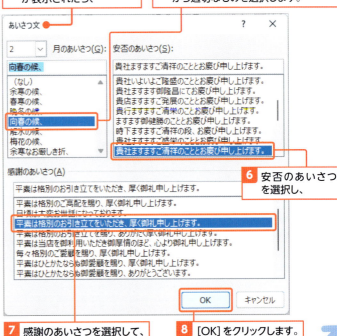

4 [あいさつ文]ダイアログが表示されたら、

5 月を確認し、季節のあいさつの一覧から適切なものを選択します。

6 安否のあいさつを選択し、

7 感謝のあいさつを選択して、

8 [OK]をクリックします。

Memo　季節のあいさつ

[あいさつ文]ダイアログでは、現在の日付から月が自動的に選択され、対応する季節のあいさつの一覧が自動で表示されます。月を変更し、月のあいさつの一覧を変更することもできます。

9 あいさつ文が入力されます。

> 拝啓□向春の候、貴社ますますご清祥のこととお慶び申し上げます。平素は格別のお引き立てをいただき、厚く御礼申し上げます。

10 Enter キーで改行します。

6 主文と末文を入力する

解説　主文の起こし言葉

主文を入力する際は、最初に1文字空白を開けてから、「さて、」のような起こし言葉を入力します。

主文の入力

1 Space キーを押して、1文字分の空白を開けてから、起こし言葉「さて、」と入力し、続けて主文を以下のように入力します。

> 別のお引き立てをいただき、厚く御礼申し上げます。
>
> □さて、このたび人気ピアニスト○○氏をお迎えし、下記のとおりピアノコンサートを開催させていただくこととなりました。鑑賞をご希望の方は2月28日までにWebフォームよりご応募をお願いいたします。厳正なる抽選の上、2月4日に結果を発表し、ご当選者に順次入場券を送付いたします。

2 Enter キーを押して改行します。

末文の入力

> 日までにWebフォームよりご応募をお願いいたします。厳正なる抽選の上、2月4日に結果を発表し、ご当選者に順次入場券を送付いたします。
>
> □御多忙中とは存じますが、皆様のご応募をお待ちしております。
>
> 　　　　　　　　　　　　　　　　　　　　　　　　　　　　敬具

3 Space キーを押して、1文字分の空白を開けてから、末文を上記のように入力します。

解説　末文の結び言葉

末文には、ビジネス文書の締めくくりとなる文を記述します。例文のような言葉や、「今後ともどうぞよろしくお願いします。」「ぜひご検討くださいますようお願い申し上げます。」など、内容、シチュエーション、相手との関係性によって使い分けます。また、最後に、頭語に対する結語を右揃えで入力しますが、Wordでは自動で入力されたものをそのまま使えます。

Hint 起こし言葉と結び言葉の自動入力

起こし言葉と結び言葉も自動入力することができます。前ページの手順**2**の後に、それぞれ[起こし言葉][結び言葉]をクリックすると、[起こし言葉]ダイアログ、[結び言葉]ダイアログが表示されるので、選択して入力できます。

● 起こし言葉

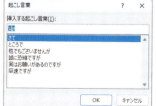

● 結び言葉

7 記書きを入力する

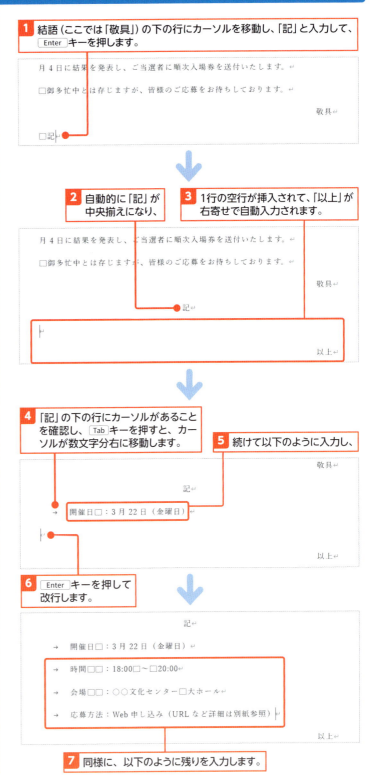

Hint 自動入力をなくす

「記」と入力して「以上」が表示される自動入力をしなくしたい場合は、p.95の「Hint」と同様に[オートコレクト]ダイアログを表示し、[入力オートフォーマット]タブの['記'などに対応する'以上'を挿入する]のチェックをオフにします。

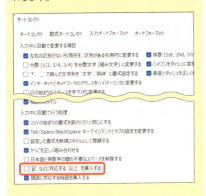

Hint Tab キーで字下げする

新規行の行頭で Tab キーを押すと、タブが挿入され、標準で約4文字分カーソルが右に移動します。リスト形式で文字の開始位置を揃えたいときに使うと便利です。なお、タブについては、p.178を参照してください。

Memo 項目名の文字幅を揃える

項目名の文字数が異なる場合、字間に適当な空白を挿入すると文字幅が揃います。例えば、下図のように「開催日」の字間には半角のスペース(Shift + Space キー)、「時間」「会場」の字間には全角のスペースを2つ挿入して揃えています。また、「文字の均等割り付け」という機能を使って文字幅を揃えることもできます(p.151参照)。

8 文字の配置を変更する

解説 文字の配置を変更する

日付や発信者などを右揃えに配置するには[ホーム]タブの[段落]グループにある[右揃え]、タイトルなどの文字を中央に配置するには[中央揃え]で簡単に変更できます。配置を変更したい文字内にカーソルを移動するか、段落を選択してからそれぞれのボタンをクリックします。なお、配置変更の詳細については、p.156を参照してください。

日付と発信者名を右揃えにする

1 1行目の日付をクリックしてカーソルを移動し、

2 [ホーム]タブ→[右揃え]をクリックします。

3 日付が右揃えになります。

4 同様に、3行目と4行目の発信者を右揃えにします。

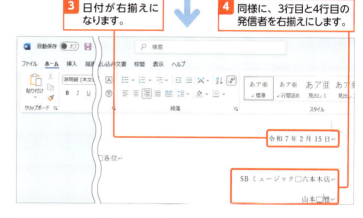

タイトルを中央揃えにする

1 タイトルをクリックしてカーソルを移動し、

2 [ホーム]タブ→[中央揃え]をクリックします。

3 タイトルが中央揃えになります。

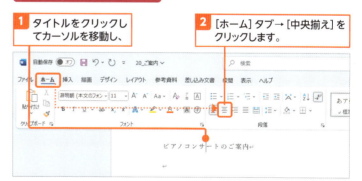

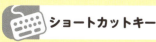 ショートカットキー

- 右揃え
  Ctrl + R
- 中央揃え
  Ctrl + E

Section 21 文書を保存する

練習用ファイル：21_ご案内.docx

ここで学ぶのは
- 名前を付けて保存する
- 上書き保存する
- PDFファイル/テキストファイル

作成した文書を**ファイル**として保存しておくと、Wordを終了した後に再度開いて編集することができます。文書は、**Word形式**で保存するだけでなく、**PDF形式**、**テキスト形式**など、Word以外のソフトでも扱える形式で保存することもできます。

1 保存場所と名前を指定して保存する

解説 名前を付けて保存する

新規の文書を保存する場合は、保存場所と名前を指定してファイルとして保存します。保存済みの文書の場合、同じ操作で別のファイルとして保存できます。

Memo Wordファイルの拡張子

Wordの文書をファイルとして保存すると、「案内文.docx」のように、文書名の後ろに「.」（ピリオド）と拡張子「docx」が付きます。拡張子の確認方法などの詳細はp.105の「Hint」を参照してください。

使えるプロ技！ OneDriveに保存する

保存場所にOneDriveを選択すると、文書をインターネット上に保存できます。OneDriveに保存すれば、わざわざファイルを持ち運ぶことなく、別のパソコンから文書を開くことができます。この場合、Microsoftアカウントでサインインしている必要があります（p.310参照）。

ショートカットキー

● 名前を付けて保存
 F12

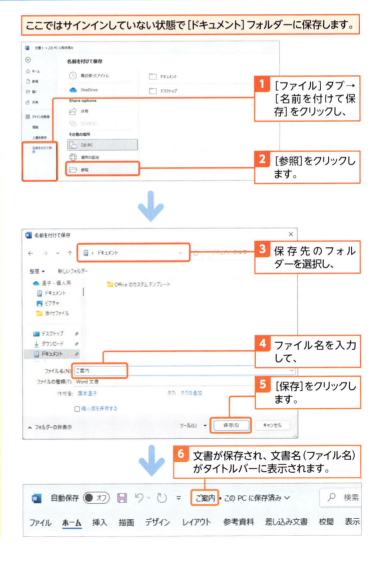

2 上書き保存する

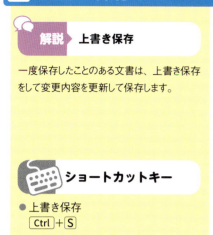

解説　上書き保存

一度保存したことのある文書は、上書き保存をして変更内容を更新して保存します。

ショートカットキー

● 上書き保存
Ctrl + S

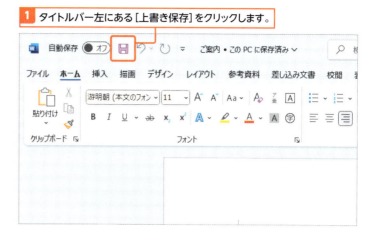

1 タイトルバー左にある[上書き保存]をクリックします。

Hint 自動保存を理解する

タイトルバーの左端に表示されている[自動保存]は、Microsoftアカウントでサインインしているときに文書をOneDriveに保存すると有効になる機能です。

Microsoftアカウントでサインインしている場合、文書をOneDriveに保存すると、既定で[自動保存]がオンになり、文書に変更があると自動で上書き保存されるようになります。Microsoftアカウントでサインインしている場合としていない場合の違いを確認しておきましょう。

Microsoftアカウントでサインインしていない場合

文書を保存しても[自動保存]はオンになりません。保存後、文書に変更があった場合は、上書き保存して文書を更新します。このとき[自動保存]をクリックしてオンにしようとするとサインインを要求する画面が表示されます。

Microsoftアカウントでサインインしている場合

文書をOneDriveに保存すると[自動保存]は既定でオンになり、文書の変更があった場合、自動的に保存が実行されます。自動保存したくないときは、[自動保存]をクリックしてオフにすると[上書き保存]をクリックしたときだけ文書が保存されます。文書の[自動保存]のオンとオフの設定は文書ごとに保存されます。次に文書を表示したときは、前回と同じ設定で開きます。
また、[上書き保存]ボタンのアイコンが🔃となります。クリックすると自分が行った変更が保存されると同時に、文書が共有されている場合、他のユーザーによる変更も反映されます。

Hint 自動保存時の保存の履歴を表示する

OneDriveに文書を保存し、自動保存がオンになっている場合、保存の履歴が残ります。変更する前の状態に戻したいときには、保存の履歴を表示して復元することができます。

保存の履歴を表示して文書を復元する

1 タイトルバーのファイル名をクリックし、

3 [バージョン履歴]作業ウィンドウで保存の履歴が表示されたら、戻したい時点のものをクリックします。

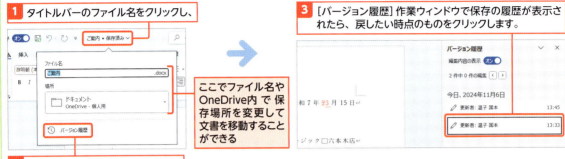

ここでファイル名やOneDrive内で保存場所を変更して文書を移動することができる

2 [バージョン履歴]をクリックします。

復元しない場合は、タイトルバーの[閉じる]をクリックして文書ウィンドウを閉じます。

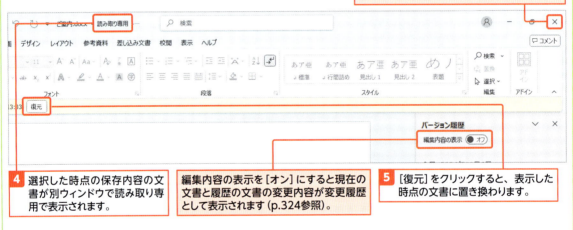

4 選択した時点の保存内容の文書が別ウィンドウで読み取り専用で表示されます。

編集内容の表示を[オン]にすると現在の文書と履歴の文書の変更内容が変更履歴として表示されます(p.324参照)。

5 [復元]をクリックすると、表示した時点の文書に置き換わります。

自動保存されないようにする

[自動保存]がオンになっていると、変更が上書きで自動保存されます。OneDriveに保存されている文書とは別に編集を進めたい場合は、[ファイル]タブをクリックし、[コピーを保存]をクリックして、OneDrive上の文書のコピーをPC上に保存して別文書として編集するといいでしょう。[コピーを保存]は[自動保存]がオンの場合のみ表示されます。保存した文書はPC上に保存されるため、自動保存は自動的にオフになります。

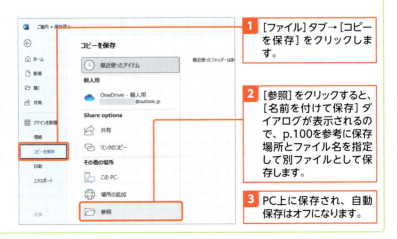

1 [ファイル]タブ→[コピーを保存]をクリックします。

2 [参照]をクリックすると、[名前を付けて保存]ダイアログが表示されるので、p.100を参考に保存場所とファイル名を指定して別ファイルとして保存します。

3 PC上に保存され、自動保存はオフになります。

3 PDFファイルとして保存する

 解説 PDFファイルとして保存

Wordがない環境でも内容を表示したり印刷したりできる形式で保存したい場合は、PDFファイルとして保存します。

Key word PDFファイル

PDFファイルは、さまざまな環境のパソコンで同じように表示・印刷できる電子文書の形式です。紙に印刷したときと同じイメージで保存されます。Microsoft Edgeなどのブラウザーで表示することができます。

 Memo PDFファイルを開くアプリ

右の手順7では、Microsoft Edgeを起動してPDFファイルを開いていますが、PDFファイルを開くアプリは使用しているPCの環境によって変わります。

1 [ファイル]タブ→[エクスポート]をクリックし、

2 [PDF/XPSドキュメントの作成]をクリックして、

3 [PDF/XPSの作成]をクリックします。

4 保存先のフォルダーを選択し、

5 ファイル名を入力し、

6 [発行]をクリックします。

7 Microsoft Edgeが起動し、PDF形式で保存したファイルが開きます。

4 テキストファイルとして保存する

解説　書式なしとして保存

ファイルの種類を「書式なし」にすると、文字のサイズや色といった書式、罫線、図形などを除いた文字データのみのテキストファイル（拡張子：.txt）として保存されます。

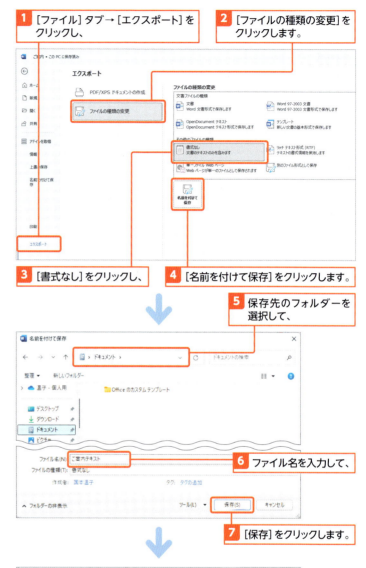

1 [ファイル] タブ→ [エクスポート] をクリックし、
2 [ファイルの種類の変更] をクリックします。
3 [書式なし] をクリックし、
4 [名前を付けて保存] をクリックします。
5 保存先のフォルダーを選択して、
6 ファイル名を入力して、
7 [保存] をクリックします。

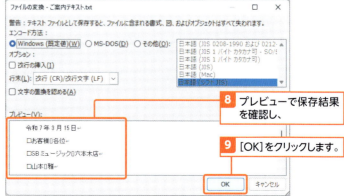

8 プレビューで保存結果を確認し、
9 [OK] をクリックします。

Key word　テキストファイル

文字データのみのファイルです。Wordだけでなく、さまざまなソフトで読み書きできる、汎用性のあるファイルです。

テンプレートとして保存する

前ページの手順❸の[ファイルの種類の変更]で[テンプレート]を選択すると、文書をテンプレートとして保存できます。例えば、申込書としてオリジナルの入力用フォームを作成し、テンプレートとして保存すれば、その入力フォームを元に新規文書を作成できます。保存先を[ドキュメント]フォルダー内の[Officeのカスタム テンプレート]に指定すると、[ファイル]タブ→[新規]の画面で[個人用]の中に保存したテンプレートが表示されます。

ここにテンプレートファイルを保存します。

[Officeのカスタムテンプレート]フォルダーに保存したファイルがテンプレートとして表示されます。

 ### ファイルの種類と拡張子について

Word文書を保存すると、ファイルが作成され、自動的に文書名の後ろに「.」(ピリオド)と拡張子「docx」が付きます。拡張子は、ファイルの種類を表しており、ファイルには必ずファイル名の後ろに拡張子が付いています。そのため、拡張子を見ればファイルの種類がわかります。例えばテキストファイルは「.txt」、PDFファイルは「.pdf」、Wordのテンプレートファイルは「.dotx」です。拡張子が非表示になっている場合は、エクスプローラーを開き、[表示]→[表示]→[ファイル名拡張子]をクリックしてチェックを付けると表示されます。拡張子を表示すると、エクスプローラーだけでなく、使用しているWordなどのアプリでも拡張子が表示されるようになります。

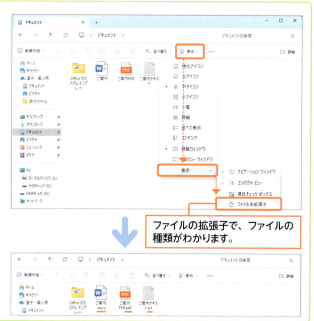

ファイルの拡張子で、ファイルの種類がわかります。

Section 22 文書を開く

練習用ファイル：📁 22_ご案内.docx、22_ご案内.txt

保存したファイルは、Word画面から開くだけでなく、エクスプローラーから開くこともできます。また、Word形式以外のファイルを開くこともできます。ここでは、**保存されたファイルの開き方**や、**保存しないで閉じてしまった場合の対処の方法**を確認しましょう。

ここで学ぶのは
- [ファイルを開く]ダイアログ
- エクスプローラー
- 文書の回復

1 保存場所を選択して開く

> **Hint 複数のファイルを同時に開く**
>
> Wordでは複数ファイルを同時に開いて編集することができます。右の手順④で、1つ目のファイルを選択した後、2つ目以降のファイルを、Ctrlキーを押しながらクリックすると、複数のファイルを選択できます。複数選択した状態で[開く]をクリックすると、複数のファイルをまとめて開けます。

> **Memo 複数の文書を切り替えるには**
>
> [表示]タブ→[ウィンドウの切り替え]をクリックして①、リストから切り替えたい文書をクリックします②。また、タスクバーのWordのアイコンにマウスポインターを合わせ、表示される文書のサムネイル（縮小表示）で、編集したい文書をクリックでも切り替えられます。

> **ショートカットキー**
>
> ● [開く]画面表示
>   Ctrl + O
>
> ● [ファイルを開く]ダイアログ表示
>   Ctrl + F12

1 [ファイル]タブ→[開く]をクリックし、
2 [参照]をクリックします。
3 ファイルの保存先を選択し、
4 対象のファイルをクリックします。
5 [開く]をクリックすると、
6 選択したファイルが開きます。

2 エクスプローラーから開く

 エクスプローラーから直接ファイルを開く

エクスプローラーを開き、開きたいWordの文書ファイルをダブルクリックすると、Wordが起動すると同時に文書も開きます。

1 エクスプローラーで保存場所のフォルダーを開き、

2 開きたい文書ファイルをダブルクリックすると、Wordが起動してファイルが開きます。

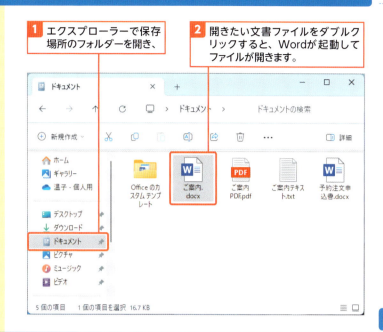

 ショートカットファイルからも開ける

Wordの文書ファイルのショートカットファイルを作成した場合は、そのショートカットファイルをダブルクリックしてもWordが起動して文書も開きます。

3 Word文書以外のファイルを開く

 Word文書以外のファイルを開く

WordでWord文書以外のファイルを開くには、右の手順3で表示されるファイルの種類の一覧からファイル形式を選択します。

1 前ページの手順で[ファイルを開く]ダイアログを表示します。

2 保存先のフォルダーを選択し、

3 [すべてのWord文書]をクリックし、

4 一覧からファイルの種類を選択します。

 PDFファイルを開く

Wordでは、PDFファイルをWord形式に変換して開き、編集できます。ただし、Word形式に変換する際、レイアウトが崩れる場合があるので注意してください。

22 文書を開く

 [ファイルの変換] ダイアログ

[ファイルの変換] ダイアログは、テキストファイルを開くときに表示される、テキストファイルの開き方を確認、設定する画面です。

 エンコード

パソコンの画面に文字として表示されるものは、実際のデータでは数値として保存されています。パソコンの内部のはたらきで、数値が表示可能な文字に変換されます。エンコードとは、各文字を数値に割り当てる番号体系のことをいいます。

 エンコード方法を選択する

パソコンではさまざまな文字や言語を表示することができます。つまり、さまざまなエンコードが存在するということです。そのファイルに合ったエンコード形式を選択しないと、正しく表示することができません。右の手順9では[Windows (既定値)]を選択しています。

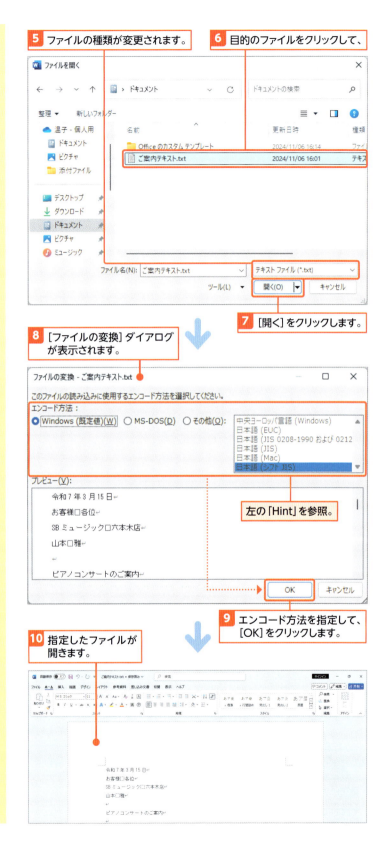

5 ファイルの種類が変更されます。
6 目的のファイルをクリックして、
7 [開く]をクリックします。
8 [ファイルの変換] ダイアログが表示されます。
9 エンコード方法を指定して、[OK]をクリックします。
10 指定したファイルが開きます。

左の「Hint」を参照。

4 保存しないで閉じた文書を回復する

解説　自動回復用ファイル

文書の変更内容が保存されていない状態でWordが異常終了した場合、Wordを再起動すると終了前に編集していた文書の回復したファイルが表示されます。内容を確認し、残したい場合は右の手順❷をクリックして保存し直します。

Memo　保存しないで閉じた場合の復元

文書を保存しないで閉じようとすると、以下のメッセージが表示されます。[保存しない]をクリックするとそのまま閉じますが、一時ファイルとして自動で保存されます。次にその文書を開いたときに、[ファイル]タブ→[情報]の[文書の管理]に一時ファイルが表示され、クリックすると開きます。誤って保存しなかった場合に復元できます。

異常終了後、Wordを再起動します。

1 タイトルバーのファイル名の後ろに[自動回復済み]と表示されたファイルが開きます。

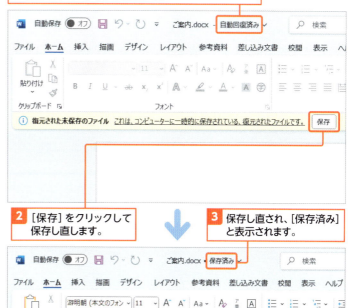

2 [保存]をクリックして保存し直します。

3 保存し直され、[保存済み]と表示されます。

使えるプロ技！　自動保存されたファイルと保存する時間間隔を確認する

Wordでは、初期設定で文書を編集している間、回復用ファイルが一定の間隔で自動的に保存されます。突然停電した場合など、パソコンが異常終了した場合、保存できなかった文書をある程度復活させることができます。
編集中の文書の自動保存の状態は、[ファイル]タブ→[情報]❶の[文書の管理]❷で確認できます。一覧から開くファイルをクリックすると、自動保存されたファイルが読み取り専用で開きます。なお、文書を保存して閉じ、正常に終了した場合は、これらのファイルは自動的に削除されます。
また、自動保存する時間間隔は[Wordのオプション]ダイアログ(p.35)の「使えるプロ技」を参照)の[保存]❸の[次の間隔で自動回復用データを保存する]❹で確認、変更できます。初期設定では、10分間隔で自動保存されます。

● 自動保存されたファイルを確認する

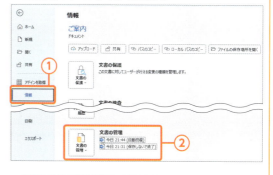

● 自動保存の間隔を確認・変更する

Section 23 印刷する

練習用ファイル: 📂 23_ご案内.docx、23_自己免疫力講座.docx

ここで学ぶのは
- 印刷プレビュー
- 印刷設定
- 印刷範囲の指定

文書を印刷するときには、[印刷]画面で設定します。[印刷]画面で印刷イメージを確認し、印刷部数や印刷ページなどの設定をして印刷を実行します。また、1枚の用紙に2ページ分印刷したり、用紙サイズがA4の文書をB5用紙に縮小して印刷したり、両面印刷したりとさまざまな設定もできます。

1 印刷画面を表示し、印刷イメージを確認する

解説 印刷前に印刷プレビューで確認する

[印刷]画面には、印刷プレビューが表示されます。印刷プレビューで、印刷結果のイメージが確認できます。

ショートカットキー
- [印刷]画面を表示する
  Ctrl + P

1 [ファイル]タブ→[印刷]をクリックすると、

2 [印刷]画面が表示され、

3 印刷プレビューが表示されます。

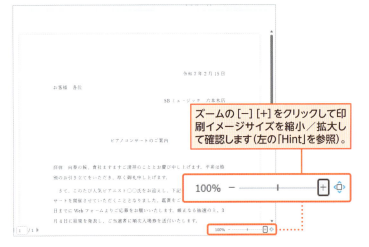

ズームの[-][+]をクリックして印刷イメージサイズを縮小／拡大して確認します（左の「Hint」を参照）。

Hint 印刷イメージを拡大／縮小する

印刷プレビューでは、10～500％の範囲で表示を拡大／縮小できます。倍率のパーセントをクリックすると①、[ズーム]ダイアログで倍率が調整できます。[-][+]をクリックすると②、10％ずつ縮小／拡大します。また、スライダーを左右にドラッグしてサイズ調整できます③。[ページに合わせる]をクリックすると④、1ページが収まる倍率に調整して表示されます。

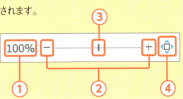

2 印刷を実行する

解説　印刷を実行する

印刷を実行するには、[印刷] 画面で [印刷] をクリックします。文書を印刷する前に、プリンターを接続し、用紙を設定しておきます。複数枚印刷する場合は、右の手順❷で枚数を指定してください。

❶ [ファイル] タブ→ [印刷] をクリックし、

❷ プリンターと印刷部数を指定して、

❸ [印刷] をクリックします。

3 印刷するページを指定する

解説　印刷ページを指定する

指定したページだけを印刷したい場合は、[印刷] 画面の [ページ] 欄でページを指定します。連続するページを指定する場合は「2-3」のように「-」(半角のハイフン) で指定し、連続していない場合は、「1,3,5」のように「,」(半角のカンマ) で指定します。また、「1-3,5」のように組み合わせることもできます。

❶ [ページ] 欄に印刷するページ範囲を半角数字で入力し、

❷ [印刷] をクリックします。

印刷ページを指定すると、自動的に [ユーザー指定の範囲] に認定されます。

Memo　その他の印刷範囲の指定方法

印刷範囲は、初期設定で [すべてのページを印刷] になっており①、全ページが印刷されます。[現在のページを印刷] を選択すると②、印刷プレビューで表示しているページだけが印刷されます。また、文書内で選択した範囲だけを印刷したい場合は、[選択した部分を印刷] を選択します③。

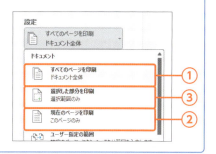

23 部単位とページ単位で印刷単位を変更する

解説　部単位で印刷する

複数ページの文書を複数部数印刷する場合、[部単位で印刷]を選択すると1部ずつ印刷され、[ページ単位で印刷]にするとページごとに印刷されます。

● 部単位

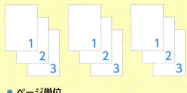

● ページ単位

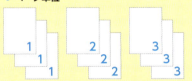

1. [印刷]画面で印刷部数を確認し、
2. [部単位で印刷]をクリックして、
3. 印刷方法を選択します。

5 1枚の用紙に複数のページを印刷する

解説　用紙1枚に複数のページを印刷する

1枚の用紙に複数のページを印刷したい場合は、[印刷]画面の[1ページ/枚]をクリックして、一覧から用紙1枚あたりに印刷するページ数を選択します。指定したページ数に収まるようにページが自動的に縮小されます。

Hint　ページを移動する

複数ページの文書の場合は、[印刷]画面下にある[◀]（前のページ）をクリックするとページが戻り、[▶]（次のページ）をクリックするとページが進みます。また、ページボックスにページを直接入力して Enter キーを押すと指定したページに進みます。

1. [印刷]画面で[1ページ/枚]をクリックし、
2. 用紙1枚あたりに印刷するページ数をクリックします。

左の「Hint」を参照。

6 用紙サイズに合わせて拡大／縮小印刷する

解説　用紙サイズに合わせて拡大／縮小印刷する

例えば、ページ設定で用紙サイズをA4にして作成した文書をB5用紙に印刷したい場合など、設定した用紙サイズと印刷する用紙サイズが異なる場合、[1ページ/枚]の[用紙サイズの指定]で、印刷する用紙サイズを選択します。ここで選択した用紙サイズに合わせて文書が自動的に拡大／縮小されて印刷できます。

1 [印刷]画面で[1ページ/枚]をクリックし、

2 [用紙サイズの指定]をクリックして、

3 印刷で使用する用紙サイズを選択します。

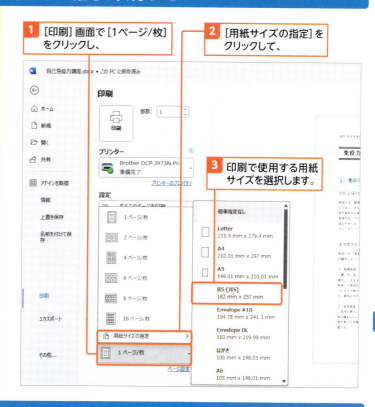

7 両面印刷する

解説　1枚の用紙に両面印刷する

両面印刷するには、[片面印刷]をクリックして一覧から両面印刷の種類を選択します。プリンターが両面印刷に対応していて、用紙の長辺でページを綴じる場合は[長辺を綴じます]①を選択し、用紙の短辺でページを綴じる場合は[短辺を綴じます]②を選択します。プリンターが両面印刷に対応していない場合は、[手動で両面印刷]③を選択してください。

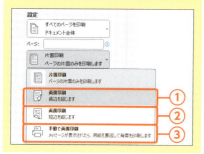

1 [印刷]画面で[片面印刷]をクリックし、

2 両面印刷の方法を選択します。

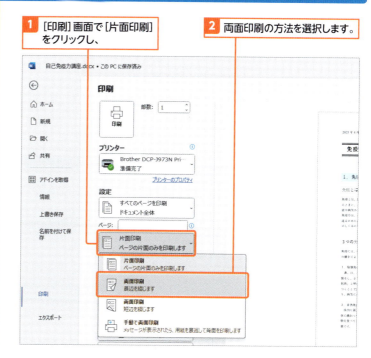

縦書き文書の基本構成

縦書き文書は、より儀礼的な社交文書として使用され、構成が以下のようになります。ここでは、縦書き文書の基本構成をまとめます。縦書きにすると半角の英数記号は横に回転して表示されます。縦に表示したい場合は全角にしてください。なお、縦書きでは日付などの数字は漢数字を使います。しかし、「18」のように半角で横に並べたい場合は、「縦中横」という書式を設定します（p.155の「使えるプロ技」を参照）。

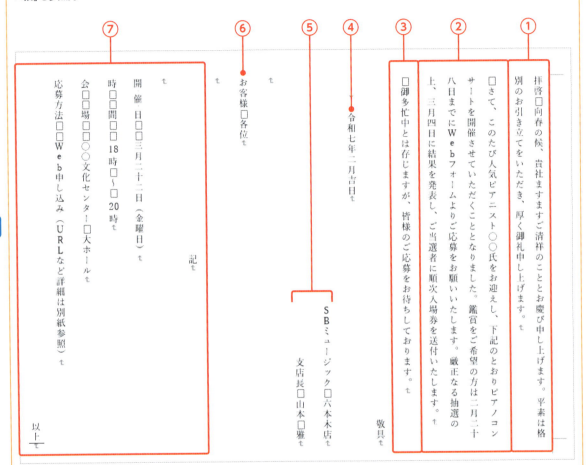

番号	名称	機能
①	前文	頭語、時候の挨拶、慶賀（安否）の挨拶、感謝の挨拶の順の定型文
②	主文	伝えたい内容
③	末文	結びの挨拶、最後に結語を下揃えで配置
④	発信日付	文書を発信する日付を漢数字にする。祝いごとなど、発信日が重要でない場合は「吉日」として日付を明記しない。本文より少し下げる
⑤	発信者名	発信者を指定。正式名称、部署名、役職名、氏名の順に書き、下揃えで配置
⑥	宛先	相手先を指定。正式名称、部署名、役職名、氏名の順に書く。相手が複数の場合は、「各位」などをつける。上揃えで配置
⑦	記書き	必要な場合のみ、別記で要点を箇条書きする。中央揃えの「記」ではじまり、箇条書きを記述したら、最後に「以上」を下揃えで配置

第 **4** 章

文書を自由自在に編集する

ここでは、文字の選択、修正、削除、コピー、移動など、文書作成時に欠かせない基本操作を説明します。また、実行した操作を取り消す操作、文字の検索／置換方法も説明しています。基本的な編集方法をまとめていますので、しっかり身につけましょう。

Section 24	▶	カーソルの移動と改行
Section 25	▶	文字を選択する
Section 26	▶	文字を修正／削除する
Section 27	▶	文字をコピー／移動する
Section 28	▶	いろいろな方法で貼り付ける
Section 29	▶	操作を取り消す
Section 30	▶	文字を検索／置換する

Section 24 カーソルの移動と改行

練習用ファイル：📄 24_ご案内.docx

Wordで文字を入力するには、まず、文字を入力する位置にカーソルを移動します。**カーソルは縦に点滅する棒**で、クリックで簡単に移動できます。ここでは、カーソルの移動の基本を確認し、クリックアンドタイプによる**カーソルの移動**、**改行と空行の挿入**についてまとめます。

ここで学ぶのは
- カーソル
- クリックアンドタイプ
- 改行と空行

1 文字カーソルを移動する

解説 カーソルの移動

カーソルとは、文字の入力位置を示すものです。文字が入力されている場合は、マウスポインターの形が Ⅰ の状態のときにクリックすると、その位置にカーソルが移動します。また、↑↓←→キーで移動することもできます。

クリックでカーソルを移動する

1 カーソルを表示したい位置にマウスポインターを移動し、クリックすると、

2 カーソルが移動します。

クリックアンドタイプでカーソルを移動する

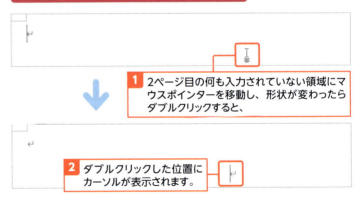

1 2ページ目の何も入力されていない領域にマウスポインターを移動し、形状が変わったらダブルクリックすると、

2 ダブルクリックした位置にカーソルが表示されます。

Hint クリックアンドタイプ機能

何も入力されていない空白の領域にマウスポインターを移動するとマウスポインターが の形に変化します。この状態のときにダブルクリックするとその位置にカーソルが表示されます。マウスポインターの形状によって右の表のように書式が設定されます。なお、何も入力しなかった場合は任意の場所でクリックすれば解除できます。

● マウスポインターの形状と内容

形状	内容
I⁼	1文字分を字下げされた位置から文字入力される
I⁼	行頭または、ダブルクリックした位置に左揃えタブ（p.181の「使えるプロ技」を参照）が追加され、その位置から文字入力される
I	中央揃えの位置から文字入力される
⁼I	右揃えの位置から文字入力される

ショートカットキーでカーソル移動する

ショートカットキーを使うと、文書内のいろいろな場所にマウスを使わずにカーソルを移動できます。カーソル移動のショートカットの表をまとめておきます。

● カーソル移動のショートカットキー一覧

ショートカットキー	移動先
Ctrl + Home	文頭
Ctrl + End	文末
Home	行頭
End	行末
Page Up	前ページ
Page Down	次ページ
Ctrl + →、←	単語単位
Ctrl + ↑、↓	段落単位
Ctrl + G	指定ページ

2 改行する

改行する

文字を入力し、次の行に移動することを「改行」といいます。改行するには、改行したい位置で Enter キーを押します。Enter キーを押して改行した位置に段落記号↵が表示されます。

Memo 間違えて改行した場合

間違えて改行したときは、すぐに Back space キーを押して段落記号↵を削除します。

1 2ページ目の先頭行にカーソルを移動し、「123」と入力して、

2 Enter キーを押します。

3 改行されて、次の行にカーソルが移動します。

3 空行を挿入する

空行を挿入する

文字が入力されていない、段落記号だけの行のことを「空行」といいます。空行を挿入して文と文の間隔を広げることができます。

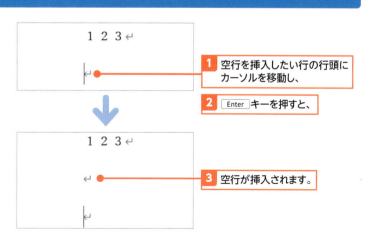

1 空行を挿入したい行の行頭にカーソルを移動し、

2 Enter キーを押すと、

3 空行が挿入されます。

Section 25 文字を選択する

練習用ファイル：25_ご案内.docx

サイズや色を変更するなど、指定した範囲の文字に対して書式の設定をしたり、コピーや移動などの編集作業をしたりするときには、**対象となる文字を選択**します。ここでは、いろいろな文字の選択方法を確認しましょう。

ここで学ぶのは
- 文字選択
- 行選択／文選択
- 段落選択／文章全体選択

1 文字を選択する

解説 文字を選択する

マウスポインターの形が I の状態でドラッグすると、文字が選択できます。また、マウスポインターが I の状態で別の場所でクリックすると選択解除できます。

Hint Shift キー＋クリックで範囲選択する

選択範囲の先頭でクリックしてカーソルを移動し①、選択範囲の最後で Shift キーを押しながらクリックすることでも②、範囲選択できます③。選択する文字が多い場合に便利です。

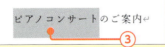

Hint 単語を選択する

単語の上でダブルクリックすると、その単語だけが選択されます。

1. 選択したい文字の先頭にマウスポインターを合わせて、
2. 選択したい文字の末尾までドラッグすると、
3. 文字が選択されます。

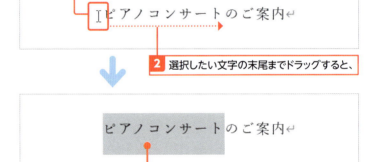

時短のコツ キーボードを使って範囲選択する

マウスを使わずに範囲選択することができます。マウスに持ち替える必要がないので時短につながります。操作に慣れたら少しずつ使ってみましょう。
選択範囲の先頭となる位置にカーソルを移動してから以下のキー操作をします。

● キー操作でできる選択範囲の方法一覧

キー操作	選択範囲
Shift ＋矢印キー	現在のカーソル位置から文字単位で選択
Shift ＋ Home	現在のカーソル位置から行頭まで選択
Shift ＋ End	現在のカーソル位置から行末まで選択
Shift ＋ Ctrl ＋ Home	現在のカーソル位置から文頭まで選択
Shift ＋ Ctrl ＋ End	現在のカーソル位置から文末まで選択
Ctrl ＋ A	文書全体を選択

2 行を選択する

解説　行を選択する

選択したい行の左余白にマウスポインターを合わせ、の形になったらクリックします。

Memo　連続する複数行を選択する

選択したい先頭行の左余白にマウスポインターを移動し、縦方向にドラッグします。

ショートカットキー

● 行選択
行の先頭にカーソルを移動して、
Shift + ↓

1. 選択したい行の左余白にマウスポインターを移動し、
2. ポインターがの形のときにクリックすると、
3. 行が選択されます。

3 文を選択する

解説　一文を選択する

句点（。）またはピリオド（.）で区切られた文を選択するには、Ctrl キーを押しながら、選択したい文をクリックします。ドラッグする必要がないため、覚えておくと便利です。

1. 選択したい文の上にマウスポインターを移動し、
2. Ctrl キーを押しながらクリックすると、
3. 句点（。）で区切られた一文が選択されます。

4 段落を選択する

解説　段落単位で選択する

選択したい段落の左余白にマウスポインターを合わせ、の形になったらダブルクリックします。

Key word　段落

文章の先頭から改行するまでのひとまとまりの文章を「段落」といいます。Enterキーを押して改行をした先頭から、次にEnterキーを押して改行したときに表示される段落記号までを1段落と数えます。

ショートカットキー

● 段落選択
段落の先頭にカーソルを移動し、
Ctrl + Shift + ↓

1 選択したい段落の左余白にマウスポインターを移動し、

2 ポインターがの形のときにダブルクリックすると、

3 段落が選択されます。

5 離れた文字を同時に選択する

解説　離れた文字を同時に選択する

離れた複数の文字を同時に選択するには、1箇所目はドラッグして選択し、2箇所目以降は、Ctrlキーを押しながらドラッグして選択します。

1 1つ目の文字をドラッグして選択し、

2 2つ目の文字をCtrlキーを押しながらドラッグすると、追加して選択されます。

6 ブロック単位で選択する

解説　ブロック単位で選択する

キーを押しながらドラッグすると、四角形に範囲選択できます。項目名のような縦方向に並んだ文字に同じ書式を設定したい場合に便利です。

1 選択範囲の左上端にマウスポインターを合わせ、

> → 開・催・日：3月22日（金曜日）
> → 時□□間：18:00～□20:00
> → 会□□場：○○文化センター□大ホール
> → 応募方法：Web 申し込み（URL など詳細は別紙参照）

2 キーを押しながらドラッグすると、

> → 開・催・日：3月22日（金曜日）
> → 時□□間：18:00～□20:00
> → 会□□場：○○文化センター□大ホール
> → 応募方法：Web 申し込み（URL など詳細は別紙参照）

3 ブロック単位で選択されます。

7 文書全体を選択する

解説　文書全体を選択する

文書全体を一気に選択するには、左余白にマウスポインターを合わせ、の形になったらすばやく3回クリックします。

1 選択したい左余白にマウスポインターを移動し、

2 ポインターがの形のときにすばやく3回クリックすると、

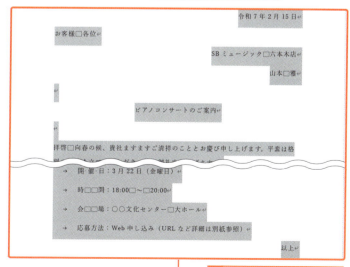

3 文書全体が選択されます。

ショートカットキー

● 文書全体を選択
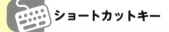

Section 26 文字を修正／削除する

練習用ファイル： 26_ご案内.docx

ここで学ぶのは
▶ 文字の挿入
▶ 文字の上書き
▶ 文字の削除

文字を打ち間違えた場合の修正方法には、文字と文字の間に**文字を挿入**したり、文字を**別の文字に置き換え**たり、**不要な文字を削除**したりと、いろいろな方法があります。ここでは、文字を修正したり、削除したりする方法をまとめます。

1 文字を挿入する

解説 文字の挿入と上書き

Wordの初期設定では、「挿入モード」になっており、カーソルのある位置に文字が挿入されます。また、挿入モードに対して、「上書きモード」があります。上書きモードでは、下図のように、カーソルのある位置に文字を入力すると、カーソルの右側（後ろ）の文字が上書きされます。挿入モードと上書きモードを切り替えるには、Insertキーを押します。

● 上書きモードの場合

ここで「い」と入力すると、

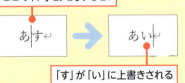

「す」が「い」に上書きされる

Webフォームよりご応募をお願いいたします。厳正なる抽選結果を発表し、ご当選者に順次入場券を送付いたします。中とは存じますが、皆様のご応募を|お待ちしております。

1 文字を挿入したい位置にカーソルを移動し、
2 挿入する文字 (ここでは「心より」) を入力すると、

Webフォームよりご応募をお願いいたします。厳正なる抽選結果を発表し、ご当選者に順次入場券を送付いたします。中とは存じますが、皆様のご応募を心よりお待ちしておりま

3 入力した文字が挿入されます。

2 文字を上書きする

解説 文字の上書き

文字を別の文字に書き換えることを「上書き」といいます。Insertキーを押して上書きモードに切り替えて上書きすることもできますが、文字を選択した状態で、文字を入力すると、選択された文字が入力された文字に置き換わります。ある単語を文字数の異なる別の単語に置き換えたいときに使うと便利です。

1 上書きで書き換えたい文字を選択します。
2 置き換える文字 (ここでは「会員」) を入力すると、
3 入力した文字に上書きされます。

3 文字を削除する

解説　文字の削除

文字を削除する場合、1文字ずつ削除する方法と、複数の文字をまとめて削除する方法があります。カーソルの前の文字を削除するには[Back space]キー、後ろの文字を削除するには[Delete]キーを押します。文字を範囲選択し、[Back space]キーまたは[Delete]キーを押せば、選択された複数の文字をまとめて削除できます。

1 削除したい文字（ここでは「応募方法」行）を選択し、選択します。

2 [Delete]キーを押すと、

3 選択した文字がまとめて削除されます。

使えるプロ技！　モードの表示と切り替え

現在の状態が挿入モードか上書きモードかをステータスバーに表示することができます。ステータスバーを右クリックし①、表示されたメニューから[上書き入力]をクリックしてチェックを付けます②。すると、ステータスバーに現在の状態が表示されます③。モードの表示をクリックするか④、[Insert]キーを押すとモードが切り替わります。

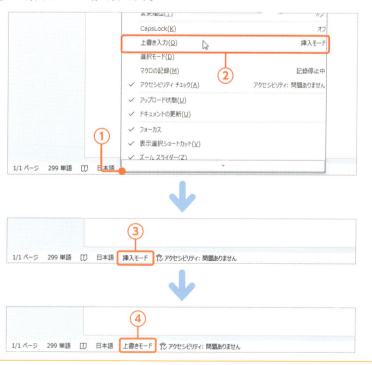

Section 27 文字をコピー／移動する

練習用ファイル： 📁 27_コンサートのタイムテーブル.docx

ここで学ぶのは
▶ 文字のコピー
▶ 文字の移動

入力した文字を別の場所で使いたい場合は、**コピーと貼り付け**の機能を使うと便利です。コピーした内容は何度でも貼り付けられます。移動したい場合は、**切り取りと貼り付け**の機能を使います。また、ボタンを使う以外に、マウスのドラッグ操作のみでも移動やコピーが可能です。

1 文字をコピーする

解説　文字のコピー

コピーする文字を選択して、[コピー]をクリックすると、文字がクリップボード（下の「Key word」を参照）に保管されます。[貼り付け]をクリックすると、クリップボードにある文字を何度でも貼り付けることができます。

Key word　クリップボード

[コピー]や[切り取り]をクリックしたときにデータが一時的に保管される場所です。[貼り付け]の操作でデータが指定の場所に貼り付けられます。

ショートカットキー

● コピー
　Ctrl + C

● 貼り付け
　Ctrl + V

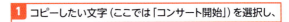
1 コピーしたい文字（ここでは「コンサート開始」）を選択し、

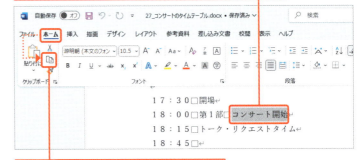

2 [ホーム]タブ→[コピー]をクリックします。

3 コピー先をクリックしてカーソルを移動し、

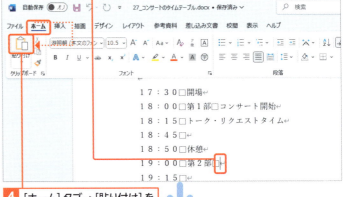

4 [ホーム]タブ→[貼り付け]をクリックすると、

5 文字がコピーされます。

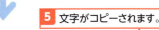

2 文字を移動する

解説 文字の移動

移動する文字を選択して、[切り取り]をクリックすると、文字が切り取られてクリップボード（前ページの「Keyword」を参照）に保管されます。[貼り付け]をクリックすると、クリップボードにある文字を何度でも貼り付けることができます。

Memo 移動の操作を取り消すには？

[切り取り]をクリックすると、選択中の文字が削除されます。このときに移動の操作を取りやめたい場合は、クイックアクセスツールバーの[元に戻す]をクリックします。[切り取り]の操作が取り消され、削除された文字が復活します（p.130参照）。

[元に戻す]

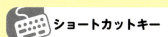
ショートカットキー

● 切り取り
　Ctrl + X

1 移動したい文字（ここでは「トーク・リクエストタイム」）を選択し、

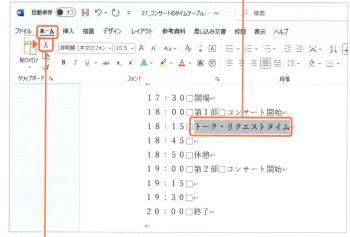

2 [ホーム]タブ→[切り取り]をクリックすると、

3 選択した文字が削除されます。　　**4** 移動先にカーソルを移動し、

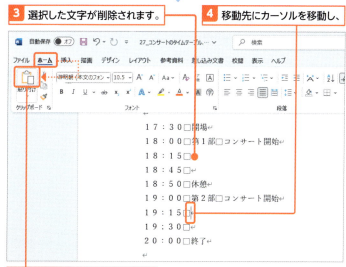

5 [ホーム]タブ→[貼り付け]をクリックすると、

6 文字が移動します。

文字をコピー／移動する

27 ③ ドラッグ＆ドロップで文字をコピーする

解説　ドラッグ＆ドロップで文字をコピー

文字を選択し、選択した文字を、Ctrlキーを押しながらコピー先までドラッグします。1回限りのコピーや近いところへのコピーに向いています。

1 コピーする文字を選択し、

2 選択範囲内をポイントし、の形になったらCtrlキーを押しながらコピー先にドラッグします。

3 マウスボタンを離してからCtrlキーを離すと、文字がコピーされます。

Key word　ドラッグ＆ドロップ

ドラッグ＆ドロップとは、文字を選択（ドラッグ）した状態でマウスの左ボタンを押したままマウスを移動させ、移動先で左ボタンを離す（ドロップ）ことです。

④ ドラッグ＆ドロップで文字を移動する

解説　ドラッグ＆ドロップで文字の移動

文字を選択し、選択した文字を移動先までドラッグします。近いところへ移動するのに便利です。

1 移動する文字を選択し、

2 選択範囲内をポイントし、の形になったら移動先にドラッグします。

3 文字が移動します。

4 文書を自由自在に編集する

ショートカットメニューでコピー／移動する

文字を選択し、選択した文字を右クリックし①、表示されるショートカットメニューで［コピー］または［切り取り］をクリックします②。次にコピー／移動先で右クリックし③、ショートカットメニューから［貼り付けのオプション］で［元の書式を保持］をクリックしても④、文字をコピー／移動できます。

なお、［貼り付けのオプション］の詳細についてはp.128の「解説」を参照してください。

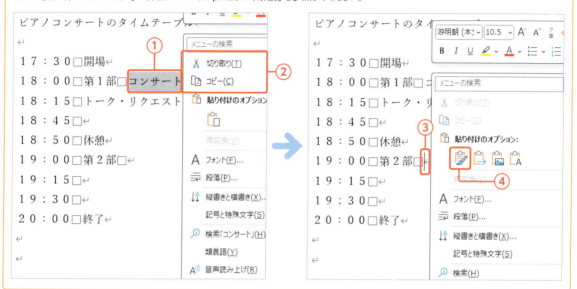

 右ドラッグでコピー／移動する

コピーまたは移動したい文字を選択し①、選択した文字をマウスの右ボタンを押しながらドラッグすると②、移動またはコピー先でショートカットメニューが表示されます。メニューの［ここに移動］または［ここにコピー］をクリックして③、操作を選択します。ドラッグの後でコピー／移動のどちらにするかを選択できるので、すばやく正確な操作ができます。

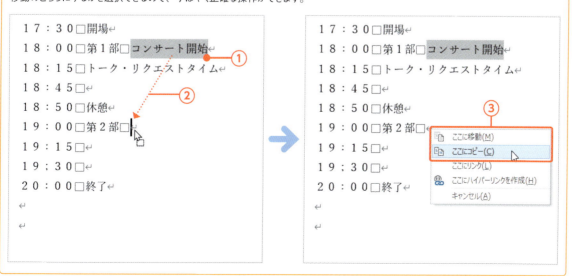

Section 28 いろいろな方法で貼り付ける

練習用ファイル: 28_コンサートのタイムテーブル-1〜2.docx

ここで学ぶのは
- 形式を選択して貼り付け
- 貼り付けのオプション
- Office クリップボード

[貼り付け]をクリックした場合、初期設定では元のデータの書式が保持されて貼り付けられます。[貼り付けのオプション]を利用すると、貼り付ける内容を指定できます。また、[クリップボード]作業ウィンドウを表示すると、Officeクリップボードに保管されているデータを選択して貼り付けることができます。

1 形式を選択して貼り付ける

解説　形式を選択して貼り付ける

[貼り付け]の下の⌄をクリックすると、[貼り付けのオプション]が表示され、貼り付け形式（下の表を参照）を選択できます。各ボタンをポイントすると、貼り付け結果をプレビューで確認できます。

● 貼り付けのオプションの種類

ボタン	説明
	元の書式を保持：コピー元の書式を保持して貼り付ける
	書式を結合：貼り付け先の書式が適用されるが、貼り付け先に設定されていない書式があれば、その書式はそのまま適用される
	図：図として貼り付ける
	テキストのみ保持：コピー元の文字データだけを貼り付ける

Memo　貼り付け後に貼り付け方法を変更する

貼り付けの後、[貼り付けのオプション]が表示されます。[貼り付けのオプション]①をクリックするか Ctrl キーを押し、一覧から貼り付け方法をクリックして変更できます②。

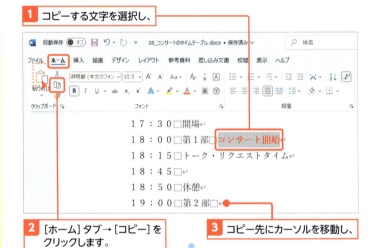

1 コピーする文字を選択し、
2 [ホーム]タブ→[コピー]をクリックします。
3 コピー先にカーソルを移動し、

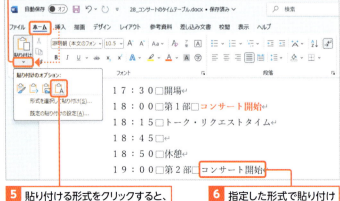

4 [ホーム]タブ→[貼り付け]の⌄をクリックし、
5 貼り付ける形式をクリックすると、
6 指定した形式で貼り付けられます。

2 [クリップボード]作業ウィンドウを表示して貼り付ける

解説 クリップボードの内容を表示してコピーする

Officeクリップボードには、コピーまたは切り取りしたデータが最大24個一時保管できます。[クリップボード]作業ウィンドウを表示すると、[コピー]または[切り取り]によるデータが追加されます。コピー先にカーソルを移動してOfficeクリップボードに表示されている文字をクリックすれば何度でも貼り付けられます。

Memo 画像や他アプリのデータも保管される

Officeクリップボードには、文字だけでなく、画像①やExcel②など他のOfficeアプリケーションで[コピー]または[切り取り]したデータも保管され、文書内に貼り付けることができます。

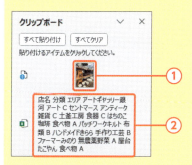

Memo 保管されたデータの管理

Officeクリップボードに保管されたデータをポイントすると右端に表示される[▼]をクリックして①、メニューから[削除]をクリックすると②、指定したデータのみ削除できます。すべてのデータをまとめて削除するには[クリップボード]作業ウィンドウの[すべてクリア]をクリックします③。

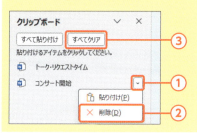

1 [ホーム]タブをクリックし、

2 [クリップボード]グループにある 🔽 をクリックすると、

3 [クリップボード]作業ウィンドウが表示されます。

4 前ページの手順①〜②で文字をそれぞれコピーすると、

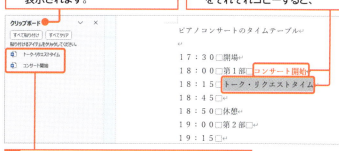

5 コピーした文字が[クリップボード]に表示されます。

6 コピー先にカーソルを移動し、

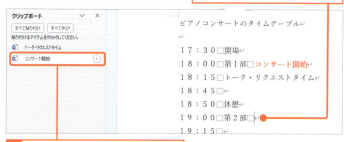

7 貼り付けたい文字をクリックすると、

8 文字が貼り付けられます。

Section 29 操作を取り消す

練習用ファイル: 29_健康通信.docx

操作を間違えた場合は、[元に戻す]で**直前の操作を取り消す**ことができます。また、**元に戻した操作をやり直したい**場合は、[やり直し]をクリックします。**同じ操作を繰り返す**場合は、[繰り返し]をクリックすると直前の操作が繰り返されます。

ここで学ぶのは
- 元に戻す
- やり直し
- 繰り返し

1 元に戻す／やり直し／繰り返し

解説 操作を元に戻す／やり直し

直前の操作を取り消したい場合は、クイックアクセスツールバーの[元に戻す]をクリックします。元に戻した操作をやり直したい場合は、[やり直し]をクリックします。[元に戻す]の右にある▼をクリックすると、操作の履歴が表示されます。目的の操作をクリックすると、それまでの操作をまとめて取り消すことができます。なお、[やり直し]は[元に戻す]をクリックした後で表示されます。

元に戻す

1 文字を選択し、

2 Delete キーを押して削除します。

3 クイックアクセスツールバーの[元に戻す]をクリックすると、

4 削除した操作が取り消され、文字が復活します。

やり直し

1 クイックアクセスツールバーの[やり直し]をクリックすると、元に戻した操作がやり直され、再び文字が削除されます。

Memo 入力オートフォーマットを取り消す

Wordでは、入力オートフォーマットやオートコレクトの機能により、文字を入力するだけで、自動で変換されたり、続きの文字が入力されたりすることがあります。これらの機能が不要で、入力した通りの文字を表示したい場合は、[元に戻す]をクリックすれば、自動で実行された機能を取り消すことができます。

解説 直前の操作を繰り返す

直前の操作を別の場所で実行したい場合、[繰り返し] をクリックします。例えば、太字の設定をした後に、別の箇所で同じ太字の設定を実行したいときに [繰り返し] が使えます。なお、[繰り返し] は何らかの操作を実行した後に表示されます。

繰り返し

1 文字（ここでは「心臓や血管の健康促進効果」）を選択し、

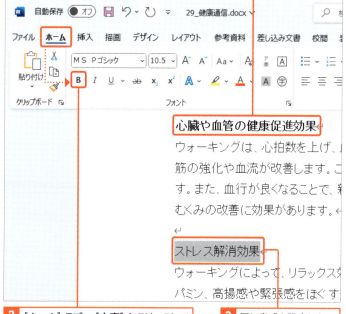

2 [ホーム] タブ→ [太字] をクリックして太字の書式を設定します。

3 同じ書式を設定したい文字を選択し、

4 [繰り返し] をクリックすると、

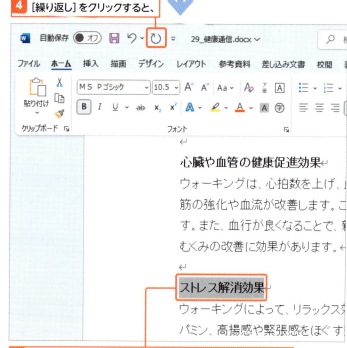

5 操作が繰り返され、文字に同じ書式（太字）が設定されます。

ショートカットキー

- 元に戻す
  Ctrl + Z
- やり直し
  Ctrl + Y
- 繰り返し
  F4

Section 30 文字を検索／置換する

練習用ファイル：30_健康通信.docx

ここで学ぶのは
- 文字の検索
- 文字の置換
- ナビゲーションウィンドウ

文書の中にある特定の文字をすばやく見つけるには [検索] 機能を使います。また、特定の文字を別の文字に置き換えたい場合は [置換] 機能を使います。検索はナビゲーションウィンドウ、置換は [検索と置換] ダイアログで便利に操作できます。

1 指定した文字を探す

解説 文字の検索

文書内の文字を探す場合は、[検索] 機能を使います。ナビゲーションウィンドウの検索ボックスに探している文字を入力すると、検索結果が一覧で表示され、文書内の該当する文字に黄色のマーカーが付きます。

Memo 検索結果の削除と終了

検索ボックスの右にある [×] をクリックすると①、検索結果の一覧と文字の黄色のマーカーが消えます。ナビゲーションウィンドウ自体を閉じるときは、右上の [閉じる] をクリックします②。

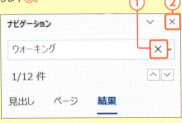

ショートカットキー

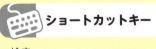

●検索
Ctrl + F

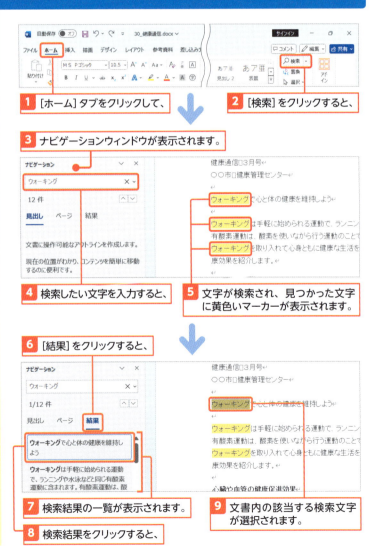

2 指定した文字を別の文字に置き換える

解説　文字の置換

文書内の文字を別の文字に置換する場合は、[置換]機能を使います。[検索と置換]ダイアログで、検索する文字と、置換する文字を指定し、1つずつ確認しながら置換できます。検索は現在のカーソル位置から開始されます。

Memo　まとめて置換する

1つひとつ確認する必要がない場合は、右の手順 6 で[すべて置換]をクリックします。文書内にある検索文字が一気に置換文字に置き換わります。

Hint　[検索と置換]ダイアログで検索する

[ホーム]タブの[検索]の右にある ∨ をクリックして ①、[高度な検索]をクリックすると ②、[検索と置換]ダイアログの[検索]タブが表示されます ③。[検索する文字列]に検索したい文字を入力し ④、[次を検索]をクリックすると ⑤、検索された文字が選択されます。

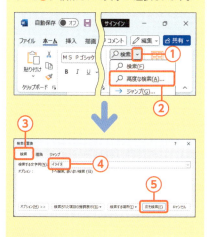

ショートカットキー

● 検索と置換
　Ctrl + H

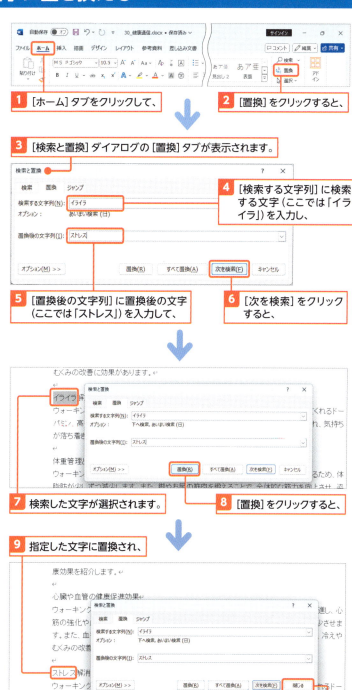

1 [ホーム]タブをクリックして、
2 [置換]をクリックすると、
3 [検索と置換]ダイアログの[置換]タブが表示されます。
4 [検索する文字列]に検索する文字(ここでは「イライラ」)を入力し、
5 [置換後の文字列]に置換後の文字(ここでは「ストレス」)を入力して、
6 [次を検索]をクリックすると、
7 検索した文字が選択されます。
8 [置換]をクリックすると、
9 指定した文字に置換され、
10 次の該当する文字が選択されます。
11 同様にして置換し、終了したら[閉じる]をクリックして終了します。

[検索と置換]ダイアログのオプションで検索方法を詳細に設定する

[検索と置換]ダイアログの[オプション]をクリックすると、検索方法を指定する画面が表示されます。例えば、[あいまい検索(英)]と[あいまい検索(日)]のチェックをオフにすると、[大文字と小文字を区別する][半角と全角を区別する][完全に一致する単語だけを検索する]などが有効になり、それぞれにチェックをオンにして大文字／小文字、半角／全角の区別をつけたり、完全一致する単語だけを検索したりできるようになります。また、[書式]や[特殊文字]で検索や置換の対象に書式を加えたり、段落記号のような特殊記号を対象にしたりできます。

1 [オプション]をクリックし、

2 [あいまい検索(英)]と[あいまい検索(日)]のチェックをオフにして、

3 [大文字と小文字を区別する]にチェックをオンにすると、大文字と小文字が区別されるため「walking」は検索されなくなります。

第 5 章

文字／段落の書式設定

ここでは、文字サイズや色、配置などを変更して、文書を整え、読みやすくするための書式の設定方法を説明します。書式には、文字書式と段落書式があります。それぞれの違いと設定方法をマスターすれば、思い通りの文書が作成できるようになります。

Section 31	▶	文字書式と段落書式の違いを覚える
Section 32	▶	文字の書体やサイズを変更する
Section 33	▶	文字に太字／斜体／下線を設定する
Section 34	▶	文字に色や効果を設定する
Section 35	▶	書式をコピーして貼り付ける
Section 36	▶	文字にいろいろな書式を設定する
Section 37	▶	段落の配置を変更する
Section 38	▶	箇条書きを設定する
Section 39	▶	段落番号を設定する
Section 40	▶	段落に罫線や網かけを設定する
Section 41	▶	文字や段落に一度にまとめていろいろな書式を設定する
Section 42	▶	文章の行頭や行末の位置を変更する
Section 43	▶	文字の先頭位置を揃える
Section 44	▶	行間や段落の間隔を設定する
Section 45	▶	ドロップキャップを設定する
Section 46	▶	段組みと改ページを設定する
Section 47	▶	セクション区切りを挿入する

Section 31 文字書式と段落書式の違いを覚える

ここで学ぶのは
- 文字書式
- 段落書式

Wordでは、文書の見栄えをきれいに整えるために、**文字書式**や**段落書式**を使います。文字書式は文字に対して設定する書式で、段落書式は段落全体に対して設定する書式です。ここでは、それぞれの違いと設定方法を確認しましょう。

1 文字書式とは

文字書式は文字単位で設定する書式

主な文字書式は[ホーム]タブの[フォント]グループにまとめられています。

クリックして[フォント]ダイアログを表示します。

[ホーム]タブの[フォント]グループによる文字書式設定

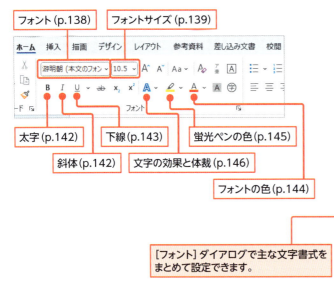

- フォント (p.138)
- フォントサイズ (p.139)
- 太字 (p.142)
- 斜体 (p.142)
- 下線 (p.143)
- 文字の効果と体裁 (p.146)
- 蛍光ペンの色 (p.145)
- フォントの色 (p.144)

[フォント]ダイアログによる文字書式の設定

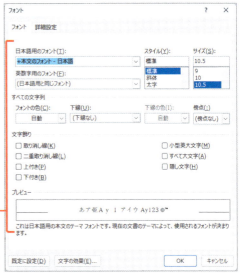

[フォント]ダイアログで主な文字書式をまとめて設定できます。

2 段落書式とは

段落書式は段落単位で設定する書式

主な段落書式は[ホーム]タブ→[段落]グループにまとめられています。

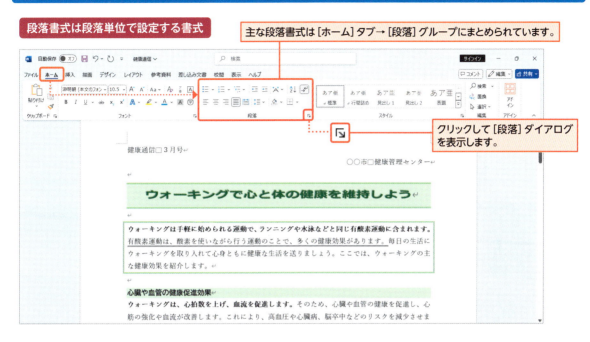

クリックして[段落]ダイアログを表示します。

[ホーム]タブの[段落]グループによる段落書式の設定

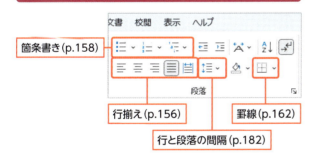

- 箇条書き(p.158)
- 行揃え(p.156)
- 行と段落の間隔(p.182)
- 罫線(p.162)

[段落]ダイアログによる段落書式の設定

[段落]ダイアログで主な段落書式をまとめて設定できます。

Section 32 文字の書体やサイズを変更する

練習用ファイル：📁 32_健康通信-1〜2.docx

フォントとは、文字の書体のことで、文書全体で使用するフォントによって、文書のイメージがガラリと変わります。また、タイトルや項目など強調したい文字だけ異なるフォントにしたり、サイズを変更したりすれば、文書にメリハリがつき、読みやすさが増加します。

ここで学ぶのは
- フォント
- プロポーショナルフォント
- フォントサイズ

1 文字の書体を変更する

解説 フォント（書体）の変更

Word 2024の既定のフォントは「游明朝」です。フォントは、文字単位で部分的に変えることもできますが、文書全体で使用するフォントを指定することもできます（p.141の「使えるプロ技」を参照）。

Memo 明朝体とゴシック体

明朝体は、筆で書いたような、とめ、はね、払いがあるフォントです。ゴシック体は、マジックで書いたような、太く直線的なフォントです。

● 明朝体　　● ゴシック体

ショートカットキー

● フォント変更
Ctrl + Shift + F

① フォントを変更したい文字を選択し、

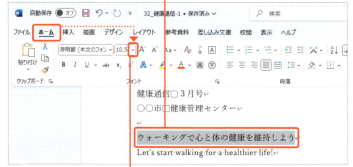

② ［ホーム］タブ→［フォント］の をクリックして、

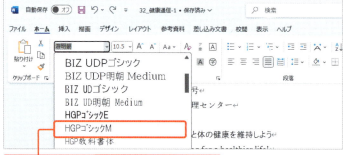

③ フォントの一覧からフォントをクリックします。

④ 文字が指定したフォントに変更されます。

2 文字のサイズを変更する

 フォントサイズの変更

文字の大きさをフォントサイズといい、ポイント(pt)単位(1ポイント=約0.35mm)で指定します。Word 2024の既定のフォントサイズは「11pt」です。文字を選択してから文字サイズの一覧をポイントすると、イメージが事前確認できます(リアルタイムプレビュー)。

 フォントサイズを数値で指定する

[フォントサイズ]ボックスに数値を入力してフォントサイズを指定することもできます。

Memo フォントサイズの拡大／縮小ボタンで変更する

[ホーム]タブの[フォントサイズの拡大][フォントサイズの縮小]は、クリックするごとに少しずつ拡大／縮小できます。

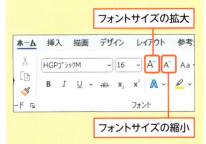

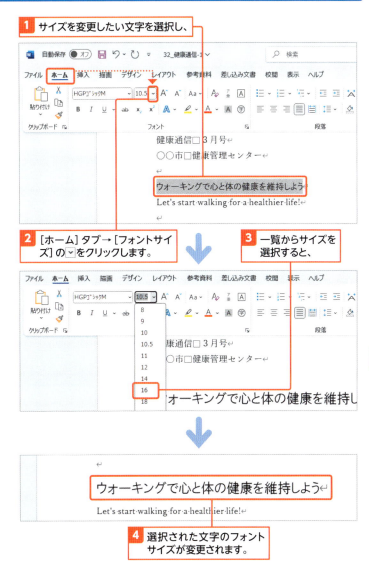

1. サイズを変更したい文字を選択し、
2. [ホーム]タブ→[フォントサイズ]の ⌄ をクリックします。
3. 一覧からサイズを選択すると、
4. 選択された文字のフォントサイズが変更されます。

 「等倍フォント」と「プロポーショナルフォント」

フォントの種類は「等倍フォント」と「プロポーショナルフォント」の2種類に分けられます。「等倍フォント」は文字と文字が同じ間隔で並ぶフォントです。「プロポーショナルフォント」は文字の幅によって間隔が自動調整されるフォントです。プロポーショナルフォントにはフォント名に「P」が付加されています。なお、ページ設定(p.91)で1行の文字数を指定している場合は、プロポーショナルフォントでは指定通りにならないため、等倍フォントを使うようにしましょう。

- 等倍フォント(例:MS 明朝)
- プロポーショナルフォント(例:MS P 明朝)

設定できるフォントについて

フォントの一覧表示は、[テーマのフォント][最近使用したフォント][すべてのフォント]の3つに分かれています。[テーマのフォント]は初期設定のフォントで、フォントを変更しない場合に使われるフォントです。[最近使用したフォント]には最近使用したことのあるフォントが表示され、[すべてのフォント]は使用できるすべてのフォントが表示されます。

フォント一覧

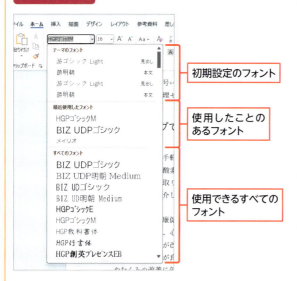

日本語用のフォントと英数字用のフォント

[テーマのフォント]の項目には4つのフォントが表示されますが、上2つが半角英数字に設定されるフォントで、下2つがひらがなや漢字などの日本語に設定されるフォントです。右側に[見出し][本文]と表示されていますが、通常は[本文]と表示されているフォントが自動的に設定されます。[見出し]は見出し用です（p.284参照）。

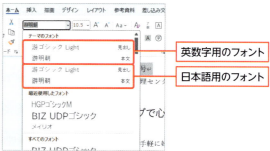

[テーマのフォント]について

フォント一覧に表示される[テーマのフォント]には、文書に設定されているテーマに対応したフォントが表示されます。次のように[デザイン]タブの[テーマのフォント]を変更すると、[ホーム]タブのフォント一覧に表示されるフォントの種類も変わり、自動的に文書全体のフォントが変更されます。ページ設定で指定した行数どおりにしたい場合は、MSゴシックやMS明朝で構成される[Office2007-2010]に変更するといいでしょう。

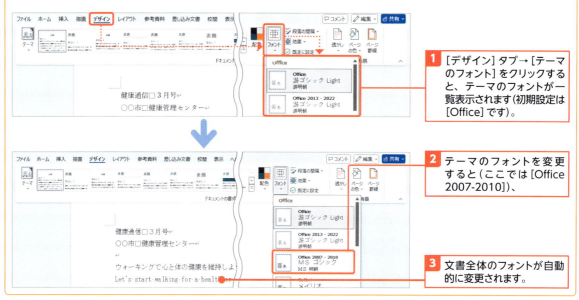

1 [デザイン]タブ→[テーマのフォント]をクリックすると、テーマのフォントが一覧表示されます（初期設定は[Office]です）。

2 テーマのフォントを変更すると（ここでは[Office 2007-2010]）、

3 文書全体のフォントが自動的に変更されます。

文書全体の既定のフォントやフォントサイズを変更する

文書全体で使用したいフォントやフォントサイズを、別のフォントやフォントサイズに変更するには、次の手順で変更します。既定のフォントを指定すると、テーマを変更してもフォントは変更されません。

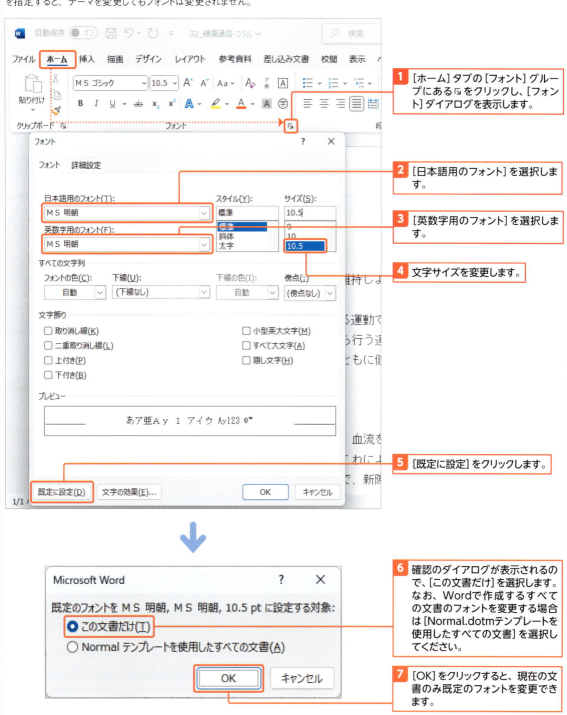

1. [ホーム] タブの [フォント] グループにある 🔲 をクリックし、[フォント] ダイアログを表示します。
2. [日本語用のフォント] を選択します。
3. [英数字用のフォント] を選択します。
4. 文字サイズを変更します。
5. [既定に設定] をクリックします。
6. 確認のダイアログが表示されるので、[この文書だけ] を選択します。なお、Wordで作成するすべての文書のフォントを変更する場合は [Normal.dotmテンプレートを使用したすべての文書] を選択してください。
7. [OK] をクリックすると、現在の文書のみ既定のフォントを変更できます。

Section 33 文字に太字／斜体／下線を設定する

練習用ファイル： 33_健康通信-1〜3.docx

ここで学ぶのは
- 太字
- 斜体
- 下線

文字に**太字**、*斜体*、下線を設定することができます。それぞれを1つずつ設定することも、1つの文字に太字と斜体の両方を同時に設定することも可能です。また、下線は、種類や色を選択することができ、特定の文字を強調するのに便利です。

1 文字に太字を設定する

解説 太字を設定する

文字を選択して、[太字]をクリックすると太字に設定され、[太字]がオンの状態（濃い灰色）になります。再度[太字]をクリックすると解除され、オフ（標準の色）になります。

ショートカットキー
- 太字
   +
  Ctrl + B

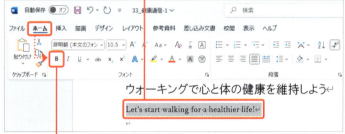

1 太字にしたい文字を選択して、
2 [ホーム]タブ→[太字]をクリックすると、
3 選択した文字が太字になります。

2 文字に斜体を設定する

解説 斜体を設定する

文字を選択して、[斜体]をクリックすると太字に設定され、[斜体]がオンの状態（濃い灰色）になります。再度[斜体]をクリックすると解除され、オフ（標準の色）になります。

1 斜体にしたい文字を選択して、
2 [ホーム]タブ→[斜体]をクリックすると、

ショートカットキー

● 斜体
　`Ctrl`+`I`

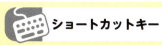

3 選択した文字が斜体になります。

3 文字に下線を設定する

解説　下線を設定する

文字を選択し、[下線]の✓をクリックして、表示される下線の種類を選択して設定すると、[下線]がオンの状態(濃い灰色)になります。再度[下線]をクリックすると解除され、オフ(標準の色)になります。また、直接[下線] Ｕ をクリックすると、1本下線、または直前に設定した種類の下線が設定されます。

Memo　ミニツールバーで設定する

文字を選択したときに表示されるミニツールバーにある[太字]①、[斜体]②、[下線]③で設定することもできます。

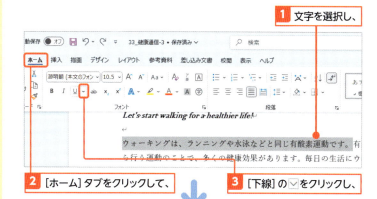

1 文字を選択し、

2 [ホーム]タブをクリックして、

3 [下線]の✓をクリックし、

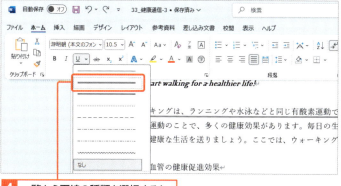

4 一覧から下線の種類を選択すると、

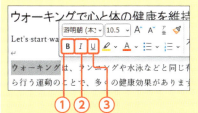

ショートカットキー

● 一重下線
　`Ctrl`+`U`

● 二重下線
　`Ctrl`+`Shift`+`D`

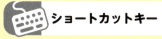

5 選択した種類の下線が設定されます。

Section 34 文字に色や効果を設定する

練習用ファイル： 34_健康通信-1～3.docx

ここで学ぶのは
- フォントの色
- 蛍光ペン
- 文字の効果

文字や文字の背景に色を付けて目立たせたり、影や反射などの効果を付けたりして特定の文字を見栄えよくデザインすることができます。文字の色は**フォントの色**、文字の背景は**蛍光ペンの色**や**文字の網掛け**、影や反射、光彩などの効果を設定するには**文字の効果と体裁**を使います。

1 文字に色を付ける

解説 文字に色を設定する

文字に色を付けるには[フォントの色]で色を選択します。[フォントの色]の⌄をクリックし、カラーパレットから色を選択します。カラーパレットの色にマウスポインターを合わせると設定結果がプレビューで確認できます。色をクリックすると実際に色が設定されます。

Memo 同じ色を続けて設定する

フォントの色を一度設定した後、[フォントの色]Aには前回選択した色が表示されます。続けて同じ色を設定したい場合は、直接[フォントの色]をクリックしてください。

Memo 元の色に戻すには

文字を選択し、フォントの色の一覧で[自動]をクリックします。

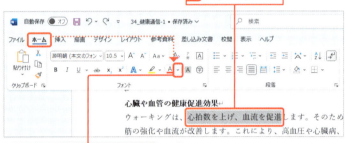

1 文字を選択して、

2 [ホーム]タブ→[フォントの色]のをクリックし、

3 一覧から色(ここでは「赤」)を選択すると、

4 文字に色が設定されます。

2 文字に蛍光ペンを設定する

解説　蛍光ペンを設定する

[ホーム]タブの[蛍光ペンの色]を使うと、文字に蛍光ペンのような明るい色を付けて目立たせることができます。先に蛍光ペンの色を選択し、マウスポインターの形状が になったら、文字上をドラッグして色を付けます。マウスポインターの形が の間は続けて設定できます。Escキーを押すと終了し、マウスポインターが通常の形に戻ります。

Hint　文字を選択してから蛍光ペンの色を設定する

先に文字を選択してから、蛍光ペンの色を選択しても色を設定できます。

Memo　蛍光ペンを解除する

蛍光ペンが設定されている文字を選択し、蛍光ペンの色の一覧で[色なし]を選択します。

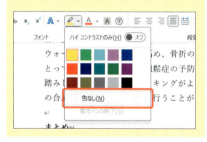

1 [ホーム]タブをクリックし、
2 [蛍光ペンの色]の ▽ をクリックして、
3 一覧から色をクリックします。

4 マウスポインターの形が となったら、蛍光ペンを設定したい文字上をドラッグすると、

5 文字に蛍光ペンの色が設定されます。
6 Escキーを押して蛍光ペンを解除します。

Hint　文字に網かけを設定する

蛍光ペンでは、文字にカラフルな色を設定できますが、[文字の網かけ] を使うと、シンプルに薄い灰色の網かけを簡単に設定できます。文字を選択してから①、[ホーム]タブ→[文字の網かけ]をクリックして設定します②。

3 文字に効果を付ける

解説 文字に効果を設定する

選択した文字に、影、反射、光彩などの効果を付けて強調できます。いくつかの効果が組み合わされてデザインされているものを選択する方法と、個別に効果を設定する方法があります。

デザインを選択して効果を付ける

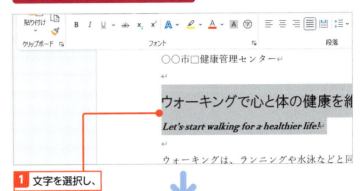

1 文字を選択し、

2 [ホーム]タブ→[文字の効果と体裁]をクリックして、

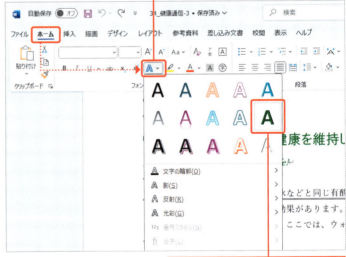

3 一覧からデザインをクリックすると、

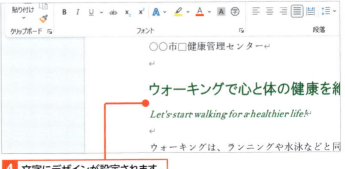

4 文字にデザインが設定されます。

Memo 文字色などの書式は後で設定する

スタイルを適用すると、先に設定していた書式がスタイルの書式に置き換わります。そのため、スタイル適用後に色などの書式を追加してアレンジすることをおすすめします。

Memo デザインの効果の組み合わせを確認する

一覧の中のデザインにマウスポインターを合わせると、ポップヒントが表示され、デザインに設定されている効果を確認できます。

［文字の効果と体裁］メニュー

［文字の効果と体裁］をクリックして表示されるメニューは、以下のものになります。デザインの下にある［文字の輪郭］などのメニューから、効果を個別に設定できます。

効果を解除するには

設定した効果を解除する場合は、各効果の一覧で［反射なし］など効果のないものを選択します。なお、すべての書式設定をまとめて解除する場合は、［すべての書式をクリア］をクリックします（p.154参照）。

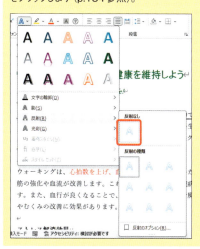

文字効果を効果別に選択する

1 文字を選択します。

2 ［ホーム］タブ→［文字の効果と体裁］をクリックして、

3 設定したい効果をクリックし、

4 一覧から選択したい効果を選択すると、

5 選択した効果が設定されます。

Section 35 書式をコピーして貼り付ける

練習用ファイル： 35_健康通信-1～2.docx

ここで学ぶのは
- 書式のコピー／貼り付け
- 連続して書式のコピー

文字に設定されている同じ書式を、別の文字にも設定したい場合、**書式のコピー／貼り付け**を使って書式をコピーしましょう。1箇所のみコピーするだけでなく、複数箇所にコピーすることが可能です。効率的に書式設定ができ、覚えておくと便利な機能です。

1 書式を他の文字にコピーする

解説 書式をコピーする

コピーしたい書式が設定されている文字を選択し、[書式のコピー／貼り付け]をクリックすると、マウスポインターの形状がになります。この状態でコピー先となる文字をドラッグすると書式がコピーできます。

Memo 行単位で書式をコピーする

書式をコピーする対象が行単位の場合、行の左余白でマウスポインターの形がの状態でクリックしてもコピーできます。

ショートカットキー

- 書式のコピー
  Ctrl + Shift + C
- 書式の貼り付け
  Ctrl + Shift + V

文字／段落の書式設定

1 コピー元となる書式が設定されている文字を選択し、

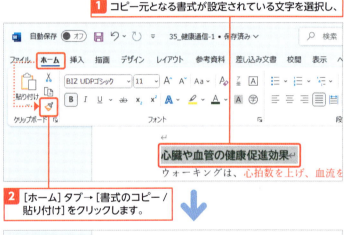

2 [ホーム]タブ→[書式のコピー／貼り付け]をクリックします。

3 マウスポインターの形がになったら、書式のコピー先となる文字をドラッグします。

4 書式がコピーされます。

2 書式を連続して他の文字にコピーする

 解説 書式を連続してコピーする

書式を連続してコピーするには、[書式のコピー/貼り付け]をダブルクリックします。マウスポインターの形が の間は続けて書式コピーできます。Escキーを押すと、書式コピーが解除され、マウスポインターが通常の形状に戻ります。

 Memo 文字書式だけでなく段落書式もコピーされる

[書式のコピー/貼り付け]では、文字書式だけでなく、中央揃えなどの段落書式もコピーできます。文字書式と段落書式の違いについては、p.136を参照してください。

Hint 書式を解除するには

間違って書式をコピーしてしまった場合は、解除しましょう。書式の解除はショートカットキーで行えます。文字書式のみ解除したい場合はCtrl+Spaceキー、段落書式のみ解除したい場合はCtrl+Qキーを押します。すべての書式を解除したい場合は、[ホーム]タブの[すべての書式をクリア]を使います（p.154参照）。

 ショートカットキー

- 文字書式のみ削除
  Ctrl + Space
- 段落書式のみ削除
  Ctrl + Q

---

1 書式のコピー元となる文字を選択し、

2 [ホーム]タブ→[書式のコピー/貼り付け]をダブルクリックします。

3 マウスポインターの形が になったら、コピー先となる文字をドラッグすると書式がコピーされます。

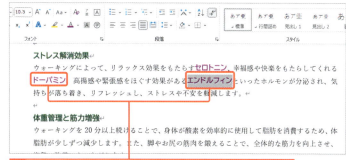

4 同様にして、続けてドラッグすると、書式がコピーされます。

5 Escキーを押してコピーを解除します。

Section 36 文字にいろいろな書式を設定する

練習用ファイル: 📁 36_健康通信-1〜5.docx

ここで学ぶのは
- ルビ
- 均等割り付け
- 文字間隔

文書を読みやすくするために、読みにくい文字に**ふりがな**を付けたり、文字幅の大きさを変えたりしてみましょう。また、**均等割り付け**で文字を均等に配置したり、**文字間隔**を調整すると、見た目もきれいな文書になります。

1 文字にふりがなを表示する

解説　文字にふりがなを付ける

難しい漢字などの文字にふりがなを付けるには［ルビ］を設定します。［ルビ］ダイアログの［ルビ］欄にはあらかじめ読みが表示されますが、間違っている場合は書き換えられます。また、カタカナで表示したい場合は、［ルビ］欄にカタカナで入力し直します。

Key word　ルビ

文字に付けるふりがなのことを「ルビ」といいます。

Memo　ふりがなを解除する

ふりがなが表示されている文字を選択し、［ルビ］ダイアログを表示して［ルビの解除］をクリックします。

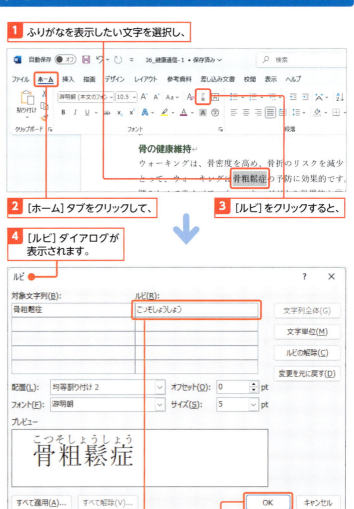

1 ふりがなを表示したい文字を選択し、
2 ［ホーム］タブをクリックして、
3 ［ルビ］をクリックすると、
4 ［ルビ］ダイアログが表示されます。
5 読みが間違っている場合は修正して、
6 ［OK］をクリックします。

2 文字を均等割り付けする

解説 文字に均等割り付けを設定する

文字の間隔を、指定した文字数の幅になるように均等に配置するには、文字に均等割り付けを設定します。箇条書きなどの項目名の文字幅を揃えたい場合によく使用されます。[ホーム] タブの [拡張書式] にある [文字の均等割り付け] で設定します。

Hint 均等割り付けを解除する

均等割り付けを解除するには、均等割り付けした文字を選択し、[文字の均等割り付け] ダイアログを表示して [解除] をクリックします。

Memo 複数箇所にある文字をまとめて均等割り付けする

同じ幅に揃えたい文字を同時に選択してから、均等割り付けを設定できます。離れた文字を同時に選択してから (p.120参照)、右の手順 2 以降の操作をします。

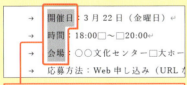

1箇所目はドラッグ、2箇所目以降は Ctrl +ドラッグで同時に選択し、

4文字の幅で均等割り付けして、項目の幅を揃えます。

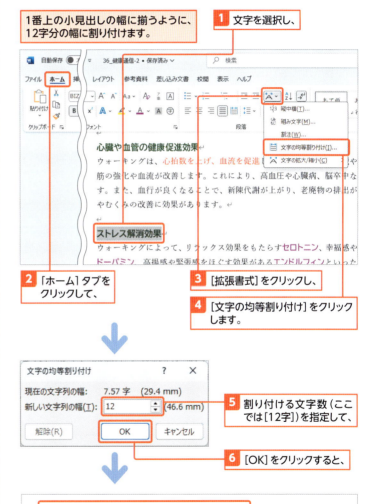

3 文字幅を横に拡大／縮小する

解説　文字幅を2倍にしたり、半分にしたりする

文字幅を2倍にしたり、半分にしたりするには［ホーム］タブの［拡張書式］にある［文字の拡大／縮小］で設定します。右の手順❹で［200%］で2倍、［50%］で半分にできます。ひらがなや漢字を半角で表示したい場合は、この方法で半角にします。

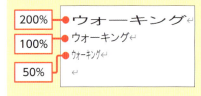

❶ 文字を選択し、

❷ ［ホーム］タブ→［拡張書式］をクリックし、

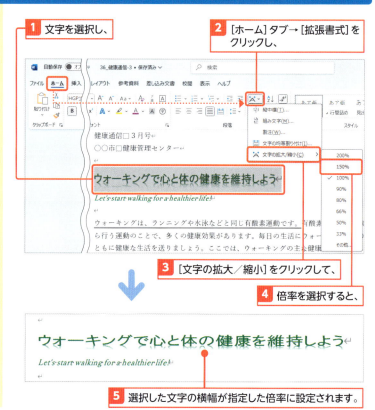

❸ ［文字の拡大／縮小］をクリックして、

❹ 倍率を選択すると、

❺ 選択した文字の横幅が指定した倍率に設定されます。

Memo　元の幅に戻す

右の手順❹で［100%］を選択すれば、元の幅に戻せます。

使えるプロ技！　倍率を自由に設定するには

文字幅の倍率を自由に設定したい場合は、上の手順❹で［その他］を選択し、表示される［フォント］ダイアログの［詳細設定］タブの［倍率］欄で倍率を手入力し、［OK］をクリックします。なお、［倍率］欄に直接数字を手入力した場合には、他の設定項目に移動するか、［詳細設定］タブをクリックしないと、［プレビュー］に結果が表示されませんので注意してください。

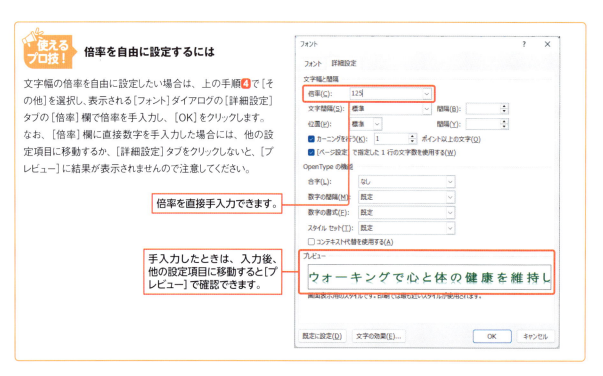

倍率を直接手入力できます。

手入力したときは、入力後、他の設定項目に移動すると［プレビュー］で確認できます。

4 文字間隔を調整する

解説　文字間隔を調整する

文字の間隔を広げたり狭くしたりするには、[フォント] ダイアログの [詳細設定] タブの [文字間隔] で設定します。[広く] で広く、[狭く] で狭くなります。さらに、[間隔] で微調整が可能です。下表を参考に字間を調整してください。また、[標準] を選択すると元の間隔に戻ります。

● 文字間隔の例

文字間隔	間隔	例
広く	1.5pt	１２３４５あいうえお
	1pt	１２３４５あいうえお
	0.5pt	１２３４５あいうえお
標準		12345あいうえお
狭く	0.5pt	12345あいうえお
	1pt	12345あいうえお
	1.5pt	12345あいうえお

1 文字間隔を調整したい文字を選択し、

2 [ホーム] タブ→[フォント] グループ右下の をクリックすると、

3 [フォント] ダイアログが表示されます。

4 [文字間隔] で文字間隔を選択し（ここでは [広く]）、

5 [OK] をクリックしします。

6 指定した範囲の文字間隔が変更されます（ここでは字間が広くなり、英語のつづりが読みやすくなります）。

5 設定した書式を解除する

書式をまとめて解除する

文字や段落に設定されている書式をまとめて解除したい場合は、[ホーム]タブの[すべての書式をクリア]を使います。選択範囲の文字書式、段落書式がまとめて解除されます。

一部の書式は解除されない

[ホーム]タブの[すべての書式をクリア]では、蛍光ペンやルビなどの一部の書式は解除できません。その場合は、個別に解除する必要があります。

ショートカットキー

- 全文書の範囲選択
  Ctrl + A
- 文字書式のみ解除
  Ctrl + Space
- 段落書式のみ解除
  Ctrl + Q

操作のやり直しにはならない

ここで解除されるのは書式だけです。文字入力など書式以外の操作をやり直したい場合は、[ホーム]タブの[元に戻す]を使用します。

---

1 書式を解除したい部分を範囲選択し、

2 [ホーム]タブ→[すべての書式をクリア]をクリックすると、

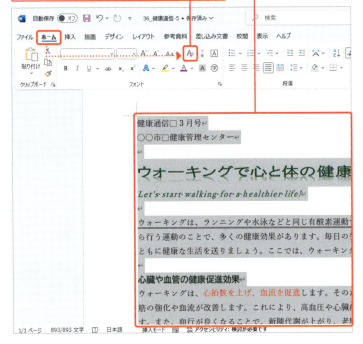

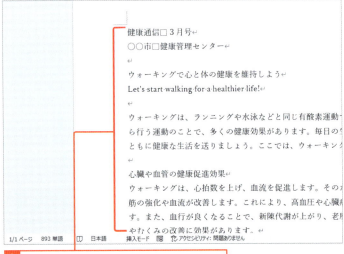

3 設定されていた書式がまとめて解除されます。

その他の主な文字書式

Wordには、ここまでに説明した以外にさまざまな文字書式が用意されています。ここに、主なものをまとめておきます。

● [ホーム]タブの[フォント]グループ

文字書式		説明	例
取り消し線	ab	取り消し線を1本線で引く	変更 ~~100~~ → 150
下付き	x_2	文字を縮小して下付きに変換する	H_2O
上付き	x^2	文字を縮小して上付きに変換する	10^3
囲い文字	字	全角1文字(半角2文字)を○、△、◇、□で囲む	⚠注、◆特、㊿
囲み線	A	指定した文字を□で囲む	特別講座
文字種の変換	Aa	文字を選択した文字種(全角、半角、すべて大文字にする、等)に変換する	全角変換の場合 Abc → Ａｂｃ

● [ホーム]タブの[拡張書式]

文字書式	説明	例
縦中横	文字の方向が縦書きの場合に使用。縦書きの中で半角英数文字を横並びに変換する	徒歩10分
組み文字	最大6文字を組み合わせて1文字のように表示する	株式会社
割注	1行内に文字を2行で配置し、括弧で囲むなどして表示する	[先着順では ありません]

● [フォント]ダイアログ

文字書式	説明	例
傍点	文字の上に「.」や「、」を表示する	締切日厳守
二重取り消し線	取り消し線を二重線で引く	~~定価 2500~~ 円
隠し文字	画面では表示されるが、印刷されない	(印刷されません)

Section 37 段落の配置を変更する

練習用ファイル： 37_健康通信-1～2.docx

段落ごとに配置を変えて見た目を整えると、読みやすさが増します。タイトルにしたい段落を**中央揃え**にしたり、作成者の段落を**右揃え**にして、文書の体裁を整えます。行全体に均等に配置する**均等割り付け**を行うこともできます。

ここで学ぶのは
- 中央揃え／右揃え
- 均等割り付け
- 左揃え／両端揃え

1 文字を中央／右側に揃える

解説　段落書式を設定する

段落書式は段落全体（改行の段落記号←で区切られた文字）に対して設定される書式です。段落書式を設定する段落を選択するには、段落全体または一部を選択するか、段落内にカーソルを移動します。

Hint　中央揃え／右揃えの設定と解除

段落を選択し、[中央揃え]をクリックしてオンにすると、段落全体が中央揃えされます。再度[中央揃え]をクリックしてオフにすると解除され、[両端揃え]に戻ります。同様にして右揃えも設定と解除ができます。

Memo　段落書式は継承される

段落書式を設定した段落の最後で Enter キーを押して改行すると、前の段落の段落書式が引き継がれます。引き継がれた段落書式を解除するには、改行してすぐに Back space キーを押します。

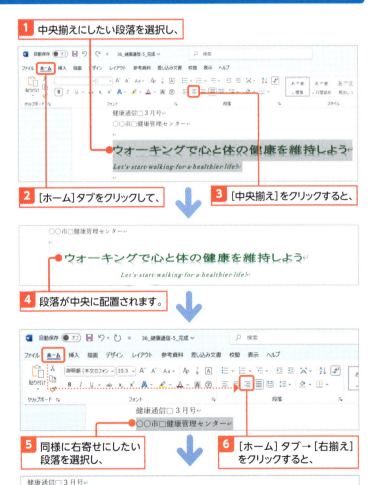

1. 中央揃えにしたい段落を選択し、
2. [ホーム]タブをクリックして、
3. [中央揃え]をクリックすると、
4. 段落が中央に配置されます。
5. 同様に右寄せにしたい段落を選択し、
6. [ホーム]タブ→[右揃え]をクリックすると、
7. 段落が右寄せされます。

2 文字を行全体に均等に配置する

行全体の均等割り付けと解除

段落を選択し、[均等割り付け]をクリックしてオンにすると、段落内の各行の文字が行全体に均等割り付けされます。再度[均等割り付け]をクリックしてオフにすると解除されます。

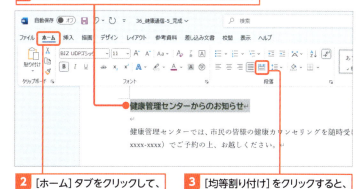

1 文字を行全体に均等に割り付けたい段落を選択し、

2 [ホーム]タブをクリックして、

3 [均等割り付け]をクリックすると、

4 段落内の文字が行全体に均等に配置されます。

[文字の均等割り付け]ダイアログの表示

改行の段落記号 を含めずに文字を選択してから[均等割り付け]をクリックすると、[文字の均等割り付け]ダイアログが表示されます（p.151参照）。

左揃え／両端揃え／均等割り付けの違い

Wordの初期設定では、文字の配置は「両端揃え」が設定されており、「左揃え」とほぼ同じで、文字は行の左に揃っています。1行のみの場合は違いがありませんが、複数行の場合、行末の状態が異なります。また、「均等割り付け」は、各行の文字が行全体で均等に配置されるため、右下図の最終行のような文字数が1行に満たない行も文字が均等に配置されます。

● 両端揃え

段落の文字が行の左端と右端に合わせて配置される。そのため、行によっては文字の間隔が広がる場合がある。

● 左揃え

段落の文字が行の左端に合わせて配置される。そのため、行末の右端が揃わない場合があるが、文字の間隔は揃う。

● 均等割り付け

文字が各行ごとに均等に配置される。そのため、最終行の字間が間延びすることがある。通常は、項目名のように1行で1段落の場合に使用する。

Section 38 箇条書きを設定する

練習用ファイル: 📁 38_マナー研修-1〜2.docx

箇条書きは、段落の先頭に「●」や「■」などの記号（行頭文字）を付ける機能です。リスト形式で入力された文字の先頭に「●」などの記号を付けると読みやすく、整理された文章になります。複数段落をまとめて箇条書きにする方法と、入力しながら箇条書きにする方法があります。

ここで学ぶのは
- 箇条書き／行頭文字
- 入力オートフォーマット
- オートコレクトのオプション

1 段落に箇条書きを設定する

解説 箇条書きを設定する

段落にまとめて箇条書きを設定するには、段落を選択してから[ホーム]タブの[箇条書き]をクリックします。

Hint 箇条書きを解除する

箇条書きを解除するには、右の手順 ❹ で[なし]を選択します。

Memo 段落内で改行するには

箇条書きでは、段落の先頭に行頭文字が表示されます。行頭文字を表示しないで改行したい場合は、Shift + Enter キーを押して段落内で改行します。このとき、行末には、改行記号 が表示されます。

<研修要項>
■→日付↓
　4月 15日（火）↵

Shift + Enter キーを押して段落内で改行できます。

❶ 箇条書きに設定したい段落を選択し、

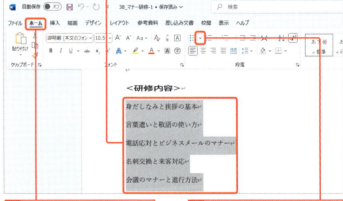

❷ [ホーム]タブをクリックして、
❸ [箇条書き]の▽をクリックし、

⬇

❹ 行頭に表示する記号を選択すると、

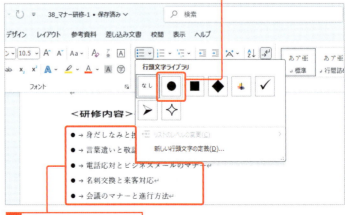

❺ 箇条書きが設定されます。

2 入力しながら箇条書きを設定する

解説 入力しながら箇条書きを自動で設定する

行頭の「●」「◎」「■」などの記号に続けて、Space キーや Tab キーを押すと、自動的に箇条書きが設定されます。文字を入力しEnter キーを押して改行すると、次の行に行頭文字が表示され、同じ箇条書きが設定されます。この機能を「入力オートフォーマット」といいます。なお、行頭文字だけが表示されている状態でEnter キーを押せば、箇条書きの設定が解除されます。また、記号の後ろに表示される→ はタブ記号で、印刷されません（p.160の「Memo」を参照）。

■を入力するには

「しかく」と読みを入力して変換します。

行頭文字や段落番号が自動で設定されなかった場合

手順2やp.161の手順2のように自動的に箇条書きや段落番号が設定されなかった場合は、p.35を参照して［Wordのオプション］ダイアログを表示し、［文章校正］で［オートコレクトのオプション］をクリックして、［オートコレクト］ダイアログを表示します。［入力オートフォーマット］タブで［箇条書き（行頭文字）］や［箇条書き（段落番号）］にチェックを付けます。不要な場合は、チェックを外してください。

ここにチェックがついていると、自動的に箇条書きや段落番号が設定される

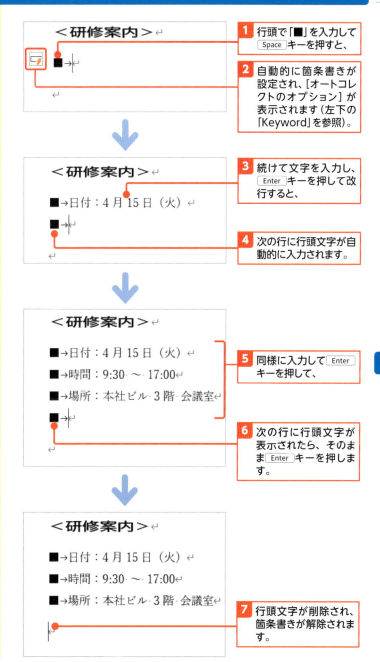

1 行頭で「■」を入力して Space キーを押すと、

2 自動的に箇条書きが設定され、［オートコレクトのオプション］が表示されます（左下の「Keyword」を参照）。

3 続けて文字を入力し、Enter キーを押して改行すると、

4 次の行に行頭文字が自動的に入力されます。

5 同様に入力してEnter キーを押して、

6 次の行に行頭文字が表示されたら、そのままEnter キーを押します。

7 行頭文字が削除され、箇条書きが解除されます。

Hint オートコレクトのオプションについて

上の手順1の後、箇条書きや段落番号などの書式が自動設定されると表示される［オートコレクトのオプション］をクリックするとメニューが表示され、入力オートフォーマットの機能により自動で設定された書式の取り扱いをどうするか選択できます（p.161参照）。

Section 39 段落番号を設定する

練習用ファイル：39_マナー研修-1～2.docx

ここで学ぶのは
- 段落番号

段落番号は、段落の先頭に「①②③」や「1．2．3．」などの連続番号を付ける機能です。「Ⅰ．Ⅱ．Ⅲ．」や「A）B）C）」、「（ア）（イ）（ウ）」といった連続した記号を表示することもできます。段落番号が設定されている段落を削除したり、移動したりすると、自動的に番号が振り直されます。

1 段落に連続番号を付ける

 解説　段落番号を設定する

箇条書きと同様に、段落の先頭に連続する番号を表示します。段落番号の一覧では、数字だけでなく、ローマ数字やアルファベット、50音などから選択することができます。

 Hint　段落番号を解除する

段落番号を解除するには、右の手順④で［なし］を選択します。

 Hint　番号の種類を変更する

番号の種類を変更するには、右の手順④で別の種類の番号を選択します。

Memo　箇条書きや段落番号の右に表示される矢印

箇条書きや段落番号が設定されると表示される→は、タブ記号という編集記号で、印刷されません。箇条書きや段落番号の後ろで少し間隔を空けて文字が揃うように自動的に設定されます。

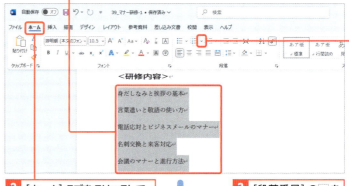

1 段落番号を設定したい段落を選択し、

2 ［ホーム］タブをクリックして、

3 ［段落番号］のをクリックし、

4 一覧から行頭に表示する番号を選択すると、

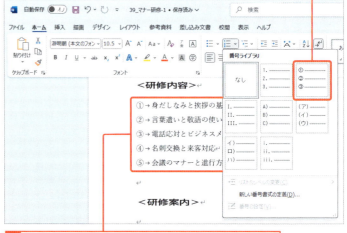

5 選択した段落の先頭から順番に段落番号が設定されます。

2 入力しながら段落番号を設定する

 解説 入力しながら段落番号を自動で設定する

行頭に「1.」「①」などの数字に続けて、文字を入力して Enter キーを押して改行すると、次の行に同じ形式の連番の数字が表示され、段落番号が設定されます。これは、入力オートフォーマットによる機能です。なお、行頭の番号だけが表示されている状態で Enter キーを押せば、段落番号の設定が解除されます。

 Memo 段落を移動、削除した場合

段落を削除すると、段落番号はふり直されます。

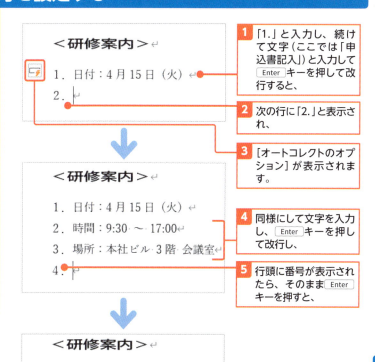

1. 「1.」と入力し、続けて文字（ここでは「申込書記入」）と入力して Enter キーを押して改行すると、
2. 次の行に「2.」と表示され、
3. ［オートコレクトのオプション］が表示されます。
4. 同様にして文字を入力し、Enter キーを押して改行し、
5. 行頭に番号が表示されたら、そのまま Enter キーを押すと、
6. 行頭の番号が削除され、段落番号の設定が解除されます。

 Memo 箇条書きや段落番号にするつもりがないのに設定されてしまったら

自動的に箇条書きや段落番号が設定された直後に、表示された［オートコレクトのオプション］をクリックし、メニューを参考に設定を変更します。または、［元に戻す］か、 Ctrl + Z キーを押せば、直前の自動修正が解除されます。

● オートコレクトのオプションのメニュー

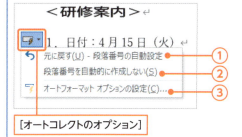

メニュー	内容
①元に戻す-箇条書きの自動設定（※）	自動で設定された書式を解除し、入力したとおりの文字が表示される
②箇条書きを自動的に作成しない（※）	自動で設定された書式の入力オートフォーマットの機能をオフにする
③オートフォーマットオプションの設定	［オートコレクト］ダイアログの［入力オートフォーマット］タブを表示し、入力オートフォーマットの確認、設定、解除ができる

※別の入力オートフォーマットの機能がはたらいた場合は、メニューの［箇条書き］の部分に別の書式名が表示されます。

Section 40 段落に罫線や網かけを設定する

練習用ファイル： 📁 40_健康通信-1〜4.docx

ここで学ぶのは
▶ 段落罫線
▶ 段落対象の網かけ

罫線や**網かけ**を、段落を対象に設定すると、文字を段落の左端から右端まで幅いっぱいに罫線で囲むことができます。罫線を引く位置や罫線の種類を指定するだけで、段落内の文字を目立たせることができます。このような段落を対象に設定する罫線のことを**段落罫線**といいます。

1 段落の周囲を段落罫線で囲む

解説 段落罫線を引く

段落罫線は、改行の段落記号 も含むように段落を選択し、[線種とページ罫線と網かけの設定] ダイアログを表示して設定します。ダイアログの [設定対象] で [段落] となっていることを確認してください。

Memo 罫線を解除するには

設定した罫線を解除するには、段落を選択し、右の手順❸ で [枠なし] を選択します。

Hint 外枠を選択して段落を囲む

右の手順❹ で [外枠] を選択すると、1本線で段落を囲むことができます。なお、線種は直前にダイアログで設定したものと同じになります。

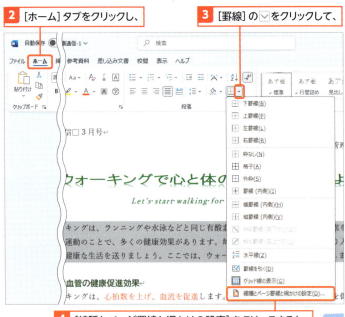

❶ 左余白をドラッグして、罫線で囲みたい段落を選択し、

❷ [ホーム] タブをクリックし、

❸ [罫線] の ∨ をクリックして、

❹ [線種とページ罫線と網かけの設定] をクリックすると、

段落罫線の枠の幅を変更するには

段落罫線の枠の幅を変更したい場合は、段落の左インデント、右インデントを変更します（p.174〜175参照）。

水平線を引く

左ページの手順❹で［水平線］を選択すると、切り取り線などに便利な水平線を引くことができます。p.165の「Memo」では入力オートフォーマット機能による水平線について解説していますが、この［ホーム］タブのメニューから設定することもできます。なお、入力オートフォーマット機能では、入力する記号によって種類の違う水平線を引くことができますが、ここをクリックして引かれる水平線は灰色の実線のみになります。

罫線の設定対象を確認する

段落罫線を設定する場合は、［設定対象］が［段落］になっていることを確認してください。［文字］が選択されていた場合は、［段落］を選択します。

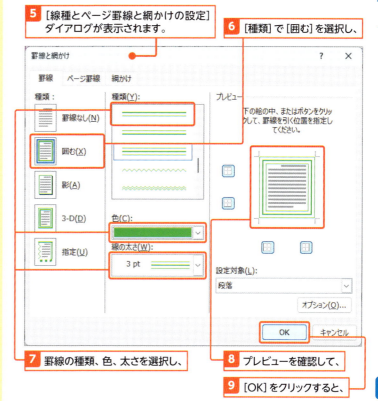

5 ［線種とページ罫線と網かけの設定］ダイアログが表示されます。

6 ［種類］で［囲む］を選択し、

7 罫線の種類、色、太さを選択し、

8 プレビューを確認して、

9 ［OK］をクリックすると、

10 指定した段落の周囲に段落罫線が設定されます。

2 タイトルの上下に段落罫線を設定する

タイトルに段落罫線を設定する

タイトルに段落罫線を設定すると、タイトルが強調されるので文書にメリハリがつきます。

1 段落罫線を設定したい段落を選択し、

Hint 段落に対して位置を指定して罫線を設定する

[線種とページ罫線と網かけの設定]ダイアログの[線種]で[指定]を選択すると、段落の上下左右に任意の罫線を設定できます。手順のように段落の上と下だけ同じ罫線を設定する以外にも、下のように、左と下に太さを変えた線を入れるだけで、見栄えのよい飾り罫線が設定できます。

Memo 罫線を解除するには

設定した罫線を解除するには、[ホーム]タブ→[罫線]の ▽ をクリックして表示されるメニューから、[枠なし]を選択します。

❷ p.162を参考に[線種とページ罫線と網かけの設定]ダイアログを表示して、

❸ [種類]で[指定]を選択し、

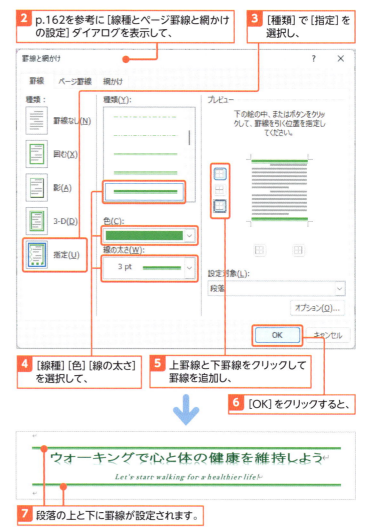

❹ [線種][色][線の太さ]を選択して、

❺ 上罫線と下罫線をクリックして罫線を追加し、

❻ [OK]をクリックすると、

❼ 段落の上と下に罫線が設定されます。

3 水平線を段落全体に設定する

解説 いろいろな水平線を簡単に設定する

行頭で「―」(ハイフン)を3つ以上入力して Enter キーを押すと、カーソルのある行の上に細実線で横幅全体に段落罫線が引かれます。これは入力オートフォーマット(次ページの「Memo」を参照)による機能で、切り取り線など水平線を引きたいときに便利です。

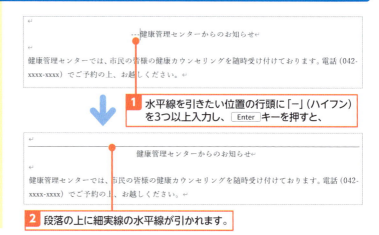

❶ 水平線を引きたい位置の行頭に「―」(ハイフン)を3つ以上入力し、 Enter キーを押すと、

❷ 段落の上に細実線の水平線が引かれます。

4 段落に網かけを設定する

 段落全体に網かけを設定する

［線種とページ罫線と網かけの設定］ダイアログの［網かけ］タブで、段落全体に網かけを設定し、色を付けられます。段落罫線を引くだけでなく、色を付けると、タイトルや見出しを見栄えよく、強調できます。

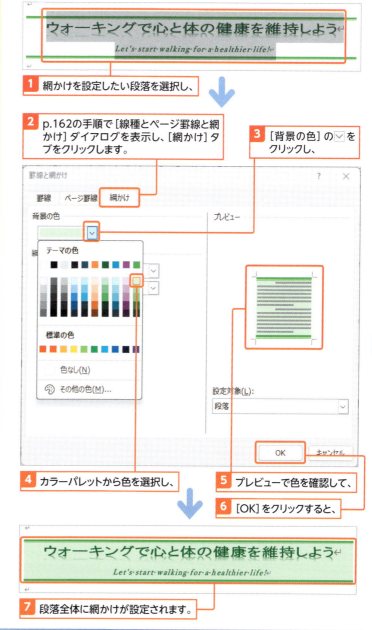

1 網かけを設定したい段落を選択し、

2 p.162の手順で［線種とページ罫線と網かけ］ダイアログを表示し、［網かけ］タブをクリックします。

3 ［背景の色］の▽をクリックし、

4 カラーパレットから色を選択し、

5 プレビューで色を確認して、

6 ［OK］をクリックすると、

7 段落全体に網かけが設定されます。

 網かけのパターンも設定できる

右の手順2の［網かけ］タブにある［網かけ］で種類と色を選択すると、背景色の色に加えて網かけのパターンを追加できます。

Memo 入力オートフォーマットによる水平線の種類

入力オートフォーマットによる水平線の種類は前ページで解説した細実線の他に、「＝」で二重線、「＿」（アンダーバー）で太線、「＊」で太点線、「〜」で波線、「＃」で真ん中が太線の3重線を引くことができます。水平線を解除するには、設定された直後に Back space か、Ctrl + Z キーを押します。または、水平線の上の段落記号を選択し、罫線のメニューで［枠なし］を選択します（p.164の「Memo」を参照）。

Section 41 文字や段落に一度にまとめていろいろな書式を設定する

練習用ファイル：41_健康通信-1〜4.docx

スタイルとは、フォントやフォントサイズ、下線といった文字書式や配置などの段落書式を組み合わせた**書式のセット**です。組み込みスタイルを使うことも、オリジナルでスタイルを作成することもできます。スタイルを使えば、すばやく簡単に文書内の複数箇所に同じ書式を設定できます。

ここで学ぶのは
- スタイルの作成
- スタイルの更新
- スタイルの削除

1 組み込みスタイルを設定する

解説 スタイルを設定する

スタイルとは、文字書式や段落書式を組み合わせたものです。あらかじめいくつかのスタイルが組み込みスタイルとして用意されています。組み込みスタイルを使えば、手間なく簡単に書式を設定できます。

Memo 適用したスタイルを解除するには

右の手順4で[標準]をクリックします。

Memo スタイル一覧に表示されるスタイル

スタイル一覧に表示されるスタイルの書式は、[デザイン]タブの[ドキュメントの書式設定]グループで選択されているスタイルセットによって変わってきます。

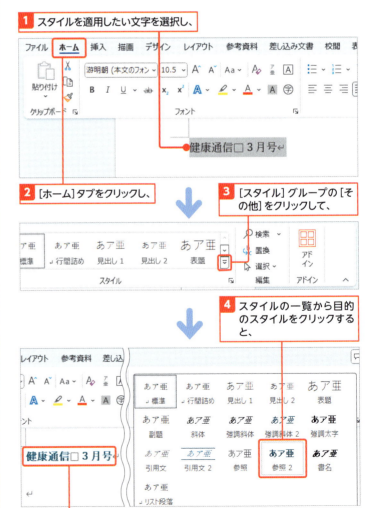

1 スタイルを適用したい文字を選択し、
2 [ホーム]タブをクリックし、
3 [スタイル]グループの[その他]をクリックして、
4 スタイルの一覧から目的のスタイルをクリックすると、
5 選択した文字にスタイルが適用されます。

2 オリジナルのスタイルを作成する

 解説　スタイルを登録する

文書内の見出しなどに設定した書式を他の箇所にも使いたいときには、その書式の組み合わせをスタイルとして登録しておくと、すぐに利用できて便利です。

見出し用に段落の網かけを追加し、文字の効果を変更して、「オリジナル1」というスタイルを作成します。

1 書式を設定する段落を選択し、

2 p.162を参考に[線種とページ罫線と網かけ]ダイアログを開き、[網かけ]タブ→[背景の色]のをクリックして、一覧から背景色(ここでは[緑、アクセント6、白+基本色80％])を選択して、

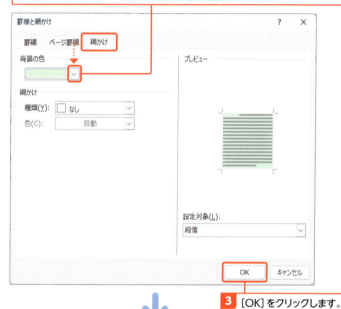

3 [OK]をクリックします。

 Memo　その文書内でみ有効

オリジナルのスタイルは、初期設定では作成した文書内でのみ使用できます。

4 スタイルとして登録したい書式が設定されている段落を選択し、

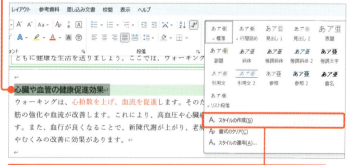

5 前ページの手順を参照して[ホーム]タブ→[スタイル]グループの[その他]をクリックし、メニューから[スタイルの作成]をクリックすると、

Hint　スタイルの詳細を確認する

右の手順❽の画面で[変更]をクリックすると、[書式から新しいスタイルを作成]ダイアログが拡張されます。このダイアログには、作成しようとしているスタイルの詳細が表示されており、さまざまな変更を行うこともできます。

❽ [書式から新しいスタイルを作成]ダイアログが表示されます。

❾ スタイルとして登録する名前を入力し、

❿ [OK]をクリックします。

⓫ [ホーム]タブの[スタイル]グループの一覧に登録されます。

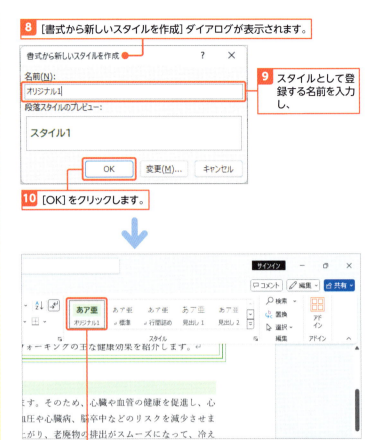

③ 作成したスタイルを別の箇所に適用する

解説　作成したスタイルを適用する

作成したスタイルを他の箇所に適用したいときは、適用先となる段落を選択し、スタイルの一覧からクリックするだけです。

❶ 作成したスタイルを適用したい段落を選択し、

❷ [ホーム]タブをクリックして、

❸ [スタイル]グループに登録したスタイルをクリックすると、

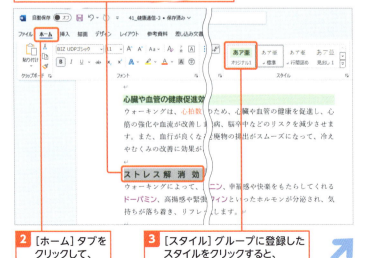

4 作成したスタイルが適用されます。

5 他の箇所も同様にスタイルを適用します。

4 作成したスタイルを変更する

解説 スタイルを変更する

作成したスタイルの書式を変更して更新すると、そのスタイルが適用されている箇所は自動的に変更が反映されます。ここではp.167で設定した段落の網かけの背景の色を「オレンジ、アクセント2、白+基本色80%」に変更します。

作成したスタイルが適用されている段落の色を変更し、その変更をスタイルに登録し直します。

1 作成したスタイルが適用されている段落を選択し、

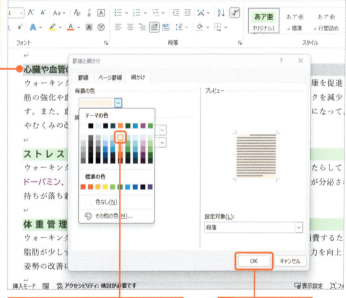

2 p.167の手順で段落の背景の色を「オレンジ、アクセント2、白+基本色80%」に設定して、

3 [OK] をクリックします。

Hint 登録したスタイルの編集

右の手順⑥で表示されるメニューでは、登録したスタイルに対してさまざまな編集ができます。[変更]をクリックすると、[スタイルの変更]ダイアログが表示されます。[スタイルギャラリーから削除]をクリックすると、[スタイル]グループの一覧（スタイルギャラリー）からは削除されますが、スタイル自体は削除されていません（次ページの「使えるプロ技」を参照）。

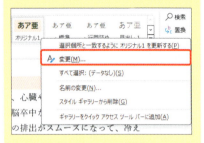

④ 網かけの色が変更されます。このまま変更された書式にスタイルを更新します。

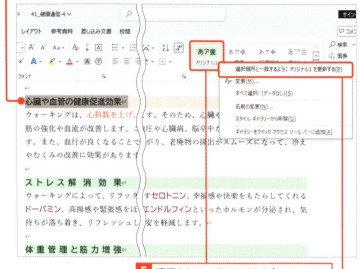

⑤ 適用されているスタイルを右クリックし、

⑥ [選択個所と一致するように（スタイル名）を更新する]をクリックします。

⑦ スタイルが更新され、

⑧ 同じスタイルが適用されている他の箇所が自動的に更新されます。

作成したスタイルを削除する

スタイルの削除は、[スタイル]作業ウィンドウで行います。[ホーム]タブの[スタイル]グループの右下にある🔽をクリックして①、[スタイル]作業ウィンドウを表示します。削除したいスタイルをポイントすると右横に表示される🔽をクリックして②、メニューから[(スタイル名)の削除]をクリックします③。削除確認の画面が表示されたら[はい]をクリックします④。スタイルを削除すると、現在そのスタイルが設定されていた部分の書式設定が解除されてしまいますので気をつけてください。

また、[スタイル]作業ウィンドウが独立したウィンドウで表示された場合、作業ウィンドウのタイトルバーにマウスポインターを合わせ、Word画面の右端までドラッグすると、画面の右側にドッキングできます。

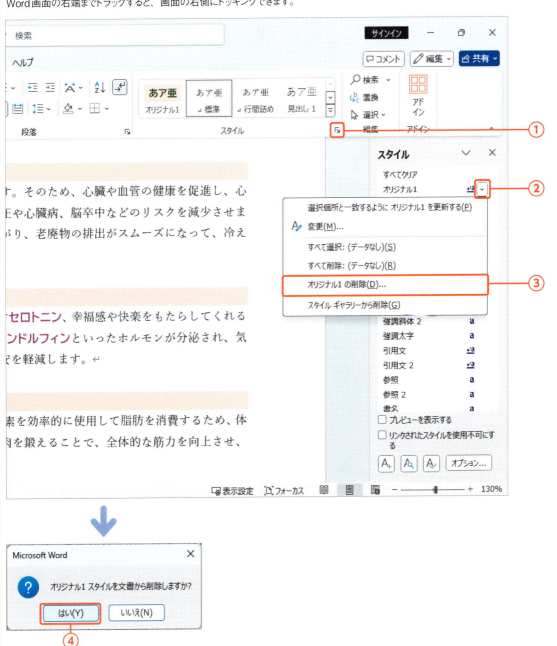

Section 42 文章の行頭や行末の位置を変更する

練習用ファイル: 42_フリーマーケット-3〜6.docx

ここで学ぶのは
- ルーラー
- インデント
- ぶら下げインデント

文章の左右の幅を段落単位で調整するには、**インデント**という機能を使用します。インデントには4種類あります。ここでは、それぞれの違いや設定方法を確認してください。また、インデントの状態を確認したり、変更したりするために、**ルーラー**を表示しておきましょう。

1 ルーラーを表示する

インデントを設定するときは、ルーラーを表示しておきます。ルーラー上で、インデントの設定や確認ができます。また、p.178で解説するタブを設定するときもルーラーを使います。

1 [表示]タブをクリックして、[ルーラー]のチェックボックスをオンにすると、
2 ルーラーが表示されます。

2 インデントの種類を確認する

インデントには、「左インデント」「1行目のインデント」「ぶら下げインデント」「右インデント」の4種類があります。現在カーソルのある段落のインデントの状態は、ルーラーに表示されるインデントマーカーで確認・変更できます。

インデントマーカー

ルーラー上にあるインデントマーカーには、インデントの種類に対応して、次の4種類があります。名称と位置を確認してください。

● インデントマーカーの種類

番号	名称
①	左インデントマーカー
②	1行目のインデントマーカー
③	ぶら下げインデントマーカー
④	右インデントマーカー

左インデント

段落全体の行頭の位置を設定します。

右インデント

段落全体の行末の位置を設定します。

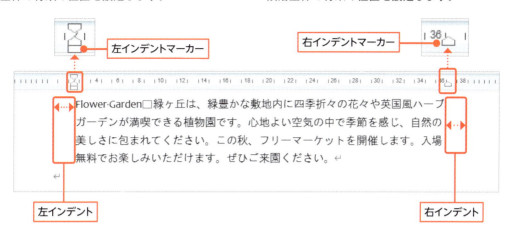

1行目のインデント

段落の1行目の行頭の位置を設定します。

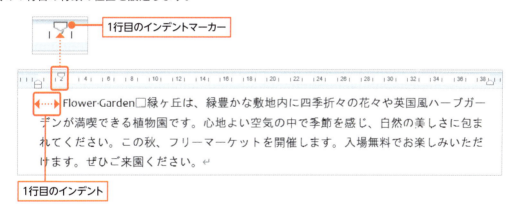

ぶら下げインデント

段落の2行目以降の行頭の位置を設定します。

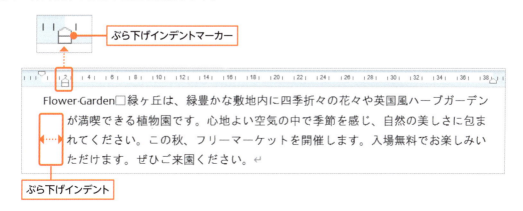

3 段落の行頭の位置を変更する

解説 左インデントを変更する

段落全体の行頭の位置を設定するには、左インデントを変更します。[レイアウト]タブの[左インデント]を使うと0.5文字単位で変更できます。数値で正確に変更できるので便利です。

Hint 左インデントを解除する

右の手順3で[左インデント]の数値を「0」に設定します。

Memo 左インデントマーカーをドラッグして変更する

段落選択後、左インデントマーカー□をドラッグしても段落の行頭位置を変更できます。左インデントマーカーをドラッグすると、1行目のインデントマーカーとぶら下げインデントマーカーも一緒に移動します。

行頭の位置を2文字分右にずらします。

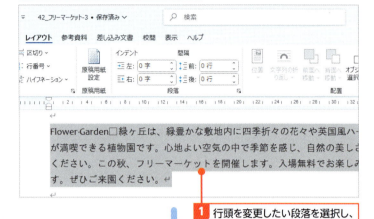

1 行頭を変更したい段落を選択し、

2 [レイアウト]タブをクリックし、

3 [左インデント]の∧を「2文字」になるまでクリックすると、

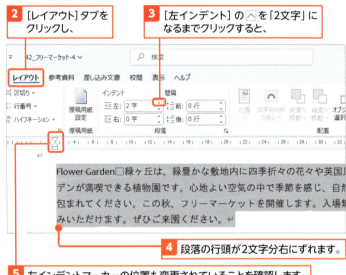

4 段落の行頭が2文字分右にずれます。

5 左インデントマーカーの位置も変更されていることを確認します。

Hint [ホーム]タブの[インデントを増やす][インデントを減らす]で左インデントを変更する

[ホーム]タブの[段落]グループにある[インデントを増やす]をクリックすると、約1文字分だけ行頭を右に移動できます。また、[インデントを減らす]をクリックするとインデントを左に戻します。

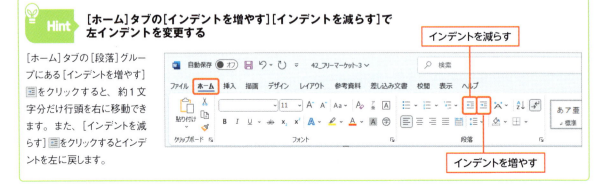

インデントを減らす

インデントを増やす

4 段落の行末の位置を変更する

 右インデントを変更する

段落の行末の位置を変更するには、右インデントを変更します。[レイアウト]タブの[右インデント]を使うと0.5文字単位で変更できます。また、ルーラー上にある右インデントマーカー△をドラッグしても変更できます。

 右インデントを解除する

右の手順❸で[右インデント]の数値を「0」に設定します。

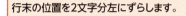
行末の位置を2文字分左にずらします。

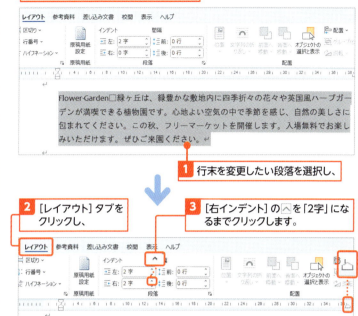

❶ 行末を変更したい段落を選択し、
❷ [レイアウト]タブをクリックし、
❸ [右インデント]の△を「2字」になるまでクリックします。
❹ 段落の右端の位置が2文字分左にずれます。
❺ 右インデントマーカーが移動していることを確認します。

 新規行でインデントが設定されてしまう

インデントが設定されている段落で、Enterキーを押して改行すると、新規行も自動的に同じインデントが設定されます。インデントが不要な場合は、Backspaceキーを押してください。

新規行にもインデントが設定されてしまいます。

Backspaceキーを押すとインデントが解除されます。

5 1行目を字下げする

解説 段落のはじめを字下げする

段落の1行目の行頭にカーソルを移動し、Space キーを押すと、自動的に字下げされ、1行目のインデントが設定されます。これは、入力オートフォーマットによる機能です。同様に Tab キーを押すと4文字分だけ字下げされた1行目のインデントが設定されます。

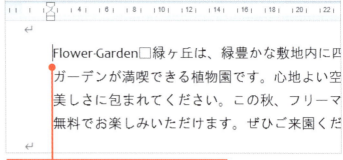

1 字下げしたい段落の行頭にカーソルを移動し、

2 Space キーを1回押すと、

3 1行目が1文字、字下げされます。

4 1行目のインデントマーカーが1文字分右に移動していることを確認します。

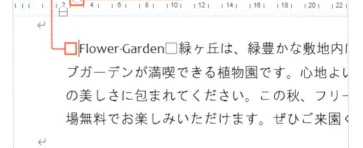

Hint 1行目の字下げを解除する

1行目の行頭にカーソルを移動し、Back space キーを押します。

Memo インデントが設定されない場合

新規行の行頭で Space キーや Tab キーを押した場合は、入力オートフォーマット機能が無効になり、インデントは設定されません。

Hint 段落の1行目をまとめて字下げする

［1行目のインデントマーカー］▽を使用すると、複数段落の1行目の字下げをまとめて行うことができます。複数の段落をまとめて選択し、水平ルーラーにある［1行目のインデントマーカー］▽をドラッグします。

1 複数の段落をまとめて選択し、

2 ［1行目のインデントマーカー］をドラッグします。

6 2行目以降の行頭の位置を変更する

2行目以降の開始位置を変更する

段落の2行目以降の開始位置を調整するには、2行目の行頭にカーソルを移動し[Space]キーを押すと、自動的に2行目以降が字下げされます。これは、入力オートフォーマットによる機能です。

ぶら下げインデントマーカーをドラッグして変更する

段落選択後、ルーラー上のぶら下げインデントマーカー🔽をドラッグすると、段落の2行目以降の行頭位置が変更されます。

[Alt]キーを押しながらドラッグして微調整する

インデントマーカーを普通にドラッグするときれいに揃わないことがあります。[Alt]キーを押しながらドラッグすると、数値で位置の確認をしながら微調整できます。目的の位置に移動できたら、先にマウスのボタンを離してから、[Alt]キーを離します。

1 段落の2行目の行頭にカーソルを移動し、

2 [Space]キーを5回押すと、

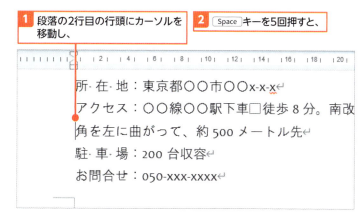

3 段落の2行目以降が5文字、字下げされます。

4 ぶら下げインデントマーカーが5文字分右に移動していることを確認します。

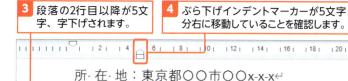

[段落]ダイアログで変更する

段落を選択し[ホーム]タブの[段落]グループの右下にある🔽をクリックして[段落]ダイアログを表示します。[インデントと行間隔]タブの[最初の行]で1行目のインデント([字下げ])と2行目以降のインデント([ぶら下げ])が設定できます。[幅]で文字数を指定してインデントの幅を指定します。なお、[最初の行]で[(なし)]を選択すると解除できます。

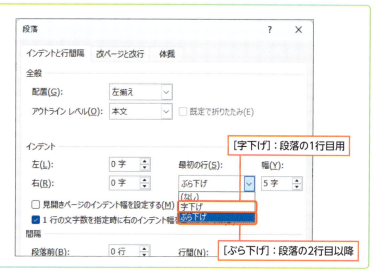

[字下げ]:段落の1行目用

[ぶら下げ]:段落の2行目以降

Section 43 文字の先頭位置を揃える

練習用ファイル：43_マナー研修-2～4.docx

タブは、行の途中にある文字の開始位置を揃えたい場合に使います。タブには既定で用意されているものと、任意に追加できるものがあります。**箇条書きの先頭位置を揃えたい**とか、**表組み形式で一定間隔で文字を揃えたい**場合に便利です。タブを挿入するには、Tabキーを押します。

ここで学ぶのは
- タブ／左揃えタブ
- タブマーカー
- リーダー

1 タブとは

解説 タブとは

行頭や行の途中で文字の開始位置を揃えるためのもので、Tabキーを押すとタブ位置にカーソルが移動します。箇条書きの文字をきれいに揃えて配置したいときに利用できます。タブは段落書式なので、段落単位で設定されます。

Memo ルーラーの表示

ルーラーが表示されていない場合は、[表示]タブの[ルーラー]のチェックボックスをオンにして表示してください(p.172参照)。

Memo タブ記号を表示する

Tabキーを押すと、→(タブ記号)が表示されます。表示されない場合は、[ホーム]タブの[段落]グループの[編集記号の表示/非表示]をクリックしてオンにします。タブ記号は編集記号なので印刷されません。

既定のタブ

行の途中でTabキーを押すと、既定のタブ位置に文字が揃います。既定のタブ位置は、行頭から4文字目、8文字目のように4文字間隔で設定されています。

任意のタブ

任意の位置に追加されたタブです。ルーラー上でクリックすると、タブマーカーが追加され、タブマーカーの位置にタブが設定され、その位置に文字が揃います。

2 既定の位置に文字を揃える

 既定のタブを使用する

行の途中で Tab キーを押すと、既定のタブ位置に文字が揃います。既定のタブは、行頭から4文字、8文字…と、4文字ごとの文字位置に設定されています。開始位置を揃えたい文字の前にカーソルを移動し、Tab キーを押すと、一番近くにある次のタブ位置に文字が揃います。目的の位置になるまで Tab キーを数回押して位置を調整します。

Hint　行頭で Tab キーを押した場合

新規行の行頭で Tab キーを押すと、タブが挿入され、カーソルが4文字分右に移動します。すでに文字が入力されている場合は、行頭で Tab キーを押すと、1行目のインデントが設定され、1行目だけ4文字分字下げされます(p.176参照)。

 タブを削除する

Tab キーを押して挿入されたタブは文字と同様に削除できます。タブ記号の後ろにカーソルを移動して Back space キーを押します。

 1 位置を揃えたい文字の前にカーソルを移動し、 **2** Tab キーを押すと、

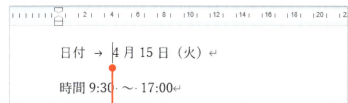

3 既定のタブ位置（ここでは4文字目）に文字の先頭が移動します。

4 同様にして、Tab キーを押すと、文字の先頭が揃います。

3 任意の位置に文字を揃える

 任意のタブ位置に文字を揃える

任意の位置にタブを追加するには、タブ位置を揃えたい段落を選択しておき、ルーラー上のタブを追加したい位置でクリックします。初期設定では左揃えタブが追加され、[左揃えタブマーカー] が表示されます（p.181の「使えるプロ技」を参照）。

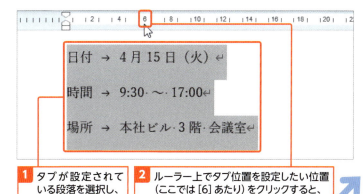

1 タブが設定されている段落を選択し、 **2** ルーラー上でタブ位置を設定したい位置（ここでは[6]あたり）をクリックすると、

Hint 任意のタブの位置を変更するには

タブが設定されている段落を選択し、[タブマーカー]をルーラー上でドラッグします。

ルーラー上をドラッグすると位置を変更できます。

③ クリックした位置に[タブマーカー]が追加され、

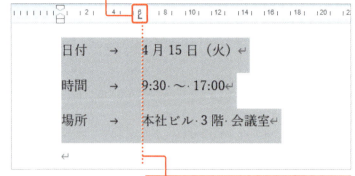

④ [タブマーカー]の位置に文字が揃います。

Hint 任意のタブを削除するには

タブが設定されている段落を選択し、[タブマーカー]をルーラーの外にドラッグします。

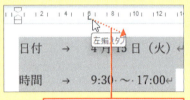

ルーラーの外にドラッグすると削除できます。

Memo タブ位置の継承

タブは段落書式なので、タブを追加した段落で Enter キーを押して改行すると、新しい段落にも同じタブが設定されています。そのため、続けて同じ位置に文字を揃えることができます。タブが不要な場合は、左の「Hint」の方法で削除するか、次ページの[タブとリーダー]ダイアログを表示して[すべてクリア]をクリックします。

4 リーダーを表示する

解説 リーダーを表示する

リーダーとは、タブによって挿入された空白の部分を埋める点線のことです。リーダーは[タブとリーダー]ダイアログで設定します。あらかじめタブが設定されている段落を選択してから表示します。

① タブが設定されている段落を選択し、

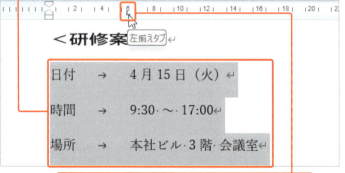

② [タブマーカー]にマウスポインターを合わせ、[左揃えタブ]とポップヒントが表示されたらダブルクリックすると、

Memo [タブとリーダー] ダイアログのその他の表示方法

段落を選択後、[ホーム] タブの [段落] グループの右下にある をクリックして、[段落] ダイアログを表示し、画面下の [タブ設定] をクリックしても表示できます。

Hint リーダーを解除する

右の手順5で [なし] を選択します。

3 [タブとリーダー] ダイアログが表示されます。

4 [タブ位置] に手順2の [タブマーカー] の位置が表示されていることを確認し、

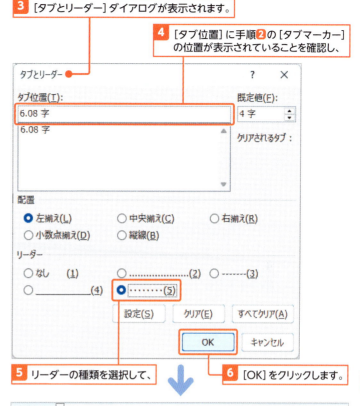

5 リーダーの種類を選択して、

6 [OK] をクリックします。

7 空白にリーダーが表示されます。

使えるプロ技! タブの種類

初期設定では、追加されるタブは左揃えタブです。水平ルーラーの左端にある [タブ] をクリックすると①、追加されるタブの種類を変更できます。種類を変更してから、ルーラーをクリックすると②、選択した種類のタブが追加されます。

①この [タブ] をクリックしてタブの種類を変更します。

②ルーラーをクリックしてタブを追加します。

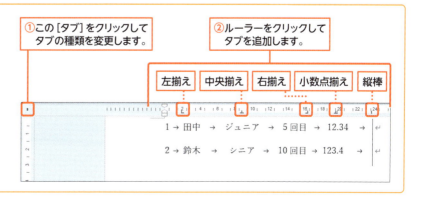

Section 44 行間や段落の間隔を設定する

練習用ファイル：📁 44_写真コンテスト-1〜2.docx

ここで学ぶのは
- 行間
- 段落前の間隔
- 段落後の間隔

行と行の間隔や段落と段落の間隔は段落単位で変更できます。箇条書きの部分や文書内の一部の段落だけ行間を広げたり、段落と段落の間隔を広げたりして、ページ内の行や段落のバランスを整えることができます。

1 行間を広げる

解説 行間を変更する

行間とは、行の上側から次の行の上側までの間隔です。Word 2024では、既定の行間は「1.08行」に設定されています。行間は、使用されているフォントやフォントサイズ、ページ内の行数によって自動的に調整されます。段落単位で変更されるため、同じ段落内の一部の行のみ行間を変更することはできません。

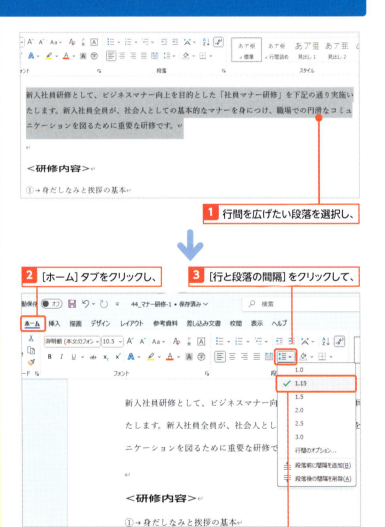

1. 行間を広げたい段落を選択し、
2. [ホーム] タブをクリックし、
3. [行と段落の間隔] をクリックして、
4. 一覧から行間（ここでは [1.5]）を選択すると、

Hint 行間を元に戻すには

行間を元に戻すには行間設定を解除したい段落を選択し、下のMemoの[段落]ダイアログで[行間]を[倍数]、[間隔]を[1.08]に設定します。

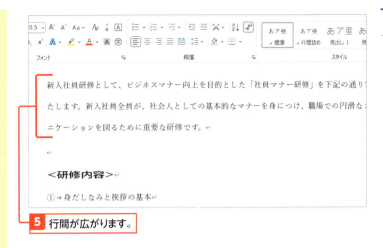

5 行間が広がります。

Memo 行間のオプションで間隔を数値で変更する

前ページの手順4のメニューで[行間のオプション]を選択すると、[段落]ダイアログが表示され、ここで行間や段落間を数値で変更できます。行間は、[行間]と[間隔]で設定できます。[行間]の⌄をクリックすると表示されるリスト項目の内容を確認しておいてください。[最小値][固定値][倍数]は、[間隔]にポイントの数値を指定します。

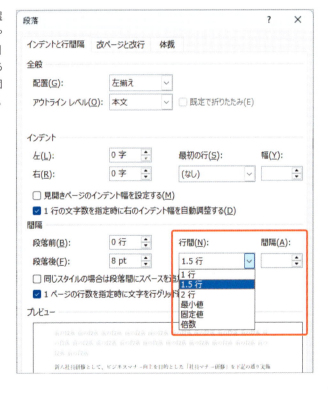

● 行間の種類

行間	内容
最小値	行間を[間隔]で指定したポイント以上に設定する。フォントサイズを大きくすればそれに応じて行間は広がる
固定値	行間を[間隔]で指定したポイントに固定する。フォントサイズを大きくしても行間は広がらない。そのため、文字が重なり合ってしまう場合がある
倍数	行間を標準の行間(1行)に対して、[間隔]で指定した倍数に設定する

2 段落と段落の間隔を調整する

解説 段落の間隔を変更する

段落の間隔は、段落ごとに設定できます。段落の前や後の間隔を調整することで、文書全体のバランスを整えることができます。Word 2024では、既定で段落後間隔が8pt（1pt：約0.35mm）に設定されていますので、全体のバランスをみて、段落間を調整する必要があります。

Hint 段落の間隔を元に戻す

段落の間隔を削除した後、次に同じ手順で操作すると、右の手順4のメニューが［段落後の間隔を追加］のように変わっています。これをクリックして、段落の間隔を元に戻します。

Memo 段落の間隔を数値で指定して変更する

［レイアウト］タブの［前の間隔］や［後の間隔］で、段落の前後の間隔を「0.5行」のように行単位で指定できます。また、「6pt」のように「pt」を付けて入力すれば、ポイント単位（1ポイント：約0.35mm）で指定できます。ここを「0」にすれば段落の間隔設定を解除できます。

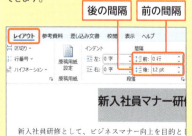

ここでは、研修案内の項目間の段落後の間隔を削除します。

1 段落間隔を狭くしたい段落を選択し、

2 ［ホーム］タブをクリックして、

3 ［行と段落の間隔］をクリックします。

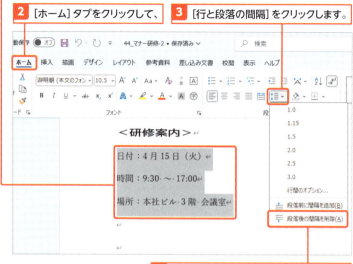

4 ［段落後の間隔を削除］をクリックすると、

5 段落後の間隔が削除されます。

Hint 文書全体で段落後間隔を削除するには

Word 2024では、初期設定で段落後間隔が8pt設定されています。Word 2021までは、段落後間隔が設定されていなかったので違和感を覚えるかもしれません。今まで通り使いたい場合は、文書全体の段落後間隔を削除するといいでしょう。［デザイン］タブの［段落の間隔］をクリックし、［段落間隔なし］をクリックします（次ページ参照）。

グリッド線と行間隔の調整方法

グリッド線は、行間隔の目安の線で、通常は表示されていません。[表示]タブの[グリッド線]のチェックをオンにすると表示できます（図1）。グリッド線に合わせて文字を入力したい場合は、フォントサイズ「10.5pt」、段落後間隔「0pt」、行間「1行」に調整してください（図2）。また、初期設定で文字はグリッド線に沿っています。グリッド線に合わせる設定を解除することで、行間隔をより狭くすることができます。フォントの種類やフォントサイズによって行間隔が調整しづらい場合に試してみるといいでしょう（p.91の「使えるプロ技」参照）。

● 図1 グリッド線を表示する

グリッド線は、ページ設定で指定した行数に対応した行間隔で引かれています。印刷はされません。

● 図2 グリッド線に合わせて文字を表示する

・文書全体のフォントサイズを10.5pに変更

・段落後間隔の削除（段落後間隔を0pt、行間を1行に変更）

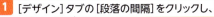
[デザイン]タブの[段落の間隔]をクリックし、

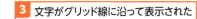
文字がグリッド線に沿って表示された

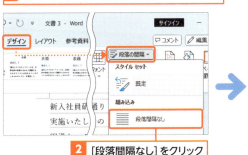

[段落間隔なし]をクリック

Section 45 ドロップキャップを設定する

練習用ファイル： 📁 45_FlowerGarden-1～2.docx

ここで学ぶのは
- ドロップキャップ

段落の先頭の文字を大きく表示することを**ドロップキャップ**といいます。ドロップキャップを設定すると、文章のアクセントとなり、インパクトを与えることができます。ドロップキャップは、表示位置や文字の大きさなどのレイアウトをいろいろ調整することができます。

1 ドロップキャップを設定する

解説 ドロップキャップの設定

ドロップキャップを設定する場合、設定する段落内にカーソルを移動するだけで、先頭文字を選択する必要はありません。ドロップキャップを強調するために、手順のサンプルのように文字色を変えるなどの書式を設定しておくと、より効果的です。

Hint ドロップキャップを解除する

右の手順で[なし]を選択します。

Memo 余白に表示する

ここでは先頭の文字を本文内に表示するように設定していますが、右の手順で[余白に表示]を指定して、本文の外側の余白部分に表示することもできます。

1 ドロップキャップを設定したい段落にカーソルを移動して、

2 [挿入]タブをクリックし、

3 [ドロップキャップの追加]をクリックして、

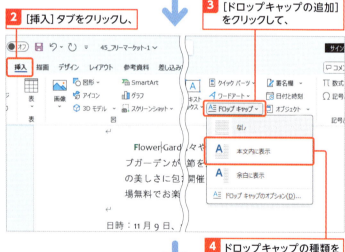

4 ドロップキャップの種類をクリックすると、

 ドロップキャップが設定されます。

2 ドロップキャップの設定を変更する

解説 ドロップキャップの設定を変更する

ドロップキャップの設定を後から変更するには[ドロップキャップ]ダイアログを表示します。ここでは、ドロップキャップの位置、フォント、ドロップする行数、本文からの距離を指定できます。

ドロップキャップの行数を3行から2行に、フォントを「HG正楷書体-PRO」に変更してみます。

1 ドロップキャップが設定されている段落にカーソルを移動し、

2 [挿入]タブをクリックし、

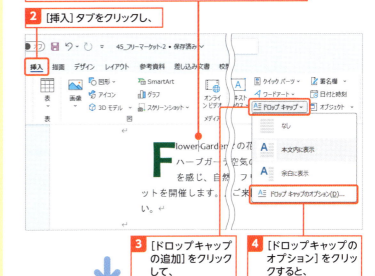

3 [ドロップキャップの追加]をクリックして、

4 [ドロップキャップのオプション]をクリックすると、

5 [ドロップキャップ]ダイアログが表示されます。

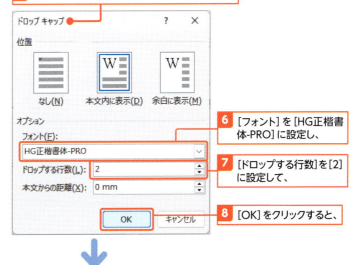

6 [フォント]を[HG正楷書体-PRO]に設定し、

7 [ドロップする行数]を[2]に設定して、

8 [OK]をクリックすると、

9 ドロップキャップの行数とフォントが変更になります。

Hint [テキスト]グループにある便利な機能

[挿入]タブの[テキスト]グループには、ここで紹介した[ドロップキャップの追加]以外にも、書式の変更に便利な機能がまとめられています。

番号	名称	機能
①	クイックパーツの表示	あらかじめ書式設定されているテキストや、ドキュメントプロパティなどを文書に追加する（p.278参照）
②	ワードアートの挿入	ワードアートテキストボックスを使って、文書に装飾を加える（p.252参照）
③	署名欄の追加	署名するユーザーを指定する署名欄を挿入する
④	日付と時刻	現在の日付や時刻を追加する（p.93参照）
⑤	オブジェクト	別のWord文書やExcelグラフなどの埋め込みオブジェクトを挿入する

Section 46 段組みと改ページを設定する

練習用ファイル： 46_フリーマーケット-1〜3.docx

ここで学ぶのは
- 段組み
- 段区切り
- 改ページ

段組みを設定すると、文書を複数の段に分けて配置できます。1行の文字数が多い文書を段組みに設定することで、1行の文字数が少なくなり、読みやすくなります。また、切れ目のいいところで**改段**したり、**改ページ**したりすることで、より読みやすい文書に整えられます。

1 文書の一部分を段組みに設定する

解説 段組みを設定する

段組みは、文書全体に設定することも、文書の一部分に設定することもできます。文書の一部を段組みにする場合は、対象範囲を選択してから操作します。文書の一部分に段組みが設定されると、開始位置と終了位置に、自動的にセクション区切りが挿入され、文書の前後が区切られます。

文書の一部分を2段組みに変更します。

1 段組みにする範囲を選択し、

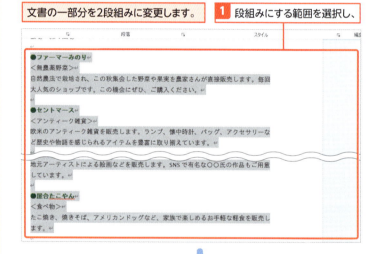

Key word セクション

セクションとは、ページ設定ができる単位となる区画です（p.192参照）。

2 [レイアウト] タブをクリックし、　**3** [段組み] をクリックして、

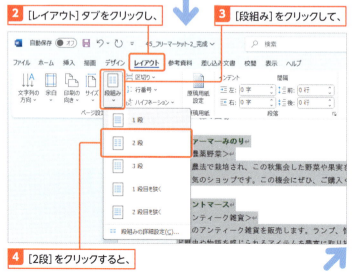

Hint 段組みを解除する

段組み内にカーソルを移動し、右の手順で[1段]を選択します。なお、セクション区切りは残るので、区切り記号の前にカーソルを移動し、Deleteキーで削除してください。

4 [2段] をクリックすると、

Hint 段組みの詳細設定をする

段組み内にカーソルを移動し、前ページの手順4で[段組みの詳細設定]を選択して、[段組み]ダイアログを表示します。ここでは、段組みの種類、段数、段と段の間隔、境界線などの設定ができます。

5 選択した範囲が2段組みに設定されます。

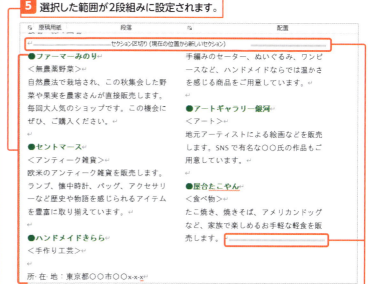

6 段組みの前後にセクション区切りが挿入されていることを確認します。

2 任意の位置で段を改める

解説 段区切りを挿入する

中途半端な位置で文章が次の段に分けられると、バランスが悪く、読みづらいものです。段区切りを挿入すれば、文章の切れ目のいいところで、次の段に文章を送られます。

1 段を改めたい位置にカーソルを移動し、

2 [レイアウト] タブをクリックし、

3 [ページ/セクション区切りの挿入] をクリックして、

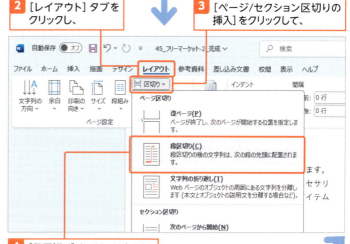

4 [段区切り] をクリックすると、

Hint 段区切りを削除する

挿入された段区切りは、文字と同様に扱えます。段区切りの区切り線をダブルクリックして選択するか、区切り線の前にカーソルを移動し、Deleteキーを押して削除します。区切り線の後にカーソルを移動し、Back spaceキーを押しても削除できます。

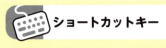

● 段区切りの挿入
Ctrl + Shift + Enter

5 段区切りが挿入され、
6 次の段に送られます。

3 任意の位置で改ページする

解説 ページ区切りを挿入する

任意の位置から強制的に次のページに送りたい場合は、ページ区切りを挿入します。ページ区切りを挿入すると、改ページされた位置に改ページの区切り線が表示され、カーソル以降の文字が次ページに送られます。

Hint 改ページを解除する

区切り線は文字と同様に扱えます。改ページの区切り線をダブルクリックして選択するか、区切り線の前にカーソルを移動し、Delete キーを押して削除します。区切り線の後にカーソルを移動し、Back space キーを押しても削除できます。

● ページ区切りを挿入する
Ctrl + Enter

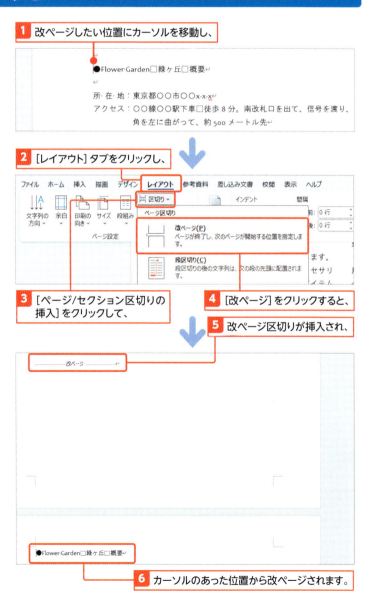

1 改ページしたい位置にカーソルを移動し、
2 [レイアウト] タブをクリックし、
3 [ページ/セクション区切りの挿入] をクリックして、
4 [改ページ] をクリックすると、
5 改ページ区切りが挿入され、
6 カーソルのあった位置から改ページされます。

禁則処理の設定

文章を入力していて、「（」のような開くカッコは行末にこないようにしたり、「ー」のような長音や「ゅ」のような拗音（ようおん）が行頭にこないようにしたりする処理を「禁則処理」といいます。Wordでは、「、」や「。」のような句読点は初期設定で行頭にこないようにされていますが、長音や拗音などは設定を変更しないと行頭に配置されてしまうことがあります。［Wordのオプション］ダイアログで行頭や行末にこないようにする文字（禁則文字）の設定レベルを変更することで対応することができます。

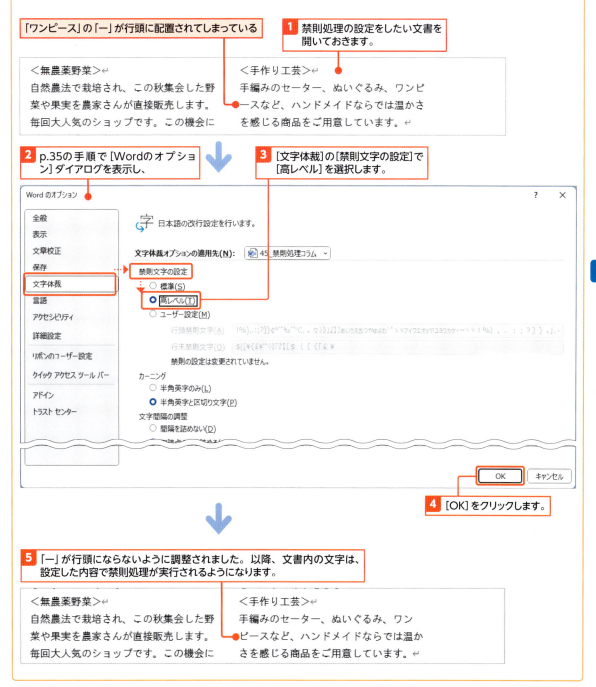

Section 47 セクション区切りを挿入する

練習用ファイル: 📁 47_フリーマーケット-2〜3.docx

ここで学ぶのは
- セクション
- セクション区切り

通常、1つの文書は1つの**セクション**で構成されています。セクションは、ページ設定の単位です。文書内に**セクション区切り**を挿入すると、セクション区切りの前と後でセクションが分けられ、それぞれのセクションで異なるページ設定ができます。

1 セクションとセクション区切り

 セクションとセクション区切り

1つの文書内に、用紙がA4とB5のものを混在させたり、横書きと縦書きのページを混在させたりしたい場合は、セクション区切りを挿入してセクションを分けます。

通常の文書

1つの文書はもともと1セクションで構成されています。すべてのページに同じページ設定が適用されています。

セクション1

Hint 長文の文書にも便利

レポートなど長文の文書の場合、章単位でセクション区切りを設けると、区切りが明確になるので目次を作成するときに便利です。

Memo 現在のセクションをステータスバーに表示する

画面下のステータスバーを右クリックし①、メニューから［セクション］をクリックすると②、ステータスバーに現在カーソルがある場所のセクションが表示されます③。

Memo 段区切りやページ区切りとは異なる

段区切りやページ区切りはセクションを分けるものではありません。任意の位置で段を改めたり、ページを改めたりするものです。段区切りやページ区切りでは、ページ設定の変更を行うことはできません。

Memo セクション区切りなどの区切り線が表示されない

区切り線は編集記号です。［ホーム］タブの［編集記号の表示／非表示］をクリックしてオンにすると、セクション区切りなどの編集記号が表示されます。

セクション区切り挿入後

文書の一部に段組みを設定すると（p.188参照）、段組みの開始位置と終了位置にセクション区切りが挿入されます。そのため、文書が3つのセクションに区切られます。

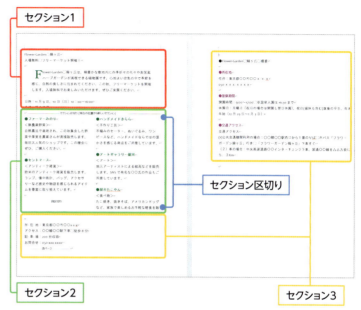

セクション単位でページ設定を変更できる

セクション区切りを挿入すると、セクション単位で文字の方向や用紙の向きやサイズなどのページ設定を変更できます。例えば、2ページ目をセクションで区切れば、以下のように2ページ目だけ縦書きに変更することができます。

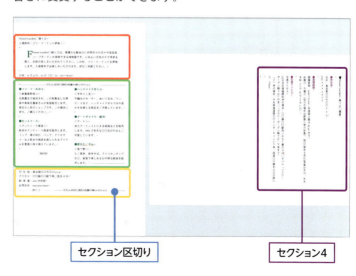

2 文書にセクション区切りを挿入する

解説　セクション区切りを挿入する

セクション区切りを挿入するには、[レイアウト]タブの[ページ/セクション区切りの挿入]をクリックします。セクション区切りには、次の4種類があります。

● セクション区切りの種類

セクション区切り	説明
次のページから開始	改ページし、次のページの先頭から新しいセクションを開始する
現在の位置から開始	改ページしないで、現在カーソルがある位置から新しいセクションを開始する
偶数ページから開始	次の偶数ページから新しいセクションを開始する
奇数ページから開始	次の奇数ページから新しいセクションを開始する

Memo　ここで挿入するセクション区切り

ここで使用しているサンプルは、Section46の操作後のファイルであるため、「●Flower Garden　緑ヶ丘　概要」の前で改ページしています。そのため、セクション区切り[現在の位置から開始]を挿入しています。ページ区切りを削除して改ページを解除し、[次のページから開始]を挿入しても結果は同じです。

2ページ目の先頭にセクション区切りを挿入し、別セクションに分割します。

1 2ページ目の先頭にカーソルを移動して、

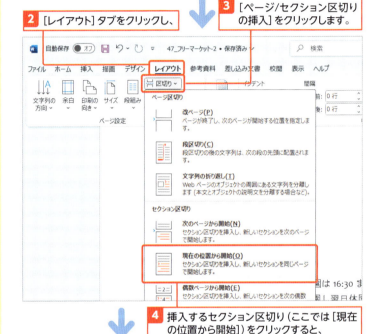

2 [レイアウト]タブをクリックし、

3 [ページ/セクション区切りの挿入]をクリックします。

4 挿入するセクション区切り（ここでは[現在の位置から開始]）をクリックすると、

5 セクション区切りが挿入され、2ページ目が別セクションに分けられます。

3 セクション単位でページ設定をする

解説 セクション単位でページ設定をする

文書をセクションで区切ると、セクションごとに異なるページ設定などができます。設定できるものは主に、次の通りです。
・文字列の方向
・余白
・印刷の向き
・用紙サイズ
・段組み
・行番号
・ページ罫線
・ヘッダーとフッター
・ページ番号
・脚注と文末脚注

2ページ目のページ設定を縦書きに変更します。

1 2ページ目の任意の位置にカーソルを移動し、

2 [レイアウト]タブ→[文字列の方向を選択]をクリックし、

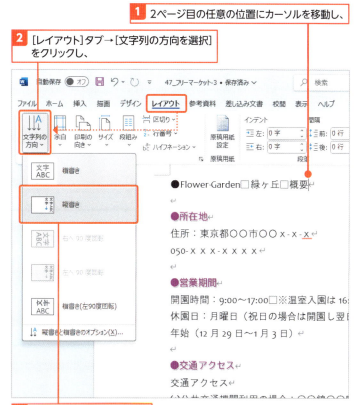

3 [縦書き]をクリックすると、

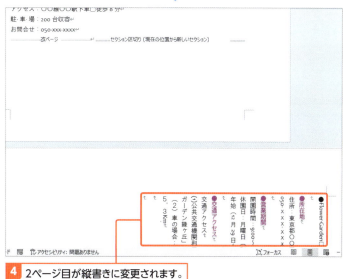

4 2ページ目が縦書きに変更されます。

使えるプロ技！ 縦書き文書にした場合に必要となる修正

半角文字を全角に変換する

横書きの文書を縦書きにすると、半角の英数文字は横に回転した状態で表示されます。半角英数文字を全角に変換すれば、縦書きに変更できます。

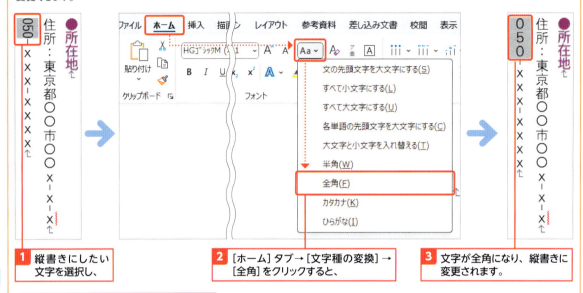

1 縦書きにしたい文字を選択し、
2 ［ホーム］タブ→［文字種の変換］→［全角］をクリックすると、
3 文字が全角になり、縦書きに変更されます。

書式「縦中横」で部分的に横書きにする

縦書きにすると読みづらくなる場合は、拡張書式の［縦中横］を使って部分的に横書きに修正します。

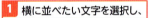

1 横に並べたい文字を選択し、

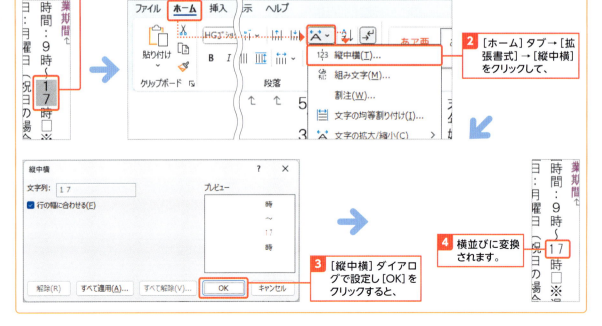

2 ［ホーム］タブ→［拡張書式］→［縦中横］をクリックして、
3 ［縦中横］ダイアログで設定し［OK］をクリックすると、
4 横並びに変換されます。

第 6 章

表の基本的な作り方と実践ワザ

ここでは、表の作成から編集方法まで、表作成に必要な操作を一通り紹介しています。表内のデータの並べ替えや簡単な計算式の設定方法も紹介していますので、試してみてください。また、Excelの表やグラフを文書にコピーして利用する方法も紹介しています。

Section 48 ▶ 表を作成する
Section 49 ▶ 表内の移動と選択
Section 50 ▶ 行や列を挿入／削除する
Section 51 ▶ 列の幅や行の高さを調整する
Section 52 ▶ セルを結合／分割する
Section 53 ▶ 表の書式を変更する
Section 54 ▶ 表のデータを並べ替える
Section 55 ▶ 表内の数値を計算する
Section 56 ▶ Excel の表を Word に貼り付ける

Section 48 表を作成する

練習用ファイル： 48_予約注文申込書-1～4.docx

ここで学ぶのは
- 表の挿入
- 文字を表にする
- 罫線を引く

名簿などの一覧表や申込書の記入欄などを作成するには、**表作成の機能**を使います。表を作成する方法には、①行数と列数を指定して表を作成する方法、②タブなどで区切られている文字を表に変換する方法、③鉛筆で書くようにドラッグで作成する方法の3種類があります。

1 行数と列数を指定して表を作成する

解説　行数と列数を指定して表を作成する

[挿入]タブの[表の追加]をクリックすると、マス目が表示されます。作成する表の列数と行数の位置にマウスポインターを合わせて、クリックするだけです。8行×10列までの表が作成できます。

Memo　行数と列数を指定して表を作成する

右の手順③で[表の挿入]をクリックすると、[表の挿入]ダイアログが表示され、行数と列数を指定し、列幅の調節方法を選択できます。8行×10列より大きな表を作成できます。

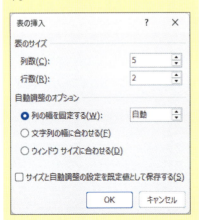

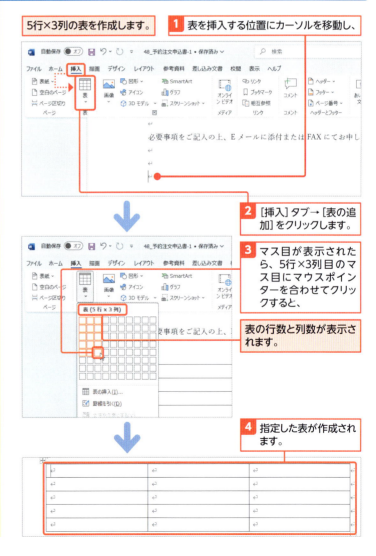

1. 表を挿入する位置にカーソルを移動し、
2. [挿入]タブ→[表の追加]をクリックします。
3. マス目が表示されたら、5行×3列目のマス目にマウスポインターを合わせてクリックすると、表の行数と列数が表示されます。
4. 指定した表が作成されます。

2 文字を表に変換する

  解説 文字を表に変換する

文字がタブやカンマなどで区切られて入力されている場合、タブやカンマを列の区切りにし、段落記号を行の区切りとして表組に変換できます。［文字列を表にする］ダイアログでは、列数と区切り記号を指定して文字を表に変換します。右の手順のように指定した列数に対してタブで区切られた文字が少なくても自動的に補われ、指定した列で表に変換されます。

  時短のコツ 文字をすばやく表に変換する

タブで区切られた文字であれば、［表の挿入］ですばやく表に変換できます。この場合、タブの数は各行同じだけ挿入されている必要があります。

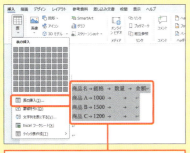

同数のタブで区切られた文字を選択し、［表の挿入］をクリックするだけで、すばやく表に変換できます。

タブで区切られた文字を表に変換します。

1 タブで区切られた段落を選択し、

2 ［挿入］タブ→［表の追加］をクリックして、

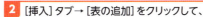

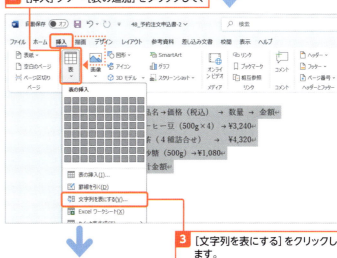

3 ［文字列を表にする］をクリックします。

4 ［文字列を表にする］ダイアログが表示されます。

5 列数（ここでは［4］）を指定し、

6 文字の区切り（ここでは［タブ］）を選択し、

7 ［OK］をクリックすると、

8 タブを列の区切りにして表が作成されます。

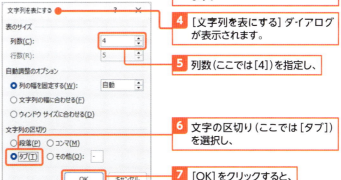

3 ドラッグして表を作成する

解説 ドラッグで表を作成する

[表の追加]のメニューで[罫線を引く]をクリックすると、マウスポインターの形が鉛筆になります。この状態で斜めにドラッグして外枠を挿入し、続いて外枠内で左右にドラッグして横罫線、上下にドラッグして縦罫線が引けます。罫線モードを終了するには Esc キーを押します。

Memo 一時的に削除モードに切り替える

マウスポインターの形が鉛筆のとき、 Shift キーを押している間だけ消しゴムの形に変わり、罫線削除モードになります。この間に罫線をクリックすれば削除できます。

Hint 表のテンプレートもある

[表の追加]の[クイック表作成]には表のテンプレートが用意されています。デザインされた表の他にカレンダーなどを手軽に作成することができます。

外枠を挿入する

1 [挿入]タブ→[表の追加]をクリックして、

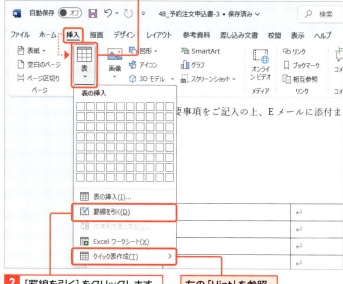

2 [罫線を引く]をクリックします。 左の「Hint」を参照。

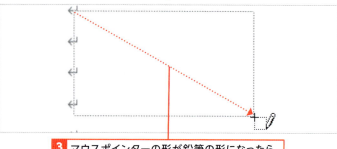

3 マウスポインターの形が鉛筆の形になったら、罫線を引きたい位置まで斜めにドラッグすると、

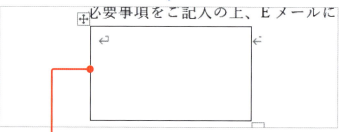

4 表の外枠が挿入されます。

Memo 表作成後に罫線を追加する

表作成後に、カーソルを表の中に移動し①、コンテキストタブの[テーブルレイアウト]タブをクリックして②、[罫線を引く]をクリックすると③、カーソルの形が鉛筆✐になり④、ドラッグで罫線が引けます。解除するには、[罫線を引く]を再度クリックするか、Escキーを押します。

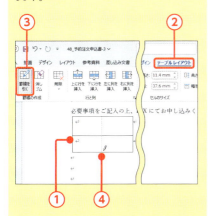

Hint 罫線の種類を変更する

罫線の太さや色、種類などは後から変更できます。詳細はp.220で解説します。

Memo 表のコンテキストタブ

表内にカーソルがあるとき、青字で[テーブルデザイン]タブと[テーブルレイアウト]タブが表示されます。これは表のコンテキストタブで、クリックして表を編集するためのボタンが集められているリボンに切り替えます。表の外にカーソルが移動すると非表示になります。

横線、縦線を引く

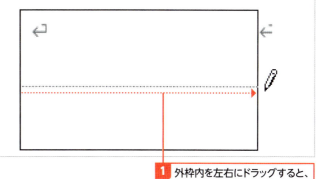

1 外枠内を左右にドラッグすると、

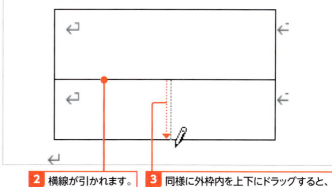

2 横線が引かれます。　**3** 同様に外枠内を上下にドラッグすると、

4 縦線が引かれます。
5 Escキーを押して罫線モードを解除します。

4 罫線を削除する

 解説 罫線を削除する

表の中にカーソルがあるとき、コンテキストタブの［テーブルレイアウト］タブにある［罫線の削除］をクリックすると、マウスポインターが消しゴムの形 に変わります。この状態で罫線をクリックするかドラッグします。終了するには Esc キーを押します。

 Hint ［削除］で罫線は削除できない

コンテキストタブの［テーブルレイアウト］タブにある［削除］（表の削除）を使うと、行や列や表、セルを削除できますが（p.210の「Hint」を参照）、罫線は削除できません。

 Memo 罫線を削除するとセルは結合する

罫線を削除すると、その隣り合ったセル同士は結合します。セルの結合についての詳細は、p.216を参照してください。

 Key word セル

表内の1つひとつのマス目のことを「セル」といいます（p.204参照）。

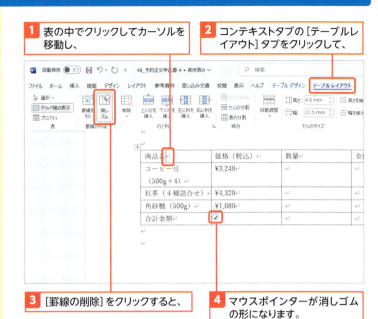

1 表の中でクリックしてカーソルを移動し、

2 コンテキストタブの［テーブルレイアウト］タブをクリックして、

3 ［罫線の削除］をクリックすると、

4 マウスポインターが消しゴムの形になります。

5 削除する罫線の上にマウスポインターを合わせ、クリックすると、

6 罫線が削除されます。

7 同様にして他の罫線も削除します。

8 Esc キーを押して終了します。

Hint 罫線を削除しても点線が表示される

罫線を削除した後、点線が表示される場合があります。これは、「グリッド線」と呼ばれる線で、表内のマス目（セル：p.204参照）の境界線を表しています。グリッド線は印刷されません。表は、実際にはグリッド線という枠で構成され、そのグリッド線上に罫線が引かれています。罫線を引いたり、削除したりすると、罫線と同時にグリッド線を引いたり削除したりしているということになります。表内の1つひとつのマス目は四角形である必要があるため、罫線を削除しても四角形にならない場合は、罫線だけが削除され、グリッド線が残ります。グリッド線の表示／非表示は、コンテキストタブの［テーブルレイアウト］タブ→［グリッド線の表示］のオン／オフで切り替えられます。

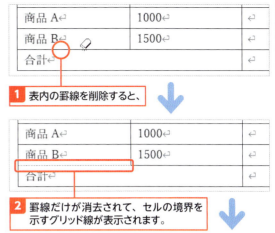

1 表内の罫線を削除すると、

2 罫線だけが消去されて、セルの境界を示すグリッド線が表示されます。

3 ［グリッド線の表示］をオフにすると、

4 グリッド線が非表示になります。

使えるプロ技！ 別々に作成した表を横に並べる

別々に作成した表を横に並べるには、表の移動ハンドルを移動先までドラッグして表全体を移動します。表の移動ハンドルをドラッグすることで、表を自由な位置に配置できます。Alt キーを押しながらドラッグすると、表を文書のグリッド線に合わせることができます。なお、文書のグリッド線が表示されている場合は、動作が逆になりますので、気をつけてください。この文書のグリッド線は表内のグリッド線（上の「Hint」を参照）とは異なり、［表示］タブ→［グリッド線］にチェックを付けると表示されるグリッド線のことです。

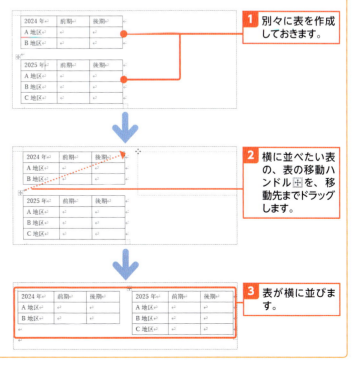

1 別々に表を作成しておきます。

2 横に並べたい表の、表の移動ハンドルを、移動先までドラッグします。

3 表が横に並びます。

Section 49 表内の移動と選択

練習用ファイル：49_予約注文申込書.docx

表を構成する1つひとつのマス目のことを**セル**といいます。表内に文字を入力するには、セルにカーソルを移動します。また、書式を設定するには、対象となるセルを選択します。ここでは、表の構成を確認し、カーソルの移動方法と文字入力、セル、行、列、表全体の選択方法を確認しましょう。

ここで学ぶのは
- セル
- 行
- 列

1 表の構成

解説 表の構成

表は、横方向の並びの「行」、縦方向の並びの「列」で構成されています。表の1つひとつのマス目のことを「セル」といいます。セルの位置は、「2行3列目のセル」というように行と列を組み合わせて表現します。表内にカーソルがある場合、表の左上角に［表の移動ハンドル］ ⊞ 、右下角に［表のサイズ変更ハンドル］ □ が表示されます。

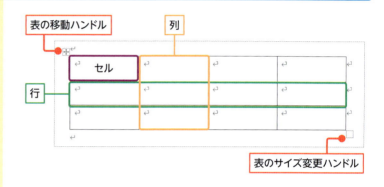

2 表内のカーソル移動と文字入力

解説 表内のカーソル移動

表内でカーソルを移動するには、Tabキーまたは→←↑↓キーを使います。Tabキーを押すと、左から右へと表内を順番にカーソルが移動します。Shift+Tabキーで逆方向に移動します。

Hint セルの中にタブを挿入する

セルの中にタブを挿入したいときは、Ctrlキーを押しながらTabキーを押します。

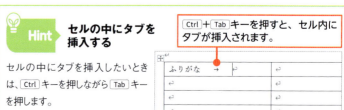

右下角のセルで Tab キーを押すと行が追加される

表の右下角のセルで Tab キーを押すと表の下に行が自動的に追加されます。名簿などの表にデータを続けて追加する場合に便利です。間違えて追加された場合は、直後に Ctrl + Z キーを押すか、p.209の手順で行を削除してください。

行の高さは自動で広がる

セル内で文字を入力し、確定した後に Enter キーを押すと改行され、行の高さが変わります。間違えて改行した場合は、Back space キーを押し段落記号を削除してください。また、セル幅より長い文字を入力すると自動的に行の高さが広がります。1行に収めたい場合は、文字サイズを調整するか、p.212の手順で列幅を広げてください。

4 「会員番号」と入力し、

5 Tab キーを押すと次の行の先頭のセル(2行1列目)にカーソルが移動します。

6 「氏名」と入力し、

7 同様にして他のセルに文字を入力します。

3 セルの選択

解説　セルの選択

選択したいセルの左端にマウスポインターを合わせると、■の形に変わります。クリックするとセルが選択されます。なお、連続した複数のセルを選択する場合は、セルの形に関係なく、選択したいセル上をドラッグしてください。

離れた複数のセルを選択する

1つ目のセルを選択した後、Ctrl キーを押しながら別のセルをクリックまたはドラッグすると、離れた場所にある複数のセルを選択できます。

選択の解除

文書内のいずれかの場所をクリックすると、選択が解除されます。

1 セル内の左端にマウスポインターを合わせて、■の形に変わったらクリックします。

2 セルが選択されます。

4 行の選択

解説 行の選択

選択したい行の左側にマウスポインターを合わせると、の形に変わります。その状態でクリックすると行が選択されます。なお、連続した複数の行を選択する場合は、の形で縦方向にドラッグします。

1 選択したい行の左側にマウスポインターを合わせ、の形に変わったときにクリックすると、

2 行が選択されます。

5 列の選択

解説 列の選択

選択したい列の上側にマウスポインターを合わせると、の形に変わります。その状態でクリックすると列が選択されます。なお、連続した複数の列を選択する場合は、の形で横方向にドラッグします。

1 選択したい列の上側にマウスポインターを合わせ、の形に変わったときにクリックすると、

2 列が選択されます。

Memo 選択時にミニツールバーが表示されてしまう

セル、行、列を選択すると、選択範囲の近くにミニツールバーが表示されます。マウスポインターを選択範囲から離すと非表示になりますが、気になる場合は Esc キーを押せば非表示になります。

6 表全体の選択

解説 表の選択

表内でクリックし、表の左上角にある[表の移動ハンドル]にマウスポインターを合わせると、の形に変わります。その状態でクリックすると表全体が選択されます。

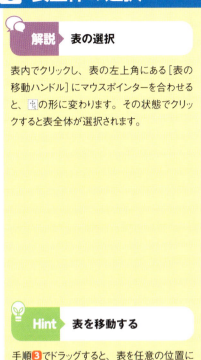
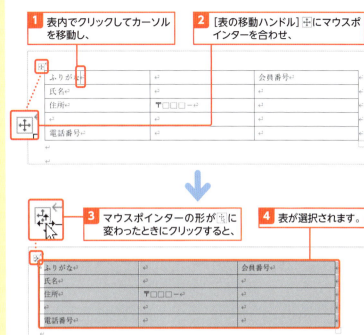

Hint 表を移動する

手順3でドラッグすると、表を任意の位置に移動できます(p.219参照)。

Memo その他の選択方法

セル、行、列、表全体は、メニューを使用して選択することもできます。表の選択したい箇所にカーソルを移動し、コンテキストタブの[テーブルレイアウト]タブの[表の選択]をクリックして表示されるメニューから、それぞれ選択します。

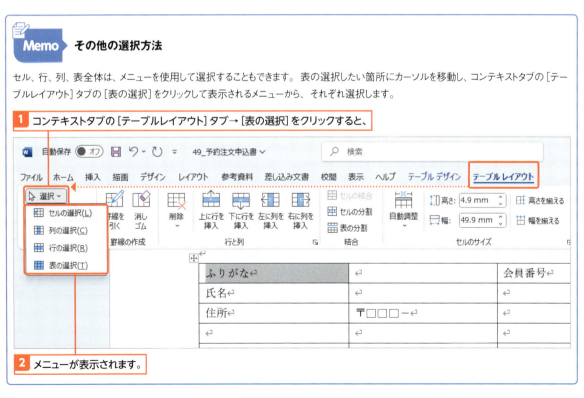

Section 50 行や列を挿入／削除する

練習用ファイル：📁 50_予約注文申込書-1〜2.docx

ここで学ぶのは
- 行の挿入／列の挿入
- 行の削除／列の削除
- 表の削除

表を作成した後で、必要に応じて**行や列を追加**することができます。操作は簡単で、追加したい行や列の位置にある⊕をクリックするだけです。また、**不要な行や列の削除**も簡単です。削除したい行や列、表を選択して Back space キーを押すだけです。

1 行や列を挿入する

解説　行や列を挿入する

表を作成した後で行を追加するには、表の左側で行を追加したい位置にマウスポインターを合わせると表示される⊕をクリックします。列を挿入する場合は、表の上側で列を追加したい位置に表示される⊕をクリックします。

Hint　1行目の上に行、1列目の左に列を挿入するには

1行目の上には⊕が表示されません。ここに行を挿入するには、1行目にカーソルを移動し、コンテキストタブの［テーブルレイアウト］タブをクリックし、［上に行を挿入］をクリックします①。同様に1列目の左に列を挿入するには、1列目にカーソルを移動し、［左に列を挿入］をクリックします②。

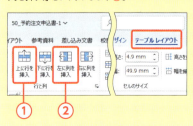

行を挿入する

1. 表の左側で行を挿入したい位置にマウスポインターを移動すると⊕が表示され、行間が二重線になったら、クリックすると、

2. 行が挿入されます。

列を挿入する

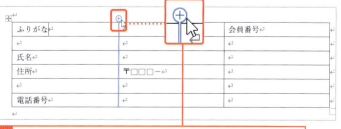

1. 表の上側で列を挿入したい位置にマウスポインターを移動すると⊕が表示され、列間が二重線になったら、クリックすると、

Memo 挿入された部分が選択されている

行や列は選択された状態で挿入されます。

2 列が挿入されます。

2 行や列や表を削除する

解説 行や列、表を削除する

表を作成した後で行や列、表を削除するには、Back spaceキーを押します。
または、削除したい行、列、表を選択し、選択範囲内で右クリックして、それぞれ、[行の削除][列の削除][表の削除]をクリックしても削除できます。
なお、セルをドラッグして行を選択した状態（行末記号を含めない）で右クリックすると[表の行/列/セルの削除]メニューが表示されます。この場合は、このメニューで表示されるダイアログで削除方法を指定します（p.210の「Hint」を参照）。

行を削除する

1 削除したい行を選択し、Back spaceキーを押すと、

2 行が削除されます。

Hint 行や列、表の選択

行や列を選択する方法についてはp.206、表を選択する方法についてはp.207をそれぞれ参照してください。

列を削除する

1 削除したい列を選択し、Back spaceキーを押すと、

Memo Deleteキーだと文字が削除される

行や列を選択し、Deleteキーを押した場合は、選択範囲に入力されている文字が削除されます。

Hint [削除]を使って削除する

削除したいセル、行や列内にカーソルを移動し、コンテキストタブの[テーブルレイアウト]タブにある[削除]（表の削除）をクリックし①、表示されるメニューからそれぞれ削除できます②。メニューで[セルの削除]をクリックすると、[表の行/列/セルの削除]ダイアログが表示され③、削除対象（セルまたは行全体・列全体）、および削除後に表を詰める方向を指定できます。

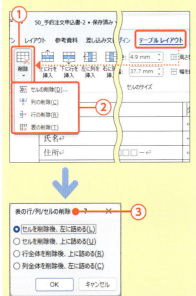

2 列が削除されます。

表を削除する

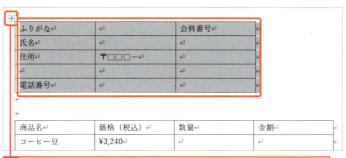

1 [表の移動ハンドル]をクリックして表を選択し、Back spaceキーを押すと、

2 表が削除されます。

使えるプロ技！ 表は残して、罫線だけを削除する方法

「表は残したいけど、罫線は削除したい」といった場合は、表全体を選択し①、コンテキストタブの[テーブルデザイン]タブで[罫線]の∨をクリックし②、一覧から[枠なし]をクリックします③。すると、罫線のみ削除されてグリッド線が表示されます④。グリッド線は印刷されません。グリッド線が表示されない場合は、[テーブルレイアウト]タブの[グリッド線の表示]をクリックします。クリックするごとに表示／非表示を切り替えられます。

使えるプロ技！ 表を解除する

表を削除すると、表内に入力されていた文字も含めてすべて削除されます。表だけ削除して文字は残したい場合は、次の手順で表を解除します。表内でクリックし①、コンテキストタブの[テーブルレイアウト]タブをクリックして②、[表の解除]をクリックします③。表示される[表の解除]ダイアログで文字の区切り（ここではタブで区切るので[タブ]）を選択し④、[OK]をクリックします⑤。すると表が解除され、列の区切りにタブが挿入され、文字だけが残ります⑥。なお、タブ記号が見えない場合は、[ホーム]タブの[編集記号の表示/非表示]をクリックして表示できます。

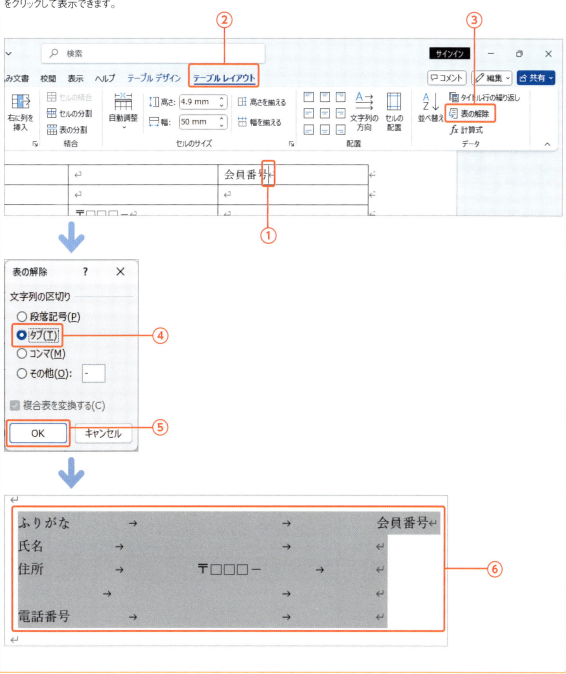

Section 51 列の幅や行の高さを調整する

練習用ファイル：51_予約注文申込書-1～3.docx

表の列幅を変更するには**列の境界線**をドラッグし、行の高さを変更するには**行の下側の境界線**をドラッグすれば任意の幅や高さに変更できます。境界線をダブルクリックすると自動調整されます。また、表全体のサイズを調整したり、複数の列の幅や行の高さを均等に揃えたりして、表の形を整えられます。

ここで学ぶのは
- 列の幅
- 行の高さ
- 表のサイズ

1 列の幅や行の高さを調整する

解説　列幅や行高を変更する

表の列幅を変更するには、列の右側の境界線をドラッグするかダブルクリックします。ドラッグした場合は、表全体の幅は変わりません。ダブルクリックした場合は、列内の最長の文字数に合わせて列幅が自動調整されます。このとき、表全体の幅も変更になります。また、行の高さは、行の下側の境界線をドラッグします。行は文字に合わせて高さが自動調整されます。

使えるプロ技！　Shiftキーを押しながらドラッグする

Shiftキーを押しながら列の境界線をドラッグすると、右側の列の列幅を変更せずに、列幅を調整できます。

Hint　セルの幅だけが変わってしまった

セルが選択されている状態でドラッグすると、セル幅だけが変更されてしまいます。その場合は、[ホーム]タブの[元に戻す]をクリックして元に戻し、セルの選択を解除してから操作します。

ドラッグして列幅を変更する

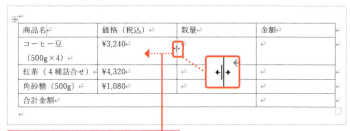

1 幅を変更する列の境界線にマウスポインターを合わせ、の形になったらドラッグすると、

2 列幅が変更されます。

3 右側の列幅が広くなり、表全体の幅は変わりません。

ダブルクリックで列幅を変更する

1 幅を変更する列の右側の境界線にマウスポインターを合わせ、の形になったらダブルクリックすると、

Memo 数値で列幅や行高を変更する

列幅や行高が決まっている場合は、数値で指定することもできます。変更したい列または行内にカーソルを移動し、コンテキストタブの[テーブルレイアウト]タブの[行の高さの設定]または[列の幅の設定]で数値を指定します。

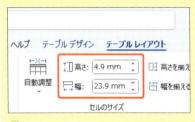

Hint [表のプロパティ]ダイアログの利用

コンテキストタブの[テーブルレイアウト]タブにある[表のプロパティ]をクリックすると表示される[表のプロパティ]ダイアログでも、列幅や行高の細かい調整ができます。

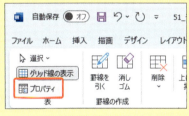

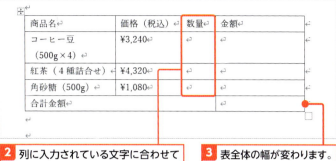

2 列に入力されている文字に合わせて列幅が自動調整されます。

3 表全体の幅が変わります。

4 同様にして1列目をダブルクリックして列幅を自動調整し、

5 4列目をドラッグして列幅を変更します。

行の高さを変更する

1 高さを変更する行の下側の境界線にマウスポインターを合わせて、の形になったらドラッグすると、

2 行高が変更されます。

2 表のサイズを変更する

解説　表のサイズを変更する

表全体のサイズを変更するには［表のサイズ変更ハンドル］をドラッグします。表内をクリックするか、マウスポインターを表内に移動すると表示されます。表のサイズを変更すると、行の高さや列の幅が均等な比率で変更されます。

Hint　細かい調整をする

［表のプロパティ］ダイアログ（p.213の「Hint」を参照）を使用すると、表のサイズの細かい調整ができます。

1 表内でクリックし、

2 表の右下にある［表のサイズ変更ハンドル］にマウスポインターを合わせ、の形になったらドラッグすると、

3 行の高さと列幅が均等な比率を保ったまま表全体のサイズが変更されます。

3 複数の列の幅や行の高さを均等にする

解説　列の幅や行の高さを均等に揃える

複数の列の幅や行の高さを揃えるには、揃えたい列または行を選択し、コンテキストタブの［テーブルレイアウト］タブの［幅を揃える］または［高さを揃える］を使います。

 **1** 幅を揃えたい列を選択し、

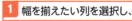

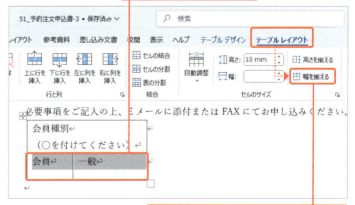

2 コンテキストタブの［テーブルレイアウト］タブ→［幅を揃える］をクリックすると、

Memo　セルの幅を揃える

セル単位で幅を揃えることができます。幅を揃えたい複数のセルを選択し、[幅を揃える]をクリックします。なお、[高さを揃える]をクリックした場合は、行単位で高さが揃います。

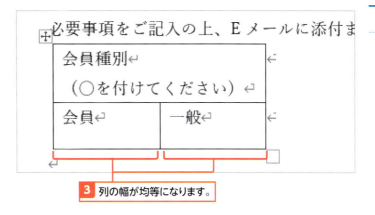

3 列の幅が均等になります。

行の高さを揃える

1 高さを揃えたい行を選択し、左の「Hint」を参照。

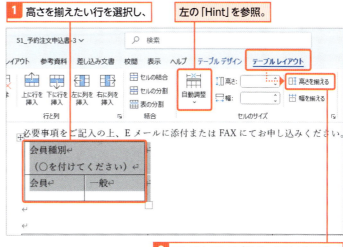

2 コンテキストタブの[レイアウト]タブ→[高さを揃える]をクリックすると、

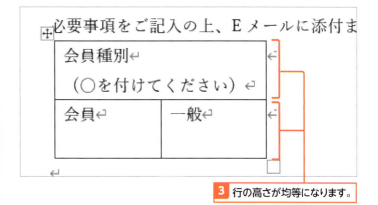

3 行の高さが均等になります。

Hint　[自動調整]の利用

コンテキストタブの[テーブルレイアウト]タブの[自動調整]を使うと、列の幅を自動的に調整できます。クリックすると、[文字列の幅に自動調整][ウィンドウ幅に自動調整][列の幅を固定する]のメニューが表示されます。このボタンを使用すると、表の幅を本文の幅と同じようにしたり、1ページにきれいに収まるように調整することができます。

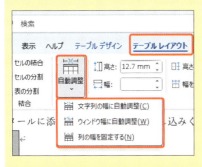

Memo　セルの結合

ここで使用しているサンプルの表は、1行目のセルが結合されています。セルの結合については、p.216で詳しく解説します。

Section 52 セルを結合／分割する

練習用ファイル： 52_予約注文申込書-1〜2.docx

ここで学ぶのは
- セルの結合
- セルの分割
- 表の分割

2行分の高さを使って項目を入力したいとか、会員番号の数字を1つずつ入力するため、1つのセルを6つに仕切りたいといった場合、セルの結合やセルの分割の機能を使うと便利です。また、1つの表を分割して2つの表に分けることも可能です。

1 セルを結合する

解説　セルを結合する

連続する複数のセルを1つにまとめるには、コンテキストタブの[テーブルレイアウト]タブの[セルの結合]をクリックします。

Memo　F4キーで効率的に結合する

右の手順❸でセルの結合の後、手順❹で他のセルを結合する際、結合するセルを選択後、F4キーを押すと、直前の結合の機能が繰り返され、すばやくセルを結合できます。

❶ 1つにまとめたい連続するセルを選択し、

❷ コンテキストタブの[テーブルレイアウト]タブ→[セルの結合]をクリックすると、

❸ セルが結合され、1つにまとまります。

❹ 同様にして、3行目の2〜3列目、4行目の2〜3列目、5行目の2〜3列目を、それぞれ下図のようにセルを結合しておきます。

ショートカットキー

● 繰り返し
F4

2 セルを分割する

 解説 セルの分割

1つのセル、または連続する複数のセルを、指定した行数、列数に分割できます。分割したいセルを選択し、コンテキストタブの[テーブルレイアウト]タブの[セルの分割]をクリックし、[セルの分割]ダイアログで、分割後の列数、行数を指定します。

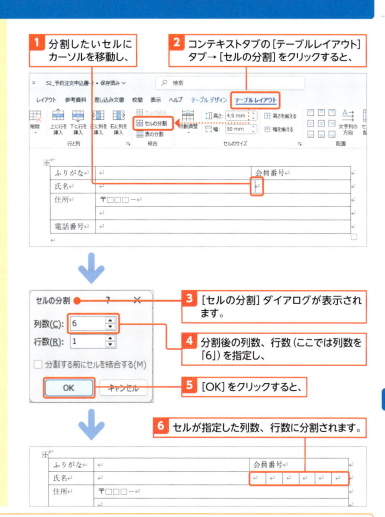

表を分割する

表を上下の2つに分割することができます。分割したい行内にカーソルを移動し①、コンテキストタブの[テーブルレイアウト]タブで[表の分割]をクリックすると②、カーソルのある行が表の先頭行になるように表が上下に分割されます③。なお、表を左右の2つに分割することはできません。

Section 53 表の書式を変更する

練習用ファイル：53_予約注文申込書-1〜4.docx

ここで学ぶのは
- 文字の配置／表の配置
- ペンの種類／色／太さ
- セルの背景色

表内に入力した文字の配置を整えたり、表全体をページの中央に配置したりして、表を整えることができます。また、表の周囲を**太線**にするとか、縦線を**点線**にするとかして線種を変更したり、**セルに色**を付けたりして、体裁や見た目を整える手順を確認していきましょう。

1 セル内の文字配置を変更する

解説　セル内の文字の配置を変更する

セル内の文字は、上下と左右で配置を変更できます。初期設定では、[上揃え（左）]に配置されています。配置を変更したいセルを選択し、コンテキストタブの[テーブルレイアウト]タブの[配置]グループにあるボタンを使います。

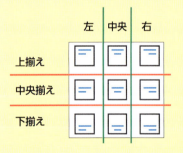

Memo　文字を上下中央に配置

セル内の文字を上下中央に配置するだけの場合は、揃えたいセルを選択し①、コンテキストタブの[テーブルレイアウト]タブ→[中央揃え（左）]をクリックします。

上下、左右で中央揃えにする

1 配置を揃えたいセルを選択し、

2 コンテキストタブの[テーブルレイアウト]タブ→[中央揃え]をクリックすると、

3 選択したセル内の文字が上下、左右で中央に揃います。

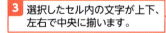

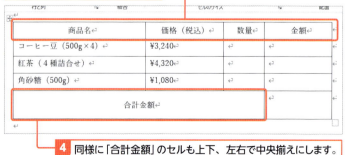

4 同様に「合計金額」のセルも上下、左右で中央揃えにします。

Memo セル内で均等割り付けするには

セル内の文字をセル幅に均等に配置したい場合は、[ホーム] タブ→ [均等割り付け] をクリックします①。セル幅いっぱいに文字が広がります②。[均等割り付け] をクリックするごとに設定と解除が切り替わります。

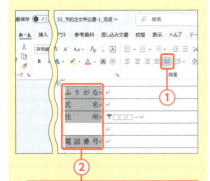

セル内で文字が均等に配置されます。

Memo セルの選択

セルを選択する方法については、p.205を参照してください。

上下で中央、左右で右揃えにする

1. 右揃えにしたいセルを選択し、
2. コンテキストタブの [テーブルレイアウト] タブ→ [中央揃え (右)] をクリックすると、

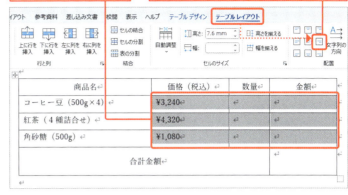

3. 文字がセルの上下で中央、右揃えに設定されます
4. 同様にして右下角のセルも上下で中央、右揃えに設定します。

2 表を移動する

解説 表の移動

表全体の配置を変更するには、表全体を選択し、[ホーム] タブの [段落] グループにある配置ボタン（≡≡≡）をクリックします。

1. [表の移動ハンドル] ⊞ をクリックして表全体を選択し、
2. [ホーム] タブ→ [右揃え] をクリックすると、

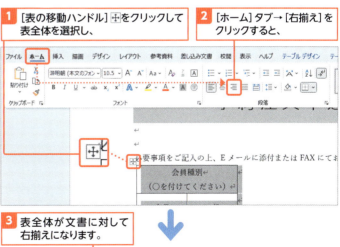

3. 表全体が文書に対して右揃えになります。

Memo ドラッグで移動する

[表の移動ハンドル] ⊞ にマウスポインターを合わせ、ドラッグしても任意の場所に移動できます。

3 線の種類や太さを変更する

解説　表の罫線を変更する

表の罫線を後から変更するには、コンテキストタブの [テーブルデザイン] タブにある [ペンのスタイル] で線の種類、[ペンの太さ] で太さ、[ペンの色] で色を選択して、変更後の罫線の種類を指定します。マウスポインターがペンの形に変更されるので、1本ずつドラッグして変更できます。また、外枠を変更する場合は、[罫線] で [外枠] を選択すればすばやく変更できます。

外枠を太線に変更する

表の外枠の線の種類を「実線」、太さ「1.5pt」、色を「黒」に設定します。

1 [表の移動ハンドル] をクリックして表全体を選択し、

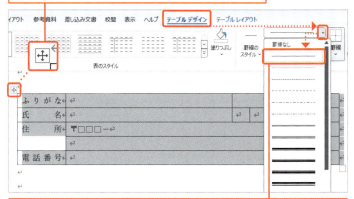

2 コンテキストタブの [テーブルデザイン] タブ → [ペンのスタイル] の ∨ をクリックし、罫線の種類をクリックします。

3 [ペンの太さ] の ∨ をクリックし、

4 太さを選択します。

5 [ペンの色] をクリックして、色をクリックします。

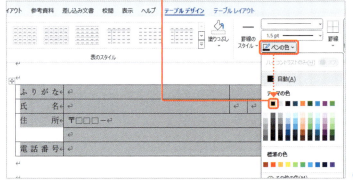

Hint　[塗りつぶし]

[塗りつぶし] ではセルの色を変更することができます（p.222参照）。

Memo　罫線の変更を終了するには

ペンのスタイル、太さ、色を変更すると、マウスポインターの形がに変わり、ドラッグでなぞると罫線が変更されます。変更を終了するには Esc キーを押すか、コンテキストタブの [テーブルデザイン] タブの [罫線の書式設定] をクリックします。

時短のコツ ［罫線］を使った変更

［罫線］をクリックして表示されるメニューを使うと、右の手順のように外枠の罫線を一気に変更することができる他に、セルすべてに同種の罫線を引くことのできる［格子］や、逆にセルすべての罫線を消去する［枠なし］などで、表全体の罫線をすばやく変更できます。クリックするごとに設定と解除が切り替わります。

Memo 同じ設定で罫線を引く

罫線の設定は、直前に指定した設定内容が保持されます。同じ罫線に変更したい場合は、コンテキストタブの［テーブルデザイン］タブの［罫線の書式設定］をクリックしてオンにし①、罫線をなぞるようにドラッグしてください②。

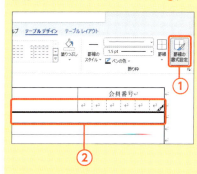

Hint 罫線のスタイルを使う

コンテキストタブの［テーブルデザイン］タブにある［罫線のスタイル］①には、種類、太さ、色がセットになった罫線のスタイルが用意されています。一覧からクリックするだけですぐに設定できます。また、一覧の最後に最近使った罫線のスタイルが履歴として残っています。

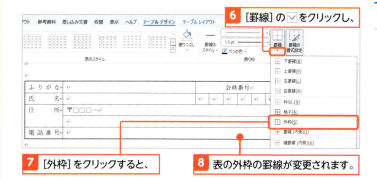

6 ［罫線］の▽をクリックし、

7 ［外枠］をクリックすると、

8 表の外枠の罫線が変更されます。

1本ずつ変更する

「会員番号」の区切りの種類を「点線」、太さを「0.5pt」、色を「黒」に設定します。

1 表内にカーソルを移動し、

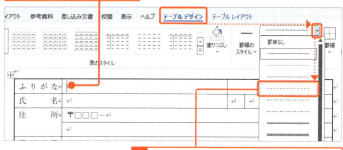

2 コンテキストタブの［テーブルデザイン］タブ→［ペンのスタイル］で点線を選択します。

3 ［ペンの太さ］で「0.5pt」を選択し、［ペンの色］で「黒」を選択します。

4 マウスポインターがペンの形 ✏ に変更になったら、変更したい罫線上をドラッグすると、

5 罫線が変更になります。

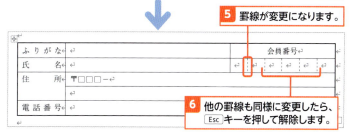

6 他の罫線も同様に変更したら、Esc キーを押して解除します。

4 セルの色を変更する

 解説 セルの色を変更する

セルの色は、コンテキストタブの[テーブルデザイン]タブにある[塗りつぶし]で変更します。

 Hint 色を解除するには

色を解除するには、手順❹で[色なし]を選択します。

Hint セルに網かけ模様を設定する

[罫線]を使うと、セルに網かけ模様を設定できます。設定したいセルを選択し、コンテキストタブの[テーブルデザイン]タブ→[罫線]①→[線種とページ罫線と網かけの設定]をクリックして②表示されるダイアログの[網かけ]タブで、背景の色や網かけの種類と色を選択します③。

1 色を変更したいセルを選択し、

2 コンテキストタブの[テーブルデザイン]タブをクリックし、

3 [塗りつぶし]の▽をクリックして、

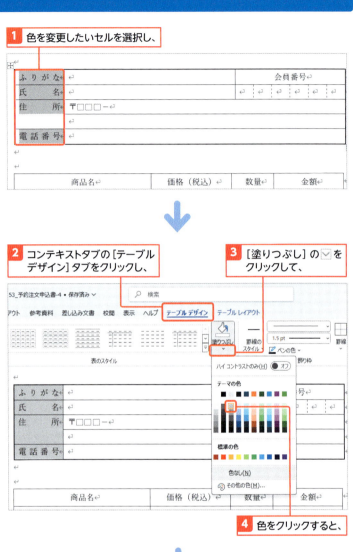

4 色をクリックすると、

5 セルに色が設定されます。

6 同様にして同じ色を設定しておきます。

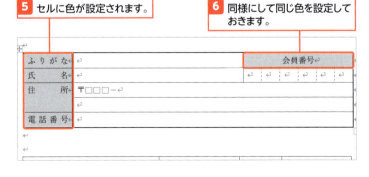

表にスタイルを適用する

表のスタイルは、表全体に対して罫線、塗りつぶしの色などの書式を組み合わせたものです。一覧からスタイルをクリックするだけで簡単に表の見栄えを整えられます。行を追加、削除しても自動的に行の色が調整されるため、わざわざ設定し直す必要がなく、便利です。表内にカーソルを移動し①、コンテキストタブの[テーブルデザイン]タブの[表のスタイル]グループで[その他]をクリックして②、一覧からスタイルを選択すると③、表全体にスタイルが適用されます④。

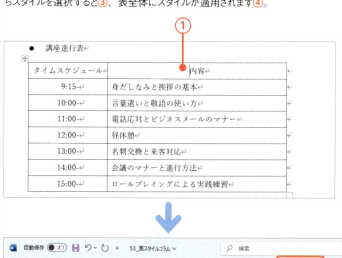

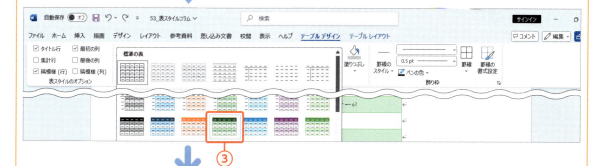

Section 54 表のデータを並べ替える

練習用ファイル：📁 54_注文明細書-1～2.docx

表内のデータを**数値の小さい順**とか、**50音順**などで並べ替えることができます。並べ替えの基準とする列を指定して、表を行方向に並べ替えます。また、並べ替える範囲を指定して部分的に並べ替えることも可能です。データ入力後に表内のデータを並べ替え、整理するのに役立てましょう。

ここで学ぶのは
- 並べ替え
- 昇順
- 降順

1 50音順に並べ替える

解説 表を並べ替える

表内のデータを並べ替えるには、コンテキストタブの［テーブルレイアウト］タブで［並べ替え］をクリックし、［並べ替え］ダイアログで設定します。

Memo 並べ替えの対象

表内にカーソルがある状態で範囲選択をしなければ、表全体が並べ替えの対象となります。一方、右の手順のように範囲選択すると、選択範囲を並べ替え対象にできます。

Memo 昇順と降順の並べ替え

昇順は、JISコードと数値は「小→大」、日付は「古→新」、50音順は「あ→ん」の順番で並べ替えられ、降順はその逆順になります。漢字は50音順で並べ替えられないので、必要な場合はふりがな列を用意し、ふりがなを基準に50音で並べ替えます。

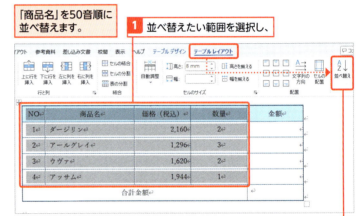

「商品名」を50音順に並べ替えます。

1 並べ替えたい範囲を選択し、

2 コンテキストタブの［テーブルレイアウト］タブ→［並べ替え］をクリックします。

3 ［並べ替え］ダイアログが表示されます。

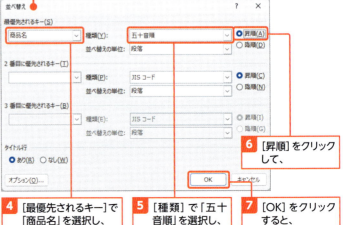

4 ［最優先されるキー］で「商品名」を選択し、

5 ［種類］で「五十音順」を選択し、

6 ［昇順］をクリックして、

7 ［OK］をクリックすると、

優先順位は3つまで

並べ替えの基準を区分順で、同じ区分のときは金額順のように優先順位を3つまで設定できます。

タイトル行があるかどうか

並べ替え対象の1行目に列見出しがある場合は「あり」、ない場合は「なし」にします。

8 商品名の50音順を基準に並べ替わります。

NO	商品名	価格（税込）	数量
2	アールグレイ	1,296	3
4	アッサム	1,944	1
3	ウヴァ	1,620	2
1	ダージリン	2,160	2
	合計金額		

2 NO（ナンバー）順に並べ替える

解説　データの内容と並べ替え

サンプルの表では、[最優先されるキー]に、「NO」「商品名」「価格（税込）」「数量」を選択することができます。「商品名」の列にはカタカナが記されていたので50音順（あ→ん）に並べ替えられました。「NO」「価格（税込）」「数量」には数値が記されているので、「小→大」の順で並べ替えられます。

1 前ページと同じ手順で[並べ替え]ダイアログを表示します。

2 [最優先されるキー]で「NO」を選択し、

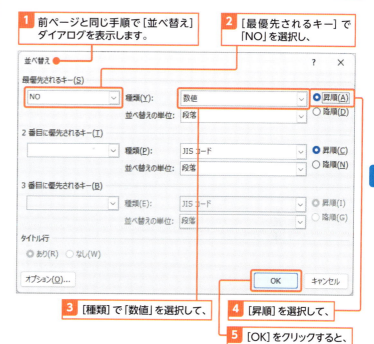

3 [種類]で「数値」を選択して、

4 [昇順]を選択して、

5 [OK]をクリックすると、

6 NO順に並べ替わります。

NO	商品名	価格（税込）	数量
1	ダージリン	2,160	2
2	アールグレイ	1,296	3
3	ウヴァ	1,620	2
4	アッサム	1,944	1
	合計金額		

結合されたセルに注意

セルが結合（p.216参照）されていると、並べ替えができないので注意しましょう。

Section 55 表内の数値を計算する

練習用ファイル: 55_注文明細書-1～3.docx

ここで学ぶのは
- 計算式
- 関数
- フィールドコード

表内の数値を使って計算することができます。**＋**、**－**、**＊**、**／**といった算術演算子を使って計算したり、**関数**を使って複数の数値の合計などを計算したりできます。計算式は、**フィールドコード**という特殊な記号として入力されます。ここでは計算式の設定と計算結果の更新方法を説明します。

1 価格×数量を計算する

解説　算術演算子を使って計算する

表内のセルの数値を＋や＊などの算術演算子を使って計算する場合、表内のセルを指定して計算式を設定します。

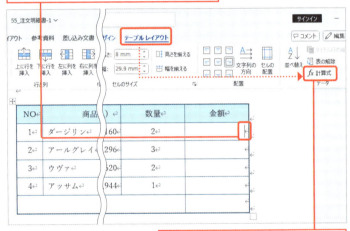

1. 計算式を設定するセルにカーソルを移動し、
2. コンテキストタブの [テーブルレイアウト] タブ→ [計算式] をクリックします。

Memo　セルの座標

表の左の列からA、B、C…、上の行から1、2、3…、と座標が設定されています。セルは座標の組み合わせで指定します。手順の価格「2,160」はC2、数量「2」はD2となります。

	A	B	C	D	E
1	NO	商品名	価格（税込）	数量	金額
2	1	ダージリン	2,160	2	4,320
3	2	アールグレイ	1,296	3	3,888
4	3	ウヴァ	1,620	2	3,240
5	4	アッサム	1,944	1	1,944
6			合計金額		

C2　D2

Memo 四則演算で使う算術演算子

四則演算には以下の算術演算子を使います。いずれも半角で入力します。

● 四則演算

内容	演算子
足し算	＋
引き算	－
掛け算	＊
割り算	／

Hint Excelのように式のコピーはできない

Wordの計算式は、コピーしてもExcelのようにセルの座標は修正されません。それぞれのセルで計算式を設定してください（p.229の「時短のコツ」を参照）。

2 関数を使って合計する

解説 表の数値を合計する

表に入力された半角の数値の合計を求めるにはコンテキストタブの［テーブルレイアウト］タブにある［計算式］をクリックします。標準で合計を求めるSUM関数が表示され、セルの上部（もしくは左）にある半角数値の合計が計算されます。

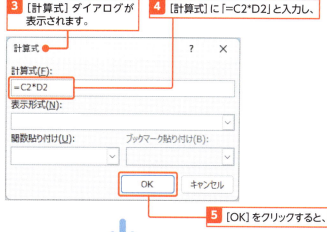

3 ［計算式］ダイアログが表示されます。

4 ［計算式］に「=C2*D2」と入力し、

5 ［OK］をクリックすると、

6 計算式が適用されて、計算結果が表示されます。

7 同様にして、それぞれのセルで「＝価格×数量」の計算式を設定します。

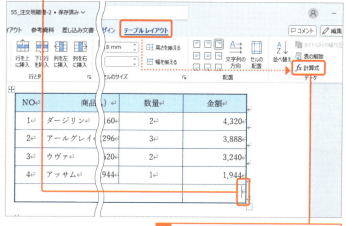

1 計算結果を表示するセルにカーソルを移動し、

2 コンテキストタブの［テーブルレイアウト］タブ→［計算式］をクリックします。

Memo 合計するセル範囲の指定方法

合計を計算するSUM関数は、「=SUM(範囲)」の書式で()に合計する範囲を指定します。Wordでは、以下のような文字を使って範囲を指定します。

● セル範囲の指定

範囲	対象
ABOVE	上方向にあるセル
LEFT	左方向にあるセル
RIGHT	右方向にあるセル
BELOW	下方向にあるセル

Wordではその他にも、以下のような関数が用意されています。

● Wordの主な関数

関数	計算内容
ABS	絶対値
AVERAGE	平均値
COUNT	個数
INT	整数値
MAX	最大値
MIN	最小値
SUM	合計

3 [計算式]ダイアログが表示されます。
4 [計算式]に「=SUM(ABOVE)」と表示されていることを確認し、
5 [OK]をクリックします。
6 上部にある数値の合計が表示されます。

3 計算結果を更新する

解説 計算結果を更新する

セルの数値を変更しても、計算式は自動で再計算されません。手動で変更してください。計算結果の数値をクリックしてカーソルを移動し、F9キーを押します。または、計算式を右クリックし、ショートカットメニューから[フィールド更新]をクリックします。右の手順のように計算式が設定されているセル範囲を選択してF9キーを押せば、複数の計算式をまとめて更新できます。

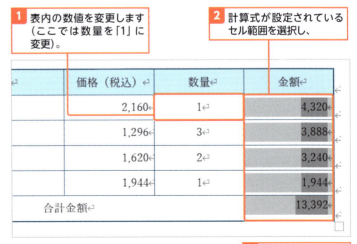

1 表内の数値を変更します（ここでは数量を「1」に変更）。
2 計算式が設定されているセル範囲を選択し、
3 F9キーを押すと、

ショートカットキー

● フィールドの更新
F9

> **注意** 必ず F9 キーで更新する
>
> Wordの計算式は、数値が変更されても自動再計算されません。必ず計算式をクリックし、F9 キーを押して計算結果を更新してください。

4 フィールドが更新され、再計算されます。

価格（税込）	数量	金額
2,160	1	2,160
1,296	3	3,888
1,620	2	3,240
1,944	1	1,944
合計金額		11,232

使えるプロ技！ 計算式の正体はフィールド

セルに設定された計算式は、実際には「フィールド」といわれる条件によって結果を表示する枠組みが設定され、その中に「フィールドコード」といわれる式が挿入されています。フィールドコードを確認するには、計算式内をクリックしてカーソルを移動し、Shift + F9 キーを押します。Shift + F9 キーを押すごとにフィールドコードの表示／非表示が切り替わります。または、計算式を右クリックし、ショートカットメニューから[フィールドコードの表示/非表示]をクリックします。フィールドコードを表示すれば、計算式の内容を確認できます。

Shift + F9 キーを押すとフィールドコードが表示されます。

価格（税込）	数量	金額
2,160	1	{ =C2*D2 }
1,296	3	3,888
1,620	2	3,240

時短のコツ 計算式を効率的に入力する方法

計算式は、各セルで設定する必要がありますが、同じような計算式であれば、右図のように、F4 キーを使って同じ計算式を設定し、フィールドコードを修正することで、簡単に設定できます。なお、F4 キーを押す代わりに、計算式をコピーしても同様に設定できます。また、手順4のようにフィールドコードを表示したまま F9 キーを押すと、再計算されると同時にフィールドコードが非表示になります。

価格（税込）	数量	金額
2,160	2	4,320
1,296	3	4,320
1,620	2	4,320

1 p.226を参考に計算式「=C2*D2」を設定します。

2 次のセルにカーソルを移動して F4 キーを押すと、同じ計算式が設定されます。

↓

価格（税込）	数量	金額
2,160	2	4,320
1,296	3	{ =C3*D3 }
1,620	2	4,320

3 Shift + F9 キーを押してフィールドコードを表示し、計算式を修正します（ここでは「=C3*D3」）。

↓

価格（税込）	数量	金額
2,160	2	4,320
1,296	3	3,888
1,620	2	4,320

4 F9 キーを押すと、再計算されると同時にフィールドコードが非表示になります。

Section 56

Excelの表を Wordに貼り付ける

練習用ファイル：📁 56_売上報告-1～3.docx、56_集計.xlsx

ここで学ぶのは

▶ Excelの表の貼り付け
▶ Excelのグラフの貼り付け
▶ 形式を選択して貼り付け

Excelで作成した**表**や**グラフ**をWordの文書に貼り付けて利用することができます。Wordで作成する報告書の資料として文書内にExcelで集計した表を貼り付ければ、Wordで作り直す必要がなく、効率的に資料作成ができます。

1 Excelの表をWordに貼り付ける

解説　Excelの表を文書に貼り付ける

Excelで作った表をコピーし、Wordの文書で貼り付けするだけで簡単に表が作成できます。貼り付け後は、元のExcelのデータとは関係なく、Wordの表として編集できます。

Excelを起動して使用するファイルを開き、Wordの文書も開いておきます。

1 Excelのファイル（ここでは「集計.xlsx」）を開き、表を選択して、

2 ［ホーム］タブ→［コピー］をクリックします。

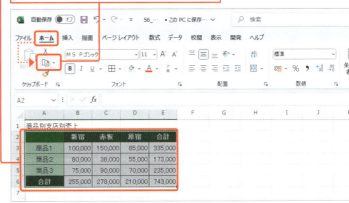

3 Wordの文書で表を挿入する位置にカーソルを移動し、

Memo　ExcelとWordを切り替えるには

起動中のExcelとWordを切り替えるには、Windowsのタスクバーに表示されているExcel、Wordのアイコンをクリックします。

4 ［ホーム］タブ→［貼り付け］をクリックすると、

Memo Excelの計算式は貼り付けられない

Excelの表で設定されていた計算式はコピーされず、計算結果の数値が貼り付けられます。

ショートカットキー

● コピー
[Ctrl]+[C]

● 貼り付け
[Ctrl]+[V]

Hint 表の選択と移動

表の選択についてはp.207を、表の移動についてはp.219を参照してください。

5 Excelの表がWordの表として貼り付けられます。

●商品別・支店別売上状況

下の「使えるプロ技」を参照。

6 p.214の手順を参照に[表のサイズ変更ハンドル]をドラッグして表のサイズを調整し、

7 [表の移動ハンドル]をクリックして表全体を選択し、表の配置を中央揃えにしておきます。

使えるプロ技! Excelの表を[貼り付けのオプション]で貼り付ける方法

[貼り付け]の🔽をクリックすると、貼り付け方法を選択できます。また、貼り付け直後に表の右下に表示される[貼り付けのオプション]をクリックしても同じメニューが表示され、貼り付け方法を変更できます。なお、前ページの手順**4**の[貼り付け]では、[元の書式を保持]で貼り付けられます。[リンク(元の書式を保持)]③と[リンク(貼り付け先のスタイルを適用)]④は、元のExcelデータと連携しています。表示される値は数字ではなくフィールドです。そのため、表の数字をクリックし、[F9]キーを押すと値が更新され(p.228参照)、[Shift]+[F9]キーを押すとフィールド内のフィールドコードが表示されます(p.229の「使えるプロ技」を参照)。

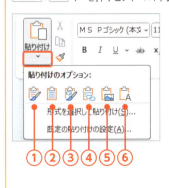

●貼り付けのオプション一覧

ボタン		名前	内容
①		元の書式を保持	Wordの表として貼り付けられ、Excelで設定した書式がそのまま残る
②		貼り付け先のスタイルを使用	Wordの表として貼り付けられ、Wordの標準的な表のスタイルが適用される
③		リンク(元の書式を保持)	Excelのデータと連携された状態で貼り付けられ、Excelで設定した書式がそのまま残る
④		リンク(貼り付け先のスタイルを適用)	Excelのデータと連携された状態で貼り付けられ、Wordの標準的な表のスタイルが適用される
⑤		図	Excelの表をそのまま図として貼り付ける。そのためデータの変更はできない
⑥		テキストのみ保持	データの区切りをタブにして、文字だけを貼り付ける

2 Excel形式で表を貼り付ける

解説　Excelのワークシートオブジェクトとして貼り付ける

Excelの表を、ワークシートオブジェクトとして貼り付けると、表をダブルクリックするとExcelがWordの中で起動し、Excelの表としてデータの修正や書式の設定などの編集ができます。

表をコピーしたときの元のExcelのデータとは関係なく、Word内のデータとして編集できます。

Hint　表を図として貼り付ける

Excelの表を編集できない形式で貼り付けたいときは、右の手順7で[図(拡張メタファイル)]を選択すると、図として貼り付けられます。他の人に文書を渡すときなどに便利です。

Memo　[リンク貼り付け]を選択した場合

[リンク貼り付け]を選択すると、元のExcelのデータと連携された状態で貼り付けられます。貼り付けた表をダブルクリックすると、コピー元のExcelファイルが開きます。
元のExcelの表を修正すると、その修正がWordの表に反映します。そのため、データを常に最新の状態に保つことができます。この表は、実際にはフィールドが設定されており(p.229の「使えるプロ技」を参照)、[Shift]+[F9]でフィールド内のフィールドコードを確認、[F9]キーでデータが更新されます。なお、元のExcelファイルが移動された場合は、再度リンクし直す必要があります。

Excelの表をワークシートオブジェクトとして貼り付ける

Excelを起動して使用するファイルを開き、Wordの文書も開いておきます。

1 p.230の手順1～2でWordに貼り付ける表をコピーしておきます。

2 Wordの文書で表を挿入する位置にカーソルを移動し、

3 [ホーム]タブをクリックして、

4 [貼り付け]の∨→[形式を選択して貼り付け]をクリックします。

5 [形式を選択して貼り付け]ダイアログが表示されます。

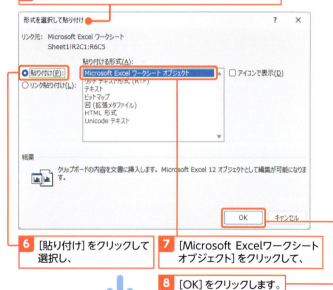

6 [貼り付け]をクリックして選択し、

7 [Microsoft Excelワークシートオブジェクト]をクリックして、

8 [OK]をクリックします。

9 Excelの表が、Excelのワークシートオブジェクトとして貼り付けられます。

Memo ダブルクリックでExcelが起動する

表の内容を編集したいときは表を選択してダブルクリックすると、ExcelがWordの中で起動します。そのままExcelと同じようにデータの修正や書式の設定などを行うことができます。

表の内容を編集する

1 貼り付けた表をダブルクリックすると、

2 Excelが起動し、表がワークシート内に表示され、Excelのリボンが表示されます。

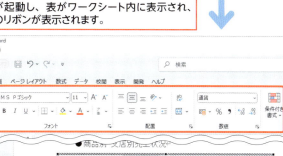

3 データを修正して、Wordの文書をクリックすると、

Hint ダブルクリックしてもExcelのリボンが表示されない場合

右の手順**1**で表をダブルクリックしてもExcelのリボンが表示されない場合は、文書を保存し、いったん閉じてから開き直して、再度ダブルクリックしてみてください。

4 Excelが終了してWordの画面に戻り、表の内容が修正されます。

3 ExcelのグラフをWordに貼り付ける

解説 Excelのグラフを文書に貼り付ける

Excelのグラフをコピーし、Wordの文書で、[貼り付け]の▽をクリックして貼り付け方法を選択すれば、埋め込み、リンク、図のいずれかの方法で貼り付けられます（p.234の「Memo」を参照）。
ここでは「集計.xlsx」のグラフをWord文書にWordのグラフとして貼り付けます。

Excelを起動して使用するファイルを開き、Wordの文書も開いておきます。

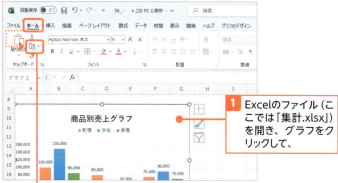

1 Excelのファイル（ここでは「集計.xlsx」）を開き、グラフをクリックして、

2 [ホーム]タブ→[コピー]をクリックします。

グラフの埋め込み

埋め込みとは、作成元のデータと連携しないでデータを貼り付けることで、作成元のデータが変更されても、埋め込まれたデータは変更されません。Excelのグラフを埋め込むと元のExcelのデータとは関係なくWord文書内で自由に編集できます。

3 Wordの文書で表を挿入する位置にカーソルを移動し、

4 [ホーム]タブ→[貼り付け]の⌄をクリックし、

5 [貼り付け先のテーマを使用しブックを埋め込む]をクリックします。

6 Excelのグラフが文書に埋め込まれます。

7 グラフをクリックして選択すると、

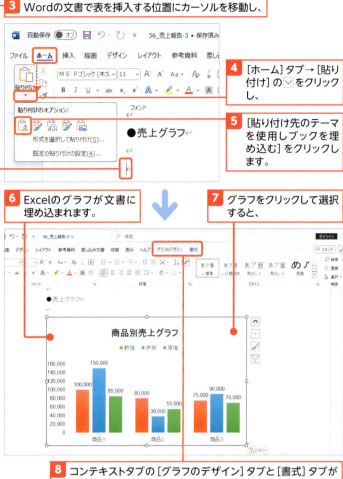

8 コンテキストタブの[グラフのデザイン]タブと[書式]タブが表示され、Word内でグラフの編集ができます。

 グラフの貼り付け方法の選択肢

[貼り付け]の⌄をクリックして表示されるメニューの一覧です。

● 貼り付けのオプション一覧

ボタン	名前	内容
①	貼り付け先のテーマを使用しブックを埋め込む	Excelで設定した書式を削除し、Wordのテーマを適用してグラフが埋め込まれる
②	元の書式を保持しブックを埋め込む	Excelで設定した書式がそのまま残り、Wordにグラフが埋め込まれる
③	貼り付け先テーマを使用しデータをリンク	Excelで設定した書式を削除し、Wordのテーマを適用してグラフがExcelのコピー元ファイルと連携した状態で貼り付けられる
④	元の書式を保持しデータをリンク	Excelで設定した書式がそのまま残り、WordにグラフがExcelのコピー元ファイルと連携した状態で貼り付けられる
⑤	図	グラフをそのまま図として貼り付ける。そのためデータの変更はできない

第 7 章

図形を作成する

ここでは、四角形や直線などの図形の作成と編集方法を説明します。複数の図形を配置した場合は、整列したり、グループ化したりしてレイアウトを整えることもできます。また、文字を任意の位置に表示できるテキストボックスの扱い方も紹介しています。

Section 57 ▶ 図形を挿入する
Section 58 ▶ 図形を編集する
Section 59 ▶ 図形の配置を整える
Section 60 ▶ 文書の自由な位置に文字を挿入する

Section 57 図形を挿入する

ここで学ぶのは
- 図形の描き方
- 四角形／直線
- フリーフォーム

文書中に図形を描いて挿入することができます。四角形や円、直線や矢印などの基本的なものをはじめとして、さまざまな図形を作成し、挿入できます。ここでは、基本的な図形として四角形と直線を例に、作成方法を解説します。

1 図形を描画する

解説 図形を描画する

図形を描画するには、[挿入]タブの[図形の作成]をクリックし、一覧から作成したい図形をクリックして、ドラッグします。初期設定では、青色で塗りつぶされた図形が作成されます。作成後、色やサイズなどを変更して目的の図形に整えます。

Memo 中心から描画する

Ctrlキーを押しながらドラッグすると、図形が中心から描画されます。

Keyword レイアウトオプション

図形を作成後、図形の右上に[レイアウトオプション]が表示されます。クリックすると、図形に対する文字列の折り返しや配置などのメニューが表示されます（p.260の「使えるプロ技」を参照）。

Memo 図形の選択と解除

図形の中または境界線でマウスポインターの形が十字の状態でクリックすると図形が選択され、周囲に白いハンドル○が表示されます。図形以外をクリックすると選択が解除されます。

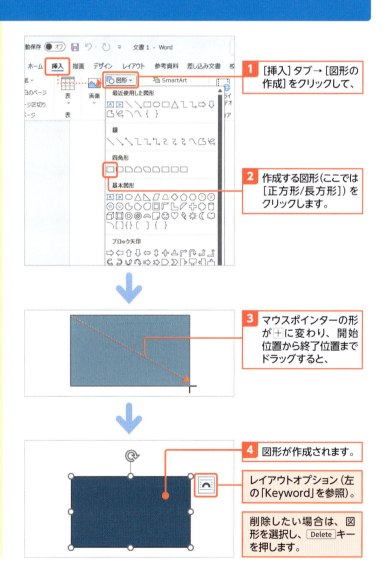

1 [挿入]タブ→[図形の作成]をクリックして、

2 作成する図形（ここでは[正方形/長方形]）をクリックします。

3 マウスポインターの形が十字に変わり、開始位置から終了位置までドラッグすると、

4 図形が作成されます。

レイアウトオプション（左の「Keyword」を参照）。

削除したい場合は、図形を選択し、Deleteキーを押します。

2 直線を引く

解説 直線を描画する

直線はドラッグした方向に自由な角度で引くことができます。線には、直線だけでなく、矢印の付いた直線や、コネクタなどさまざまな種類が用意されています。

Memo 正方形や水平線を描画する

[Shift]+ドラッグで正方形や正円など縦と横の比率が1対1の図形を描画できます。また、直線の場合は、水平線、垂直線、45度の斜線が描画できます。

Key word オブジェクト

文書に作成された図形を「オブジェクト」といいます。オブジェクトは、図形の他に、ワードアート、画像、アイコン、SmartArt、スクリーンショットなどがあります。

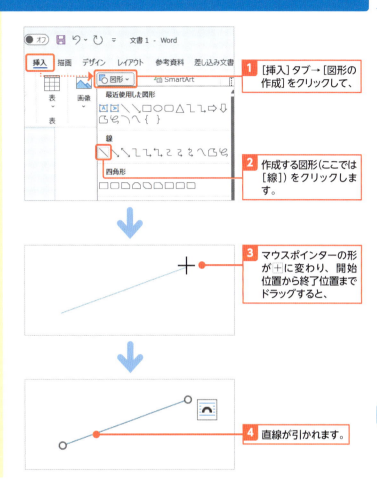

1. [挿入]タブ→[図形の作成]をクリックして、
2. 作成する図形（ここでは[線]）をクリックします。
3. マウスポインターの形が+に変わり、開始位置から終了位置までドラッグすると、
4. 直線が引かれます。

使えるプロ技！ フリーフォームで自由な図形を描く

自由な形で図形を描きたい場合は、[フリーフォーム：図形]を使います。[フリーフォーム：図形]を使うと、ドラッグの間はペンで書いたような自由な線が引けます。また、マウスを動かしてクリックすると、その位置まで直線が引かれます。クリックする位置を角にしてギザギザの線が引けます。終了位置でダブルクリックすると描画が終了します。開始位置を終了位置にすると、自由な形の多角形が描けます。

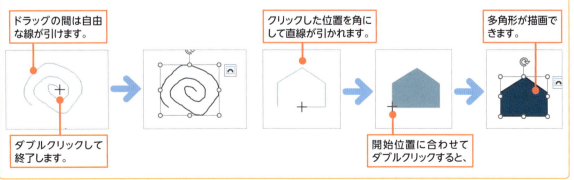

- ドラッグの間は自由な線が引けます。
- ダブルクリックして終了します。
- クリックした位置を角にして直線が引かれます。
- 開始位置に合わせてダブルクリックすると、
- 多角形が描画できます。

Section 58 図形を編集する

ここで学ぶのは
- 図形のサイズ変更
- 図形の回転／変形／効果
- 図形のスタイル／色

作成した図形は、初期設定では濃い青緑色で表示されます。作成後に**目的の図形になるように編集**します。大きさや色、回転、変形、影などの効果、文字の入力など、さまざまな設定が行えます。ここでは、これらの基本的な操作を確認しましょう。

1 図形のサイズを変更する

解説　図形のサイズ変更

図形を選択すると周囲に白いハンドル○が表示されます。このハンドルにマウスポインターを合わせ、の形になったらドラッグします。Shiftキーを押しながら角にあるハンドルをドラッグすると、縦横同じ比率を保ったままサイズ変更できます。

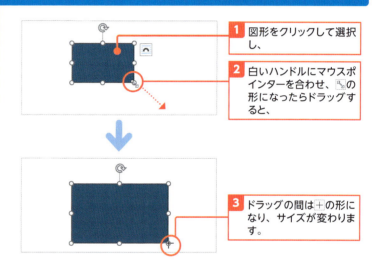

1. 図形をクリックして選択し、
2. 白いハンドルにマウスポインターを合わせ、の形になったらドラッグすると、
3. ドラッグの間は＋の形になり、サイズが変わります。

2 図形を回転する

解説　図形の回転

図形を選択すると、回転ハンドルが表示されます。回転ハンドルにマウスポインターを合わせの形になったらドラッグすると、回転します。

Memo　上下・左右反転や90度回転させる

上下や左右の反転や90度ごとに回転する場合は、コンテキストタブの[図形の書式]タブ→[オブジェクトの回転]をクリックして、メニューから[右へ90度回転][左へ90度回転][上下反転][左右反転]で設定できます。

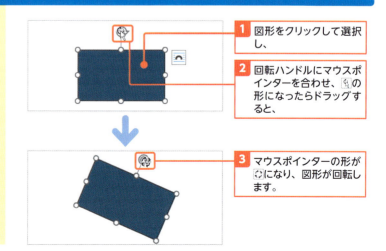

1. 図形をクリックして選択し、
2. 回転ハンドルにマウスポインターを合わせ、の形になったらドラッグすると、
3. マウスポインターの形がになり、図形が回転します。

Memo 数値で正確に変更する

ハンドルを使用する方法以外にも、数値を直接入力して、図形のサイズの変更や回転角度の変更を正確に行うことができます。

図形のサイズ

図形を選択し、コンテキストタブの[図形の書式]タブの[図形の高さ]と[図形の幅]で数値を指定してサイズ変更できます。

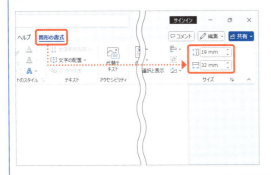

図形の回転角度

コンテキストタブの[図形の書式]タブの[サイズ]グループにある 🗔 をクリックし①、表示される[レイアウト]ダイアログの[回転角度]で数値を入力すると②、指定した角度に回転します。

3 図形を変形する

解説 図形を変形する

図形の中には、選択すると黄色い変形ハンドル 〇 が表示されるものがあります。変形ハンドルをドラッグすると、図形を変形できます。

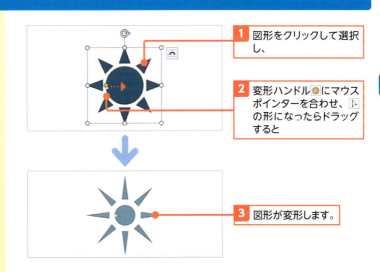

1 図形をクリックして選択し、

2 変形ハンドル〇にマウスポインターを合わせ、▷ の形になったらドラッグすると

3 図形が変形します。

4 図形に効果を設定する

解説 図形に効果を設定する

図形に影、反射、光彩、ぼかしなどの効果を設定することができます。複数の効果を重ねることもできます。また、[標準スタイル]から複数の効果がセットされたスタイルを選択することもできます。

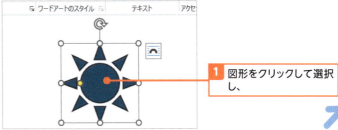

1 図形をクリックして選択し、

> **Memo** 設定した効果を取り消す

右の手順❸で［標準スタイル］をクリックし、［標準スタイルなし］①をクリックしてすべての効果を取り消します。また、個別の効果の先頭にある［面取りなし］などを選択すると、選択した効果のみ取り消せます。

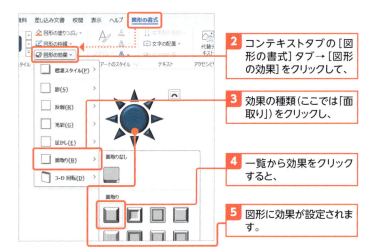

❷ コンテキストタブの［図形の書式］タブ→［図形の効果］をクリックして、

❸ 効果の種類（ここでは「面取り」）をクリックし、

❹ 一覧から効果をクリックすると、

❺ 図形に効果が設定されます。

5 図形にスタイルを設定する

> **解説** 図形にスタイルを設定する

図形のスタイルを使うと、図形の塗りつぶし、枠線、グラデーション、影などをまとめて設定できます。

❶ 図形をクリックして選択し、

❷ コンテキストタブの［図形の書式］タブ→［図形のスタイル］グループの［その他］をクリックし、

❸ 一覧からスタイルをクリックすると、

❹ 図形にスタイルが設定されます。

6 図形の色を変更する

解説 図形の塗りつぶしと枠線の色を変更する

図形の内部の色は［図形の塗りつぶし］①、枠線の色は［図形の枠線］でそれぞれ変更できます②。一覧から選択した後、続けて同じ色を設定したい場合は、左側のアイコンを直接クリックします。

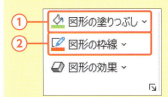

Memo 図形の塗りつぶしを透明にするには

右の手順3で［塗りつぶしなし］をクリックすると、図形の内部が透明になります。

Hint ［塗りつぶし］メニューの内容

①カラーパレットを表示し、一覧にない色を指定できます。
②指定した画像を表示します。
③グラデーションを指定します。
④紙や布などの素材の画像を指定します。

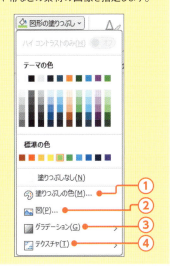

塗りつぶしの色を変える

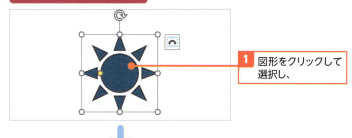

1 図形をクリックして選択し、

2 コンテキストタブの［図形の書式］タブ→［図形の塗りつぶし］をクリックして、

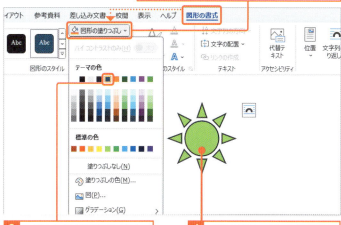

3 一覧から色をクリックすると、

4 図形の塗りつぶしの色が変わります。

枠線の色を変える

1 コンテキストタブの［図形の書式］タブ→［図形の枠線］をクリックし、

2 一覧から色をクリックすると、

3 図形の枠線の色が変わります。

7 枠線の太さや種類を変更する

解説　枠線の太さや種類を変更する

[図の枠線]をクリックすると表示されるメニューの[太さ]で太さを変更でき、[実線/点線]で種類を変更できます。図形の枠線だけでなく、直線などの線もここで変更します。線の場合は、矢印の設定もできます。

Memo　図形の枠線を消すには

右の手順❸で[枠線なし]をクリックすると、図形の枠線が消えます。

Hint　手書きの風合いを出す

右の手順❻で[スケッチ]をクリックして表示された一覧から任意の種類を選択すると、枠線が手書き風の図形に変更できます。

Hint　直線の矢印を変更する

図形が直線などの線の場合、右の手順❻で[矢印]をクリックして表示される一覧から、矢印の有無、方向、種類を選択できます。

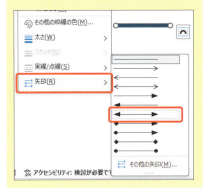

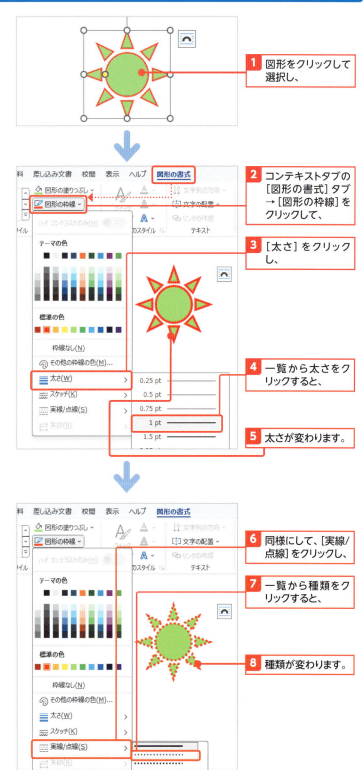

❶ 図形をクリックして選択し、

❷ コンテキストタブの[図形の書式]タブ→[図形の枠線]をクリックして、

❸ [太さ]をクリックし、

❹ 一覧から太さをクリックすると、

❺ 太さが変わります。

❻ 同様にして、[実線/点線]をクリックし、

❼ 一覧から種類をクリックすると、

❽ 種類が変わります。

8 図形の中に文字を入力する

解説 図形に文字を入力する

図形を選択し、そのまま文字入力を開始するだけで図形の中に入力されます。すでに文字が入力されている場合は、文字の上をクリックするとカーソルが表示されるので、そのまま文字入力できます。

Memo 図形に文字を入力するその他の方法

図形に文字が入力されていない場合、図形を右クリックし[テキストの追加]をクリックします。また、すでに図形に文字が入力されている場合は、[テキストの編集]をクリックします。

1 図形をクリックして選択し、

2 そのまま文字を入力します。

入力した文字が見えづらい場合は、図形をクリックして選択し、[ホーム]タブの[フォントの色]で文字の色を変更します。

9 作成した図形の書式を既定に設定する

解説 図形の書式を既定に設定する

塗りつぶしや枠線の色、効果などの書式を設定した図形を「既定の図形」として登録すると、文書内で作成するすべての図形が登録した書式で作成されます。

Memo 線は別に登録する

直線などの線の書式は図形と別に既定に設定できます。設定したい直線を右クリックし、[既定の線に設定]をクリックします。

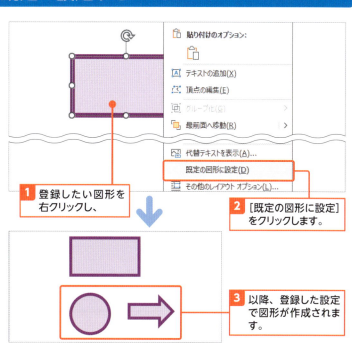

1 登録したい図形を右クリックし、

2 [既定の図形に設定]をクリックします。

3 以降、登録した設定で図形が作成されます。

Section 59 図形の配置を整える

練習用ファイル: 59_図形練習-1〜6.docx

図形の移動やコピーの方法、複数の図形を**整列する方法**や**重なり順の変更方法**を覚えておくと図形の配置を整えるのに便利です。また、複数の図形を**グループ化**するとレイアウトを崩すことなく移動できます。**図形に対する文字列の折り返し方法**も合わせて覚えておきましょう。

ここで学ぶのは
- 図形の移動/コピー
- グループ化
- 文字列の折り返し

1 図形を移動/コピーする

解説 図形を移動する

図形を選択し、図形の中または境界線上にマウスポインターを合わせ、の形のときにドラッグすると移動します。Shiftキーを押しながらドラッグすると、水平、垂直方向に移動できます。また、↑↓←→キーを押しても移動できます。

解説 図形をコピーする

図形を選択し、図形の中または境界線上にマウスポインターを合わせ、になったら、Ctrlキーを押しながらドラッグします。また、CtrlキーとShiftキーを押しながらドラッグすると水平、垂直方向にコピーできます。

Memo 連続して同じ図形を作成する

Section57（p.236）の手順❷で、作成する図形を右クリックし、[描画モードのロック]をクリックすると、同じ図形を連続して描画できます。描画を終了するには、Escキーを押します。

図形を移動する

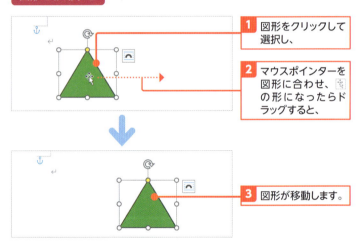

1. 図形をクリックして選択し、
2. マウスポインターを図形に合わせ、の形になったらドラッグすると、
3. 図形が移動します。

図形をコピーする

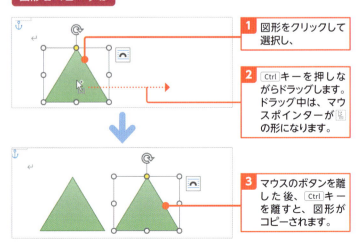

1. 図形をクリックして選択し、
2. Ctrlキーを押しながらドラッグします。ドラッグ中は、マウスポインターがの形になります。
3. マウスのボタンを離した後、Ctrlキーを離すと、図形がコピーされます。

2 図形の配置を揃える

解説 複数の図形の配置を揃える

複数の図形を上端や左端など、指定した位置に配置を揃えるには、コンテキストタブの[図形の書式]タブの[オブジェクトの配置]で揃える方法を指定します。

Hint 複数の図形を選択する

1つ目の図形をクリックして選択し、2つ目以降の図形を Shift キーを押しながらクリックします。または、選択モードにして図形を選択する方法もあります（p.246の「Hint」を参照）。

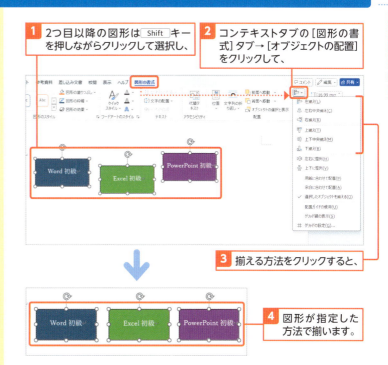

1. 2つ目以降の図形は Shift キーを押しながらクリックして選択し、
2. コンテキストタブの[図形の書式]タブ→[オブジェクトの配置]をクリックして、
3. 揃える方法をクリックすると、
4. 図形が指定した方法で揃います。

3 図形を整列する

解説 図形を整列する

複数の図形の左右の間隔や上下の間隔を均等に配置するには、コンテキストタブの[図形の書式]タブの[オブジェクトの配置]で整列方法を指定します。

Memo 整列の基準

初期設定では、[オブジェクトの配置]のメニューの[選択したオブジェクトを揃える]にチェックが付いており、選択した図形を基準に位置を揃えたり、整列したりします。[用紙に合わせて配置]をクリックしてチェックを付けてから整列すると、用紙サイズを基準に図形が揃います。

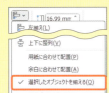

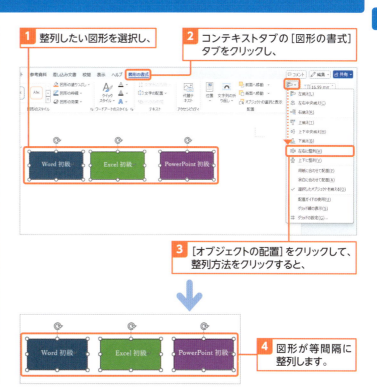

1. 整列したい図形を選択し、
2. コンテキストタブの[図形の書式]タブをクリックし、
3. [オブジェクトの配置]をクリックして、整列方法をクリックすると、
4. 図形が等間隔に整列します。

4 図形をグループ化する

解説 図形のグループ化

図形をグループ化すると、複数の図形をまとめて1つの図形として扱えるようになります。

Hint グループを解除する

グループ化されている図形を選択し、右の手順3で[グループ解除]をクリックします。

Hint 選択モードで複数の図形を選択する

[ホーム]タブの[選択]をクリックし①、[オブジェクトの選択]をクリックすると②、オブジェクト選択モードになるので、選択したい図形を囲むようにドラッグします。選択モードを解除するには Esc キーを押します。

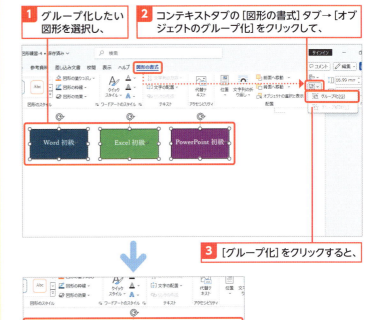

1 グループ化したい図形を選択し、
2 コンテキストタブの[図形の書式]タブ→[オブジェクトのグループ化]をクリックして、
3 [グループ化]をクリックすると、
4 図形がグループ化されます。

5 図形の重なり順を変更する

解説 図形の重なり順

複数の図形が重なり合っている場合、重なり順を変更するにはコンテキストタブの[図形の書式]タブにある[前面へ移動]または[背面へ移動]を使います。

Memo 前面移動と背面移動

選択した図形を上に移動するには、[前面へ移動]の▼をクリックし、[前面へ移動]は1つ上、[最前面へ移動]は一番上に移動します。[テキストの前面へ移動]は文字列の上に移動します。図形を下に移動するには、[背面へ移動]の▼をクリックし、[背面へ移動]は1つ下、[最背面へ移動]は一番下に移動し、[テキストの背面へ移動]は文字の下に移動します。

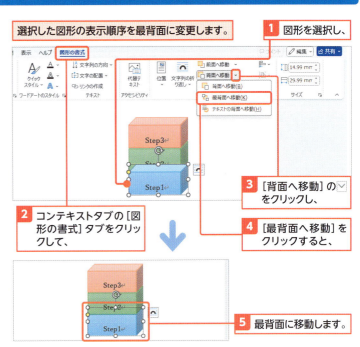

選択した図形の表示順序を最背面に変更します。

1 図形を選択し、
2 コンテキストタブの[図形の書式]タブをクリックして、
3 [背面へ移動]の▼をクリックし、
4 [最背面へ移動]をクリックすると、
5 最背面に移動します。

6 図形に対する文字列の折り返しを設定する

解説　図形に対する文字列の折り返し

文書内に作成した図形は、初期設定で、文字の上に重ねて配置されます。文字を回り込ませるには、図形の右上に表示される[レイアウトオプション]をクリックして、文字列の折り返しを設定します（p.260の「使えるプロ技」を参照）。

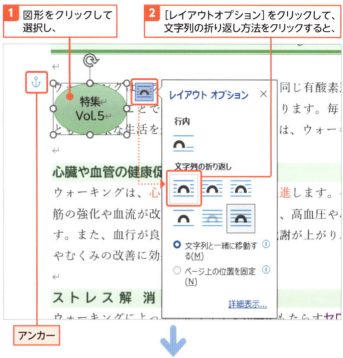

1 図形をクリックして選択し、

2 [レイアウトオプション]をクリックして、文字列の折り返し方法をクリックすると、

アンカー

3 選択した方法で文字列が折り返されます。

Memo　アンカー

図形が選択されているときに、行頭の左余白に錨の形 が表示されます。これは、「アンカー」といって、図形がどこの段落に結合しているかを示しています。図形は作成されると、一番近くの段落に結合されます。図形を移動すると、一番近くの段落に再結合されます。段落を移動すると図形も一緒に移動し、削除すると一緒に削除されます。

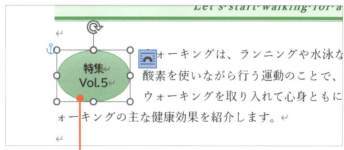

Memo　背面に隠れて見えない図形を選択する

図形の背面に隠れて見えない図形を選択するには、コンテキストタブの[図形の書式]タブにある[オブジェクトの選択と表示]をクリックします①。[選択]作業ウィンドウが表示され、文書内の図形などのオブジェクトの一覧が表示されます。一覧にあるオブジェクトをクリックすると②、文書内のオブジェクトが選択されます③。ここで背景に隠れている見えない図形も選択できます。なお、ここでは、 をクリックして重なり順を変更したり、 をクリックして表示／非表示を切り替えたりできます。

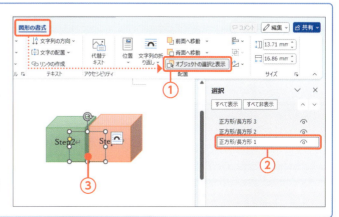

Section 60 文書の自由な位置に文字を挿入する

練習用ファイル：60_フリーマーケット-1～3.docx

ここで学ぶのは
- テキストボックス
- テキストボックスの余白／枠線
- [図形の書式設定]作業ウィンドウ

チラシなど、自由な位置に文字を配置する文書を作成したい場合は、**テキストボックス**を使います。テキストボックスは図形と同じように作成し、編集することができますが、余白の設定や、枠線などのより詳細な設定は**[図形の書式設定]作業ウィンドウ**で行います。

1 テキストボックスを挿入して文字を入力する

解説 テキストボックスを挿入する

テキストボックスを作成すると、文書中の任意の場所に文字を配置できます。[挿入]タブの[図形の作成]をクリックし、[テキストボックス]または[縦書きテキストボックス]をクリックし、ドラッグで作成します。テキストボックスは図形と同様に移動(p.244)やサイズ変更(p.238)ができます。

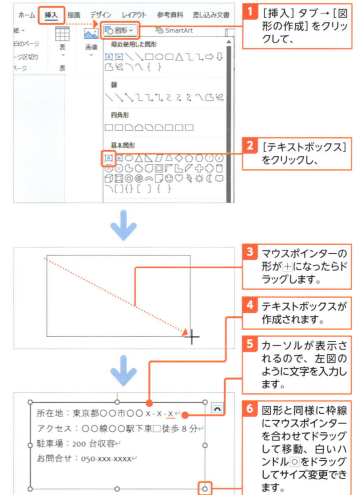

サンプルファイルのページの下部にテキストボックスを配置します。

1. [挿入]タブ→[図形の作成]をクリックして、
2. [テキストボックス]をクリックし、
3. マウスポインターの形が＋になったらドラッグします。
4. テキストボックスが作成されます。
5. カーソルが表示されるので、左図のように文字を入力します。
6. 図形と同様に枠線にマウスポインターを合わせてドラッグして移動、白いハンドル○をドラッグしてサイズ変更できます。

Memo テキストボックスを挿入する別の方法

[挿入]タブの[テキストボックス]で[横書きテキストボックスの描画]または[縦書きテキストボックスの描画]をクリックしてもテキストボックスを作成できます。ここでは、組み込みのデザインされたテキストボックスのテンプレートを使用することができます。

2 テキストボックス内の余白を調整する

解説 テキストボックスの余白を変更する

テキストボックスの枠線と文字の間隔をもっと狭くしたいとか、広くしたい場合は、[図形の書式設定]作業ウィンドウを表示して、上下左右の余白をミリ単位で変更します。この設定は、四角形や吹き出しなどの図形でも同じ手順で設定できます。

Memo 垂直方向の配置や文字列の方向を変更する

右の手順❻で、[垂直方向の配置]で上下の配置変更、[文字列の方向]で縦書きなどへの変更ができます。

Memo テキストボックスの行間を狭くしたい

テキストボックスの行間を狭くするには、テキストボックス内のすべての文字を選択し、[ホーム]タブの[段落]グループの🔽をクリックして[段落]ダイアログを表示し、「1ページの行数を指定時に文字を行グリッドに合わせる]のチェックをオフにします(p.91の「使えるプロ技」を参照)。

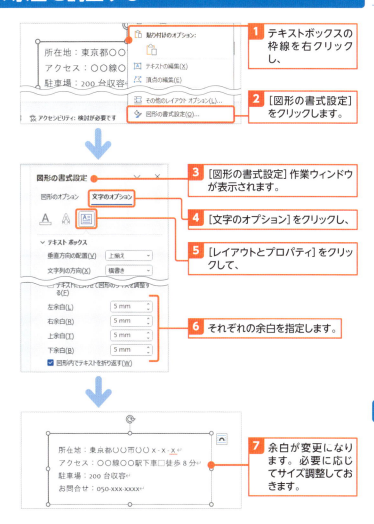

1. テキストボックスの枠線を右クリックし、
2. [図形の書式設定]をクリックします。
3. [図形の書式設定]作業ウィンドウが表示されます。
4. [文字のオプション]をクリックし、
5. [レイアウトとプロパティ]をクリックして、
6. それぞれの余白を指定します。
7. 余白が変更になります。必要に応じてサイズ調整しておきます。

使えるプロ技! テキストボックスの枠線を二重線に変更する

テキストボックスも図形の枠線と同じで、色、太さ、種類などをコンテキストタブの[図形の書式]タブの[図形の枠線]で変更できます(p.242参照)。二重線にする場合は[図形の書式設定]作業ウィンドウで設定します。
上記の手順で[図形の書式設定]作業ウィンドウを表示し、[図形のオプション]をクリックし①、[塗りつぶしと線]をクリックして②、[線]をクリックして③、[幅]を変更(ここでは「3pt」)し④、[一重線/多重線]で二重線をクリックします⑤。

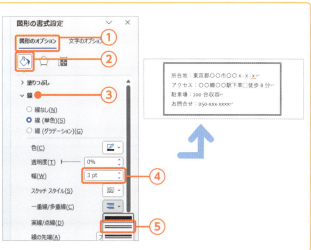

3 テキストボックスのページ内の位置を設定する

解説　テキストボックスをページ内の特定の位置に配置する

テキストボックスは、他の図形と同様にドラッグで自由に移動できますが（p.244）、[オブジェクトの配置]を使うと、本文の状態に関係なく、ページ内の決まった位置に配置できます。配置すると、本文のテキストはテキストボックスの周囲で折り返されるようになります。なお、これは他の図や図形などのオブジェクトでも同様に設定できます。

テキストボックスをページの右下に配置します。

1. テキストボックスを選択し、
2. コンテキストタブの[図形の書式]タブ→[オブジェクトの配置]をクリックし、

3. 一覧からページ内の配置（ここでは[右下]）をクリックすると、

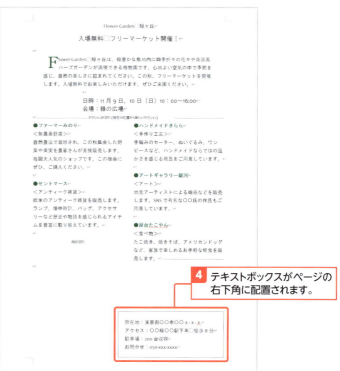

4. テキストボックスがページの右下角に配置されます。

Memo　その他のレイアウトオプション

右の手順3で[その他のレイアウトオプション]をクリックすると、[レイアウト]ダイアログが表示され、オブジェクトの配置位置を詳細に設定できます。

第 8 章

文書に表現力を付ける

ここでは、写真やイラストを挿入したり、デザインされた文字や図表を挿入したりする方法を紹介します。文書全体のデザインの変更や、透かし文字を表示する方法も紹介します。これらの機能を使えば、文書をよりきれいにデザインし、表現力豊かになります。

Section 61 ▶	ワードアートを挿入する
Section 62 ▶	写真を挿入する
Section 63 ▶	SmartArt を挿入する
Section 64 ▶	いろいろな図を挿入する
Section 65 ▶	文書全体のデザインを変更する

Section 61 ワードアートを挿入する

練習用ファイル：61_フリーマーケット-1 〜 3.docx

ここで学ぶのは
- ワードアート
- オブジェクト
- 効果

ワードアートとは、文字に色や影、反射などの効果を付けて**デザインされたオブジェクト**です。タイトルなど、強調したい文字に対してワードアートを使うと便利です。用意されているスタイルを選択するだけで作成できますが、効果を追加・変更して独自にデザインすることもできます。

1 ワードアートを挿入する

解説　ワードアートの挿入

文字を選択してから［ワードアートの挿入］をクリックすると、その文字がワードアートに変換され、本文とは別のオブジェクトになります。図形と同様にサイズ変更、移動、回転などの操作ができます。

1 ワードアートに変換する文字を選択して、［挿入］タブをクリックします。

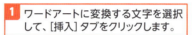

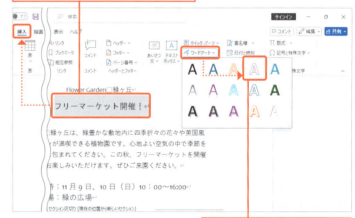

2 ［ワードアートの挿入］をクリックして、ワードアートの種類をクリックすると、

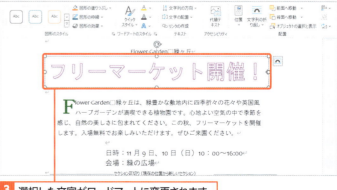

3 選択した文字がワードアートに変更されます。

Memo　先にワードアートを挿入する

文字を選択せずに［ワードアートの挿入］をクリックすると、「ここに文字を入力」と仮の文字が表示されます。そこに表示する文字を入力しましょう。

2 ワードアートを編集する

 解説 ワードアートのフォントや文字サイズ変更

ワードアートの境界線をクリックして選択してから、フォントや文字サイズを変更すると、ワードアート内の文字全体が変更できます。部分的に変更したい場合は、文字を選択後、変更します。

 Hint ワードアートの文字の折り返し設定

ワードアートは、オブジェクトとして扱われます。初期設定では、文字列の折り返しは［四角形］に設定されており、オブジェクトの周囲に文字が回り込みます。右の手順では、領域を横に広げて回り込まないようにしています。

 Hint ワードアートを移動する

ワードアートの境界線をドラッグすると、移動できます。

 解説 ワードアートのサイズ変更

ワードアートのサイズを変更するには、ワードアートを選択した際に表示される白いハンドル○をドラッグします。この場合、枠のサイズが変更されるのみで文字サイズは変わりません。

 Key word レイアウトオプション

文字列の折り返しは、ワードアートの右上に表示される［レイアウトオプション］をクリックして変更できます（p.260の「使えるプロ技」を参照）。

フォントと文字サイズを変更する

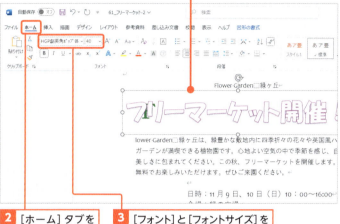

1. ワードアートの境界線をクリックして選択し、
2. ［ホーム］タブをクリックして、
3. ［フォント］と［フォントサイズ］を変更します。

サイズを変更する

レイアウトオプション

1. ワードアートの右の辺上にある白いハンドルにマウスポインターを合わせ、横幅いっぱいまでドラッグします。

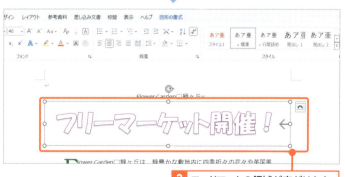

2. ワードアートの領域が広がります。

解説 ワードアートの書式設定

ワードアートの文字の内側の色と枠線を別々に変更できます。コンテキストタブの[図形の書式]タブの[文字の塗りつぶし]で文字の内側の色①、[文字の輪郭]で文字の輪郭を編集できます②。

文字の塗りつぶしを変更する

1 コンテキストタブの[図形の書式]タブ→[文字の塗りつぶし]の⌵をクリックして、

2 一覧から塗りつぶしにしたい色をクリックします。

3 文字の塗りつぶしの色が変更されます。

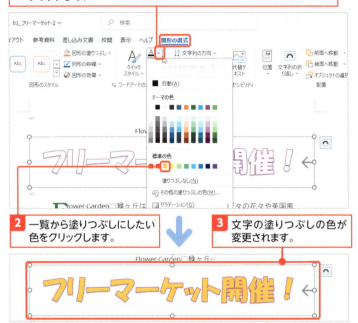

文字の輪郭を変更する

1 コンテキストタブの[図形の書式]タブ→[文字の輪郭]の⌵をクリックして、

2 一覧から輪郭にしたい色をクリックします。

3 文字の輪郭の色が変更されます。

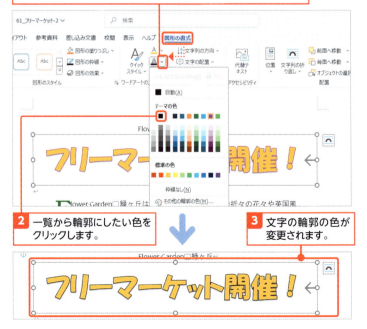

3 ワードアートに効果を付ける

解説 ワードアートの効果

ワードアートには、影、反射、光彩、面取り、3D、変形の効果を付けられます。また、それぞれの効果を組み合わせられます。効果を付けるには、コンテキストタブの[図形の書式]タブで①、[文字の効果]をクリックします②。

Memo ワードアートを縦書きに変更する

タイトルを縦書きにしたい場合は、コンテキストタブの[図形の書式]タブで①、[文字列の方向]をクリックして②、「縦書き」を選択します③。

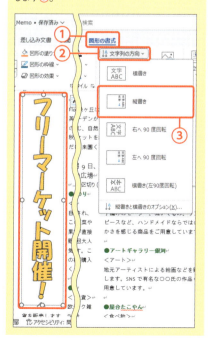

1 ワードアートの境界線をクリックして選択し、

2 コンテキストタブの[図形の書式]タブ→[文字の効果]をクリックし、

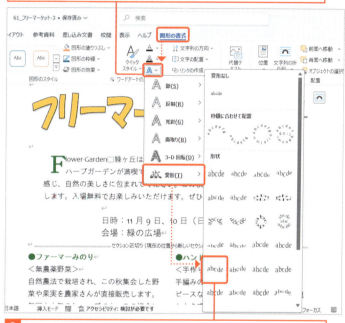

3 効果の種類(ここでは[変形])をクリックして、形状をクリックすると、

4 ワードアートに効果が追加されます。

Section 62 写真を挿入する

練習用ファイル： 62_フリーマーケット-1〜5.docx、62_背景削除.docx

パソコンに保存した**写真を文書に挿入**することができます。挿入した写真のサイズを変更したり、切り抜いたり、ぼかしなどの効果を付けたりして、文書の中で効果的に見せるように加工する機能も多数用意されています。また、文字の折り返し方法を変更して配置の仕方も工夫できます。

ここで学ぶのは
- 写真の挿入
- トリミング／アート効果
- 文字の折り返し

1 写真を挿入する

解説 写真を挿入する

保存されている写真を文書に取り込むには、[挿入]タブの[画像]→[ファイルから]([このデバイス])をクリックします。写真の横幅が文書の横幅より長い場合は、自動的にサイズ調整されて挿入されます。

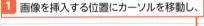
1 画像を挿入する位置にカーソルを移動し、

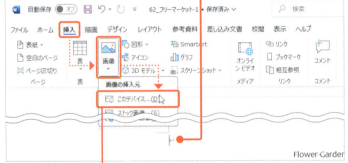

Memo サイズ変更や移動は図形と同じ

挿入された写真は、図形と同じオブジェクトとして扱われます。写真をクリックして選択すると、白いハンドルや回転ハンドルが表示されます。図形と同じ操作でサイズ変更、移動、回転ができます（p.238参照）。

2 [挿入]タブ→[画像]→[ファイルから]([このデバイス])をクリックします。

3 [図の挿入]ダイアログが表示されます。

Hint 画像の挿入元の種類

画像の挿入元には次の3種類あります。

このデバイス	PCに保存されている画像ファイル
ストック画像	ロイヤリティフリー（無料）の画像（p.268参照）
オンライン画像	Bing検索によって集められたインターネット上の画像（p.269参照）

4 写真が保存されているフォルダーを選択して、写真をクリックし、

5 [挿入]をクリックすると、

6 写真が挿入されます。

2 写真を切り抜く

解説 写真をトリミングする

写真を文書に取り込んだ後、トリミング機能を使えば、必要な部分だけを残すことができます。

1 写真をクリックして選択し、

2 コンテキストタブの[図の形式]タブをクリックして、

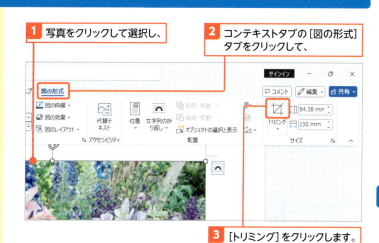

3 [トリミング]をクリックします。

Key word トリミング

写真などの画像で必要な部分だけ残して切り抜くことを「トリミング」といいます。

4 写真の周囲に黒いマークが表示されます。

Memo 実際の写真は切り抜かれない

トリミングが行われるのはWord文書に挿入した写真上のみです。元の写真データの大きさは変わりません。

5 ここでは上辺の黒いマークにマウスポインターを合わせて、┷の形になったらドラッグすると、

使えるプロ技! 図形に合わせてトリミングする

［トリミング］の∨をクリックして①、［図形に合わせてトリミング］をクリックし②、図形をクリックすると③、図形の形に写真を切り抜くことができます④。

6 写真の上部がトリミングされ、表示されない部分がグレーになります。

7 同様に下部をトリミングして、

8 写真以外の場所をクリックするとトリミングが確定します。

3 写真に効果を設定する

解説　写真に効果を設定する

写真の明るさを調整したり、ぼかしなどの効果を付けるには、コンテキストタブの[図の形式]タブにある[修整][色][アート効果]を使います。これらの効果は組み合わせることもできます。

Memo　明るさ／コントラストをリセットするには

右の手順❹で、[明るさ：0%（標準）コントラスト：0%（標準）]をクリックします。

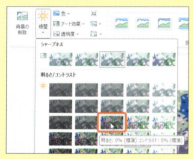

Memo　アート効果をリセットするには

右の手順❷で[なし]をクリックします。

Memo　写真に設定したすべての効果をリセットするには

写真を選択し、コンテキストタブの[図の形式]タブをクリックし①、[図のリセット]をクリックします②。

明るさとコントラストを調整する

❶ 写真をクリックして選択し、
❷ コンテキストタブの[図の形式]タブをクリックして、

❸ [修整]をクリックします。
❹ 一覧から目的の明るさ／コントラストをクリックすると、

❺ 写真の明るさとコントラストが変更されます。

アート効果を設定する

❶ コンテキストタブの[図の形式]タブ→[アート効果]をクリックし、

❷ 一覧から目的の効果をクリックすると、

❸ 写真に効果が追加されます。

4 写真のレイアウトを調整する

解説　写真の上に文字が表示されるようにする

写真を挿入すると、文字列の折り返しが［行内］になります（下の「使えるプロ技」を参照）。写真の上に文字が表示されるようにするには、文字列の折り返しを［背面］にします。

1. 写真をクリックして選択し、
2. ［レイアウトオプション］をクリックして、
3. ［背面］をクリックすると、

使えるプロ技！　文字列の折り返しの設定

写真、図形、図などのオブジェクトが選択されているときに表示される［レイアウトオプション］では、文字列の折り返しなどの設定を変更できます。

● レイアウトオプション一覧

① 行内	文字と同様に行内に図形が配置	
② 四角形	文字が図の四角い枠に合わせて回り込む	③ 狭く　文字が図の縁に合わせて回り込む
④ 内部	文字が図内部の透明な部分にも流れ込む	⑤ 上下　文字が行単位で図を避けて配置
⑥ 背面	図が文字の背面に配置	⑦ 前面　図が文字の前面に配置

Memo 背面に配置された写真を選択する

本文の背面に配置した写真が選択しづらい場合は、[ホーム]タブの[選択]をクリックし、[オブジェクトの選択]をクリックすると①、オブジェクト選択モードになり、マウスポインターの形が に変わります②。この状態で写真をクリックすれば選択できます。解除するには[Esc]キーを押します。

4 写真が文字の背面に配置されます。

5 必要に応じて文字に書式を設定します（ここでは文字色を白、太字。段落に濃い緑の塗りつぶしを設定しています）

使えるプロ技！ 写真の効果

ここでは、[修整][色][アート効果]で設定できる効果を、いくつかサンプルとして紹介します。

● オリジナル

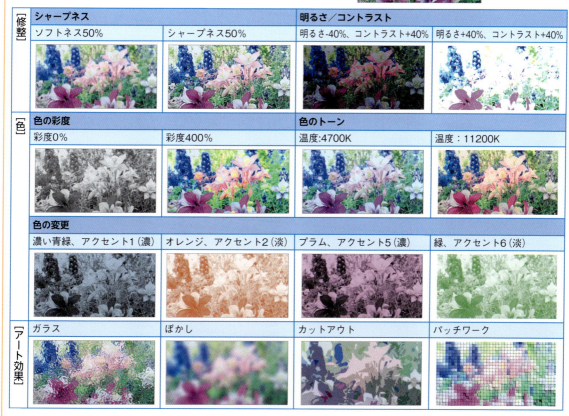

[修整]	シャープネス		明るさ／コントラスト	
	ソフトネス50%	シャープネス50%	明るさ-40%、コントラスト+40%	明るさ+40%、コントラスト+40%
[色]	色の彩度		色のトーン	
	彩度0%	彩度400%	温度:4700K	温度：11200K
	色の変更			
	濃い青緑、アクセント1（濃）	オレンジ、アクセント2（淡）	プラム、アクセント5（濃）	緑、アクセント6（淡）
[アート効果]	ガラス	ぼかし	カットアウト	パッチワーク

5 写真にスタイルを設定する

解説 図のスタイルを適用する

図のスタイルを使うと、写真にスナップ写真や額縁のような効果を付けることができます。

Memo 写真のレイアウトを前面にする

写真を移動しても文字などのレイアウトが崩れないようにするには、文字列の折り返しを[前面]にすると便利です（p.260の「使えるプロ技」を参照）。

使えるプロ技！ 写真をパーセント単位でサイズ変更する

サイズの大きな写真を挿入した場合は、パーセント単位でサイズを変更すると一気に縮小できて便利です。コンテキストタブの[図の形式]タブで[サイズ]グループの 🔽 をクリックし①、[レイアウト]ダイアログの[サイズ]タブを表示し②、[縦横比を固定する]にチェックがオンになっていることを確認し③、[高さ]と[幅]にパーセントを数字で入力して④、[OK]をクリックします⑤。

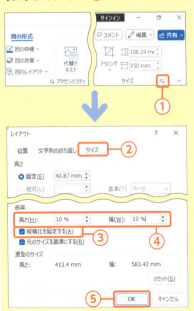

あらかじめ挿入されている写真のスタイルを変更していきます。

1 写真をクリックして選択し、
2 コンテキストタブの[図の形式]タブをクリックし、

3 [図のスタイル]グループの[その他] 🔽 をクリックして、

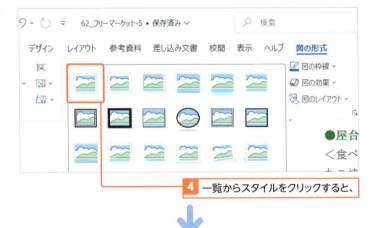

4 一覧からスタイルをクリックすると、

5 写真にスタイルが適用されます。

6 写真の背景を削除する

解説 写真の背景を削除する

[背景の削除]を使うと、写真の背景に写っている不要なものを削除して、必要な部分だけを残すことができます。

Hint 残す領域と削除する領域を調整する

残したい領域を調整するには、[背景の削除]タブの[保持する領域としてマーク]をクリックし①、残したい部分に沿ってドラッグすると②、その部分が保持する領域として認識されます。また、[削除する領域としてマーク]をクリックしてドラッグすると③、削除領域を指定できます。

Memo 図の設定をリセットする

図の設定をリセットするには、[図の形式]タブをクリックし、[図のリセット]をクリックします（p.259の「Memo」を参照）。

1 写真をクリックして選択し、 **2** コンテキストタブの[図の形式]タブをクリックして、

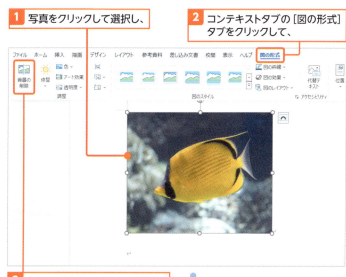

3 [背景の削除]をクリックすると、

4 削除される背景が紫色で表示されます。

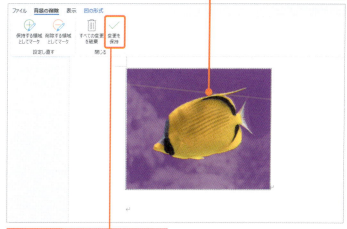

5 [変更を保持]をクリックすると、

6 写真の背景が削除されます。

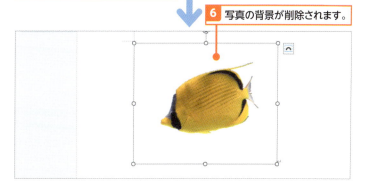

Section 63 SmartArtを挿入する

練習用ファイル: 63_組織図-1～4.docx

SmartArtとは、複数の図形を組み合わせて、**組織図**や**流れ図**、**相関関係**などの情報をわかりやすく説明する図表のことです。SmartArtには、8つのカテゴリーの図表が用意されており、内容に合わせて適切なデザインを選択できます。また、必要に応じて図表パーツの追加やデザイン変更も可能です。

ここで学ぶのは
- SmartArt
- 色の変更
- SmartArtのスタイル

1 SmartArtを使って図表を作成する

解説 SmartArtを使って図表を作成する

SmartArtを文書に挿入すると、基本的な図表とテキストウィンドウが表示されます。テキストウィンドウにカーソルが表示されるので、図表に表示したい文字をすぐに入力できます。

1 SmartArtを挿入する位置にカーソルを移動し、

2 [挿入] タブ→ [SmartArt] をクリックすると、

3 [SmartArtグラフィックの選択] ダイアログが表示されます。

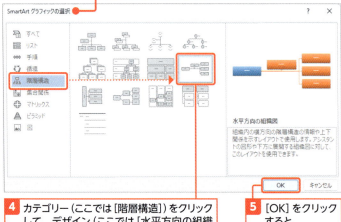

4 カテゴリー (ここでは [階層構造]) をクリックして、デザイン (ここでは [水平方向の組織図]) をクリックし、

5 [OK] をクリックすると、

Memo テキストウィンドウが表示されない場合

SmartArtを選択し、コンテキストタブの[SmartArtのデザイン]タブで[テキストウィンドウ]をクリックします。クリックするごとに表示/非表示が切り替えられます。

6 SmartArtと、カーソルが表示された状態のテキストウィンドウが表示されます。

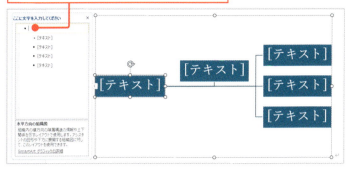

2 SmartArtに文字を入力する

解説 図表に文字を入力する

テキストウィンドウに文字を入力すると、対応する図表パーツに文字が表示されます。図表パーツをクリックしてカーソルを表示して直接入力もできます。なお、図形内の文字サイズは入力された文字長に合わせて自動調節されます。

1 テキストウィンドウにカーソルが表示されている状態で文字(ここでは「社長」)を入力すると、

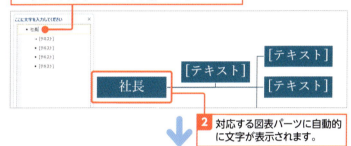

2 対応する図表パーツに自動的に文字が表示されます。

3 ↓キーを押して次の行にカーソルを移動し、文字(ここでは「法務室」)を入力します。

Memo Enterキーを押したら、図表パーツが追加された

テキストウィンドウで文字の入力後に、Enterキーを押すと、同じレベルに図表パーツが追加されます。間違えて追加した場合は、Backspaceキーを押すか、Ctrl+Zキーを押して取り消します。

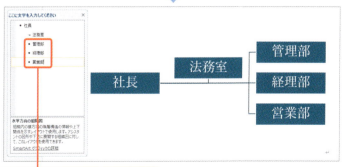

4 同様にして文字を入力します。

3 SmartArtに図表パーツを追加する

解説 図表パーツの追加

図表パーツの追加は、[図形の追加]を使います。選択されている図表パーツに対して、同じレベルに追加する場合は[後に図形を追加]または[前に図形を追加]をクリックします。上のレベル、下のレベルに追加する場合は、それぞれ[上に図形を追加]または[下に図形を追加]をクリックします。

Memo 不要な図表パーツを削除する

図表パーツの枠線をクリックして選択し、Deleteキーを押します①。

Memo テキストウィンドウで図表パーツを追加／削除する

文字を入力後、Enterキーを押して改行すると①、同じレベルの図表が下に追加されます②。Tabキーを押すと字下げされ③、図表が基準となる図表の下のレベルに変更されます④。また、Back spaceキーを押すごとに1レベルずつ上のレベルに変更になり、改行前の位置にカーソルが戻ると追加されたパーツは削除されます。

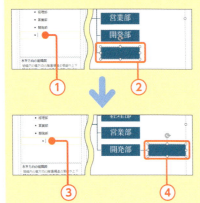

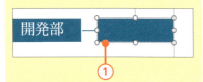

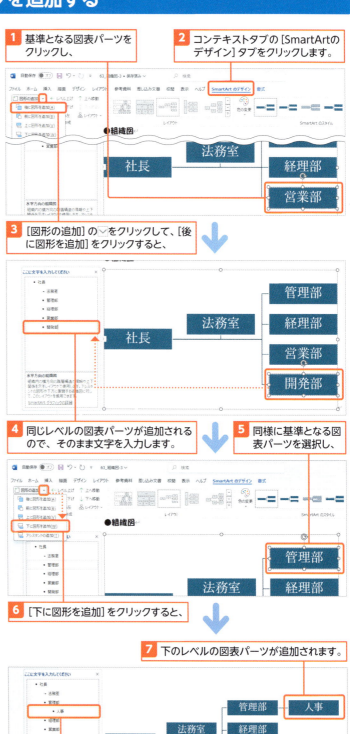

① 基準となる図表パーツをクリックし、
② コンテキストタブの[SmartArtのデザイン]タブをクリックします。
③ [図形の追加]の⌄をクリックして、[後に図形を追加]をクリックすると、
④ 同じレベルの図表パーツが追加されるので、そのまま文字を入力します。
⑤ 同様に基準となる図表パーツを選択し、
⑥ [下に図形を追加]をクリックすると、
⑦ 下のレベルの図表パーツが追加されます。
⑧ そのまま文字を入力します。

4 SmartArtのデザインを変更する

解説　色とスタイルの変更

コンテキストタブの[SmartArtのデザイン]タブにある[色の変更]や[SmartArtのスタイル]を使ってSmartArt全体の色合いやデザインの変更が一気にできます。

Hint　パーツごとに変更する

コンテキストタブの[書式]タブでは、図表パーツごとにスタイルや色、文字など変更できます。

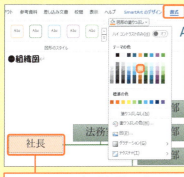

コンテキストタブの[書式]タブでは図表パーツを個別に変更できます。

Memo　スタイルを元に戻す

デザインや色を元に戻したい場合は、コンテキストタブの[SmartArtのデザイン]タブにある[グラフィックのリセット]をクリックすると、初期設定のデザインに戻すことができます。

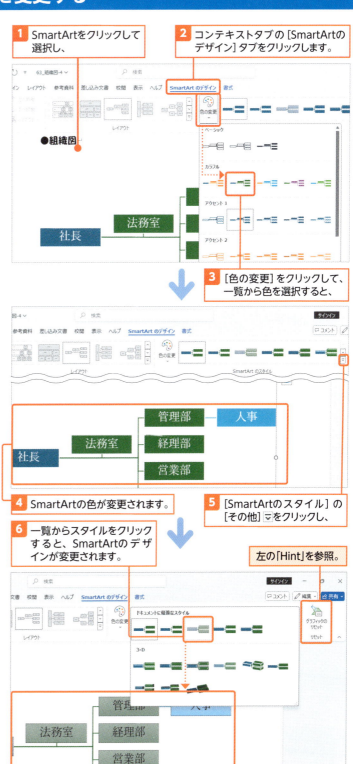

1 SmartArtをクリックして選択し、
2 コンテキストタブの[SmartArtのデザイン]タブをクリックします。
3 [色の変更]をクリックして、一覧から色を選択すると、
4 SmartArtの色が変更されます。
5 [SmartArtのスタイル]の[その他]をクリックし、
6 一覧からスタイルをクリックすると、SmartArtのデザインが変更されます。

左の「Hint」を参照。

Section 64 いろいろな図を挿入する

練習用ファイル: 64_図挿入-1〜4.docx

文書にイラストや画像を取り込むことができます。パソコンに保存したものだけでなくWeb上にあるものも取り込めます。**アイコン**や**3Dモデル**といった特殊な画像も追加できます。また、パソコンで開いている**地図**などの画面を切り取り、文書に挿入することもできます。ここではいろいろな図の利用方法を確認しましょう。

ここで学ぶのは
- イラスト／画像／ストック画像
- アイコン／3Dモデル
- スクリーンショット

1 ストック画像を挿入する

解説 ストック画像を取り込む

ストック画像は、Microsoft社が提供している無料（ロイヤリティフリー）で使える画像やイラストです。文書内に挿入して使用することができます。[ストック画像]ダイアログで表示されているカテゴリーをクリックしてカテゴリ別に表示できますが、手順のようにキーワードで検索して目的に合ったものをすばやく表示することもできます。

1. 画像を挿入したい位置にカーソルを移動し、

2. [挿入]タブ→[画像]→[ストック画像]をクリックすると、

3. [ストック画像]ダイアログが表示されます。

Hint ストック画像の使用について

ストック画像は、WordやExcelなどOfficeアプリケーション内で使用する場合は無料で使用することができます。使用についての注意点があります。詳細は、Webサイトで確認してください。

Memo より多くの画像を利用するには

Microsoft 365を使用している場合は、より多くの画像の中から選択し、利用することができます。

Hint オンライン画像の使用について

手順②で[オンライン画像]を選択すると、[オンライン画像]ダイアログが表示されます。オンライン画像は、インターネット上にある画像やイラストを表示されます。カテゴリーをクリックしてカテゴリー別に表示したり、キーワードで検索したりできます。なお、インターネット上の画像やイラストは、著作権により保護されているものや、使用に際して制限のあるものも含まれます。使用する前に必ず確認し、使用許可を取るなどの対応が必要です。

4 検索ボックスにキーワード(ここでは「スポーツ」)を入力すると、

5 該当する画像が表示されます。

6 挿入したい画像をクリックしてチェックを付け、

7 [挿入]をクリックすると、

8 画像が挿入されます。

9 取り込んだ画像を調整(ここでは、画像のトリミング、ぼかし効果設定)します。

64 いろいろな図を挿入する

8 文書に表現力を付ける

2 アイコンを挿入する

解説 アイコンを挿入する

アイコンは、事象や物などをシンプルに表すイラストです。文書内のアクセントにしたり、絵文字の代わりにしたりして使用することができます。挿入後、サイズ、色などの変更もできます。

Memo アイコンを分解する

アイコンを右クリックし、[図形に変換]をクリックして①、描画オブジェクトに変換すると、アイコンが分解されます②、不要な部品を削除したり、部品ごとに色を付けたりしてアレンジができます③。アレンジが終わったら、部品すべて選択し、グループ化してまとめなおします④。部品が多い場合は、[ホーム]タブ→[選択]→[オブジェクトの選択]をクリックして、選択モードで囲んで選択すると便利です（p.246参照）。

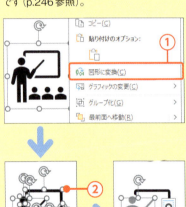

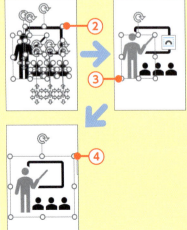

1 アイコンを挿入する位置にカーソルを移動して、

2 [挿入]タブ→[アイコン]をクリックすると、

3 アイコンの一覧が表示されます。

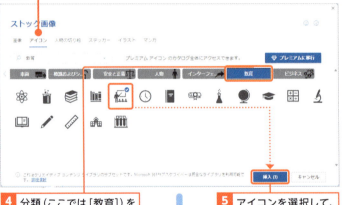

4 分類（ここでは[教育]）をクリックし、

5 アイコンを選択して、[挿入]をクリックすると、

6 アイコンが挿入されます。サイズ、文字列の折り返し、位置を調整します。

3 3Dモデルを挿入する

解説 3Dモデルを挿入する

3Dモデルは、3次元の立体型イラストです。挿入すると、ドラッグだけで見る角度を変えることができます。

Memo パンとズームで拡大／縮小する

コンテキストタブの[3Dモデル]タブにある[パンとズーム]をクリックすると①、3Dモデルの右辺に虫眼鏡のアイコンが表示されます②。このアイコンを上下にドラッグすると領域内で3Dモデルを拡大／縮小できます。

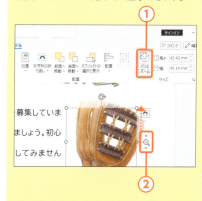

Hint カテゴリーから選択する

右の手順4でカテゴリーをクリックすると、そのカテゴリーに属する3D画像が一覧で表示されます。

1 3Dモデルを挿入する位置にカーソルを移動し、

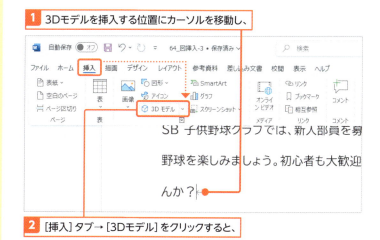

2 [挿入]タブ→[3Dモデル]をクリックすると、

3 [オンライン3Dモデル]ダイアログが表示されます。

4 キーワード(ここでは「野球」)を入力して、Enterキーを押すと、

5 キーワードに関する3D画像の一覧が表示されます。

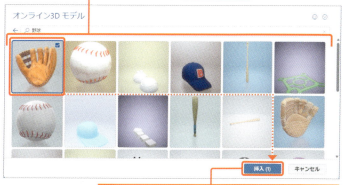

6 3Dモデルをクリックして、[挿入]をクリックすると、

Memo パソコンに保存している3Dモデルを挿入する

[3Dモデル]の⌄をクリックして[このデバイス]をクリックすると①、保存されている3Dファイルを文書に挿入できます。

7 文書に挿入されます。

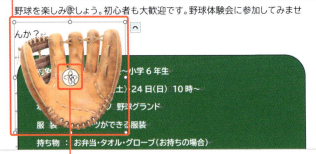

8 中央に表示されている3Dコントロールにマウスポインターを合わせて、ドラッグすると、

9 3Dモデルの角度が変わります。

10 サイズと文字列の折り返し（ここでは[四角形]）を変更して、

SB 子供野球クラブでは、新入部員を募集しています。仲間と一緒に元気に野球を楽しみましょう。初心者も大歓迎です。野球体験会に参加してみませんか？

11 移動してレイアウトを調整します。

4 スクリーンショットを挿入する

解説 スクリーンショットを挿入する

スクリーンショットとは、ディスプレイに表示されている全体、または一部分を写した画像のことです。文書にスクリーンショットを取り込むことができます。例えば、インターネットで調べた地図の画面を文書に取り込みたいときに使えます。

Hint 開いているウィンドウ全体を取り込む

手順❹で表示されている画面のサムネイルをクリックすると、開いているウィンドウ全体が取り込まれます。なお、最小化されているウィンドウは表示されないので、操作の前に取り込み対象でないウィンドウは最小化しておくと便利です。

使えるプロ技！ Windows 11の機能を使ってスクリーンショットを作成する

ディスプレイに画像として使用したい画面を表示しておき、[■]+[Shift]+[S]キーまたは[Print Screen]キーを押すと、スクリーンショット用の画面に切り替わります①。使用する領域をドラッグすると②、クリップボードに保存されるので、貼り付けたい位置にカーソルを移動して[ホーム]タブの[貼り付け]をクリックして貼り付けます。また、ユーザーの[ピクチャ]フォルダー内の[スクリーンショット]フォルダーに自動的に画像ファイルとしても保存されます。

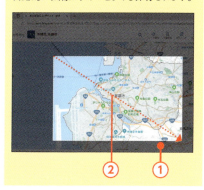

❶ 文書に取り込みたいウィンドウを開いておきます。

❷ 取り込みたい位置にカーソルを移動し、

❸ [挿入]タブをクリックします。

❹ [スクリーンショット]→[画面の領域]をクリックすると、

❺ 画面が切り替わります。

❻ 使用する領域をドラッグすると、

❼ 文書内に貼り付けられます。サイズや位置を調整しておきます。

Section 65 文書全体のデザインを変更する

練習用ファイル: 65_デザイン-1〜3.docx

ページの周囲を罫線で囲んで飾るとページが華やかになります。また、「社外秘」のような透かしを表示することもできます。さらに、配色、フォント、図形の効果のスタイルを組み合わせたテーマが用意されており、テーマを変更するだけで、文書全体のデザインを一括変更できます。

ここで学ぶのは
- ページ罫線
- 透かし
- テーマ

1 文書全体を罫線で囲む

解説 ページ罫線を設定する

ページの周囲を罫線で飾るには、[デザイン]タブの[ページ罫線]をクリックします。ページ罫線には、豊富な線種や絵柄が用意されています。

Memo ページ罫線を解除する

ページ罫線を解除するには、右の手順④で[罫線なし]をクリックします。

Memo その他の設定方法

[ホーム]タブの[罫線]の[∨]をクリックして[線種とページ罫線と網かけの設定]をクリックしても同様に設定できます。

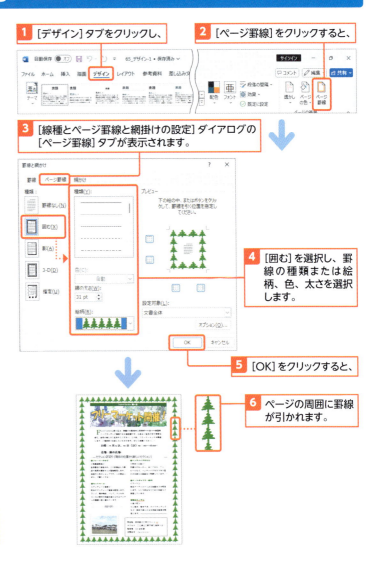

① [デザイン]タブをクリックし、
② [ページ罫線]をクリックすると、
③ [線種とページ罫線と網掛けの設定]ダイアログの[ページ罫線]タブが表示されます。
④ [囲む]を選択し、罫線の種類または絵柄、色、太さを選択します。
⑤ [OK]をクリックすると、
⑥ ページの周囲に罫線が引かれます。

2 「社外秘」などの透かしを入れる

 解説　透かしを挿入する

透かし文字は、文書の背面に表示する文字で、「社外秘」や「複製を禁ず」など取り扱いに注意が必要な文書に設定します。あらかじめ用意されている文字を使用できますが、オリジナルの文字にしたり、図形を挿入したりできます。

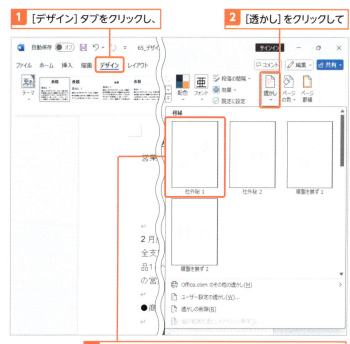

1 [デザイン] タブをクリックし、

2 [透かし] をクリックして

3 一覧から透かし（ここでは [社外秘1]）をクリックします。

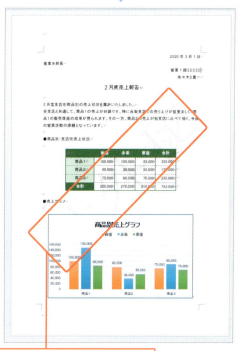

4 文書の背面に透かし文字が表示されます。

 使えるプロ技！　オリジナルの文字を透かしにする

右の手順3で [ユーザー設定の透かし] をクリックすると、[透かし] ダイアログが表示され、図または、テキストを選択できます。[テキスト] にはリストから選択することも任意の文字を入力することもできます。

 Memo　透かしを削除する

透かしを削除するには、右の手順3で [透かしの削除] をクリックします。

3 テーマを変更する

解説 テーマの変更

テーマは、フォント、配色、効果の組み合わせで、さまざまな種類が用意されています。テーマを選択するだけで、文書全体のデザインを一気に変更できます。

Memo テーマを元に戻す

テーマを元に戻すには、右の手順❷で、初期設定のテーマである[Office]をクリックします。

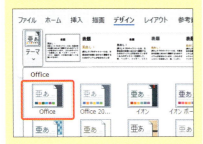

使えるプロ技！ フォント、配色、効果のテーマを個別に変更する

テーマを選択すると、配色、フォント、効果がまとめて変更されますが、[デザイン]タブの[テーマの配色]①、[テーマのフォント]②、[テーマ効果]③で個別にテーマを変更することができます。例えば、現在使っている配色はそのままで、文書全体のフォントをMSPゴシックにするには、[テーマのフォント]の一覧から[Arial]を選択します④。

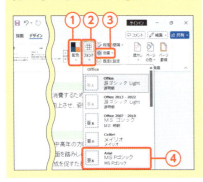

1 [デザイン]タブ→[テーマ]をクリックし、

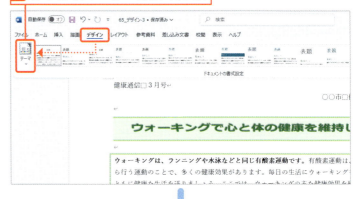

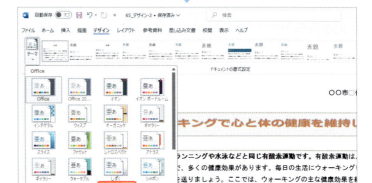

2 一覧からテーマをクリックすると、

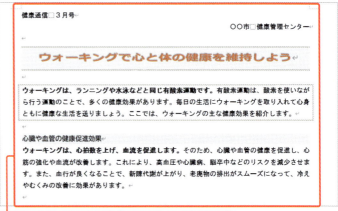

3 文書全体のフォント、色合いが変更になります。

第 **9** 章

文書作成に便利な機能

ここでは、文書作成時に便利な機能を紹介します。クイックパーツ、ヘッダーとフッター、誤字や脱字のチェック、目次の自動作成、差し込み印刷など、使ってみると実用的で便利です。また、パスワードを設定して文書を保護する方法も覚えておくとよいでしょう。

Section 66	▶ 署名やロゴを登録してすばやく挿入する
Section 67	▶ ヘッダー／フッターを挿入する
Section 68	▶ 長い文書を作成するのに便利な機能
Section 69	▶ 誤字、脱字、表記のゆれをチェックする
Section 70	▶ 翻訳機能を利用する
Section 71	▶ インクツールを使う
Section 72	▶ 差し込み印刷を行う
Section 73	▶ パスワードを付けて保存する

Section 66 署名やロゴを登録してすばやく挿入する

練習用ファイル: 📁 66_ご案内-1〜2.docx

ここで学ぶのは
▶ クイックパーツ
▶ 文書パーツオーガナイザー

会社の署名やロゴなど、頻繁に使用する文字や画像の組み合わせを**クイックパーツ**に登録すると、毎回書式などを設定する手間なく入力できるようになります。文書作成の効率をアップさせるとても便利な機能です。ここでは、ロゴ付きの署名を登録し、使用する手順を説明します。

1 クイックパーツに登録する

解説 クイックパーツに登録

文字や画像の組み合わせをクイックパーツに登録するときは、登録する範囲を選択して、[挿入] タブの [クイックパーツの表示] で [選択範囲をクイックパーツギャラリーに保存] をクリックします。行間やインデント、配置などの段落書式もあわせて登録したい場合は、段落記号も含めて選択してください。

Memo クイックパーツの保存

クイックパーツは、「Building Blocks.dotx」ファイルに保存されます。クイックパーツを登録・変更した後、Word終了時に以下のようなメッセージが表示されたら、[保存] をクリックして変更内容を保存してください。

ショートカットキー

● [新しい文書パーツの作成] ダイアログを開く
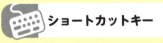

1 クイックパーツに登録したい部分を段落記号も含めて選択し、

2 [挿入] タブ→ [クイックパーツの表示] をクリックして、

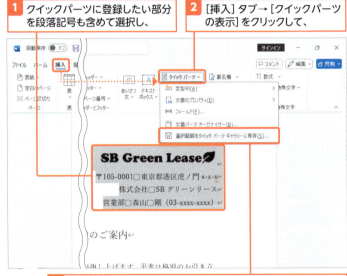

3 [選択範囲をクイックパーツギャラリーに保存] をクリックします。

4 [新しい文書パーツの作成] ダイアログが表示されます。

5 [名前] に作成する文書パーツの名前を入力し、

6 [OK] をクリックします。

2 クイックパーツを文書に挿入する

解説 クイックパーツの使用

登録したクイックパーツは、[挿入]タブの[クイックパーツの表示]をクリックすると一覧に縮小イメージが表示されます。目的のクイックパーツをクリックして挿入します。
あらかじめ、クイックパーツを挿入する文書を開いた上で、右の手順を実行してください。

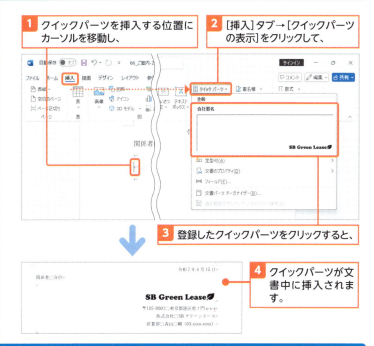

1 クイックパーツを挿入する位置にカーソルを移動し、
2 [挿入]タブ→[クイックパーツの表示]をクリックして、
3 登録したクイックパーツをクリックすると、
4 クイックパーツが文書中に挿入されます。

3 クイックパーツを削除する

解説 クイックパーツの削除

クイックパーツを削除する場合は、[文書パーツオーガナイザー]ダイアログを表示します。[文書パーツオーガナイザー]ダイアログには、Word内のすべての文書パーツが表示されます。一覧から文書パーツを選択すると、プレビューが表示されるので、内容を確認してから[削除]をクリックします。

[削除]クリックした後に確認メッセージが表示されるので、[はい]をクリックし、ダイアログを閉じます。

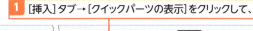

1 [挿入]タブ→[クイックパーツの表示]をクリックして、

2 [文書パーツオーガナイザー]クリックします。

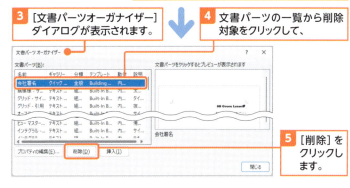

3 [文書パーツオーガナイザー]ダイアログが表示されます。
4 文書パーツの一覧から削除対象をクリックして、
5 [削除]をクリックします。

Section 67 ヘッダー／フッターを挿入する

練習用ファイル：📁 67_免疫力アップ講座-1～3.docx

ここで学ぶのは
- ヘッダー
- フッター
- ページ番号

ヘッダーはページの上余白、フッターはページの下余白の領域です。ヘッダーやフッターには、ページ番号、日付、タイトルやロゴなどを挿入でき、その内容は、すべてのページに印刷されます。また、組み込みのスタイルを使用してすばやく作成することもできます。

1 左のヘッダーにタイトルを入力する

解説　ヘッダーとフッター

ヘッダーはページの上余白の領域で、一般的に文書のタイトルや日付、ロゴなどを表示します。フッターはページの下余白の領域で、一般的にページ番号などを表示します。ヘッダー／フッターともに、設定した内容はすべてのページに共通に表示されます。組み込みのサンプルを使えば効率的に設定できます。

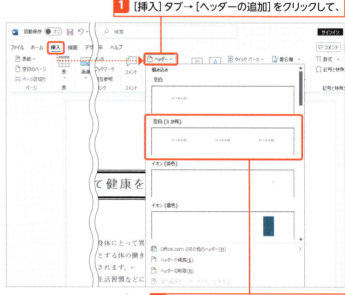

1. [挿入] タブ→ [ヘッダーの追加] をクリックして、

2. 一覧からヘッダーのスタイル（ここでは「空白（3か所）」）をクリックすると、

3. ヘッダー領域が表示され、ヘッダーの入力位置に「[ここに入力]」と表示されます。

4. 左側のヘッダーをクリックして選択し、

Memo　ヘッダー領域と本文の編集領域

ヘッダー領域を表示すると、本文の編集領域が淡色で表示され、編集できなくなります。また、本文の編集領域に戻ると、ヘッダー領域が淡色表示になり編集できなくなります。なお、フッターについても同様です。

Hint ヘッダーを編集・削除するには

前ページの手順①で[ヘッダーの追加]をクリックして表示されるメニューで[ヘッダーの編集]をクリックすると①、ヘッダー領域が表示され編集できます。また、[ヘッダーの削除]をクリックして削除できます②。

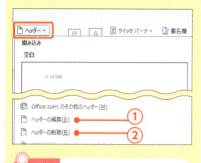

Key word プレースホルダー

「[ここに入力]」はクリックするだけで選択され、文字を入力すると置き換わります。このような入力用のパーツを「プレースホルダー」といいます。

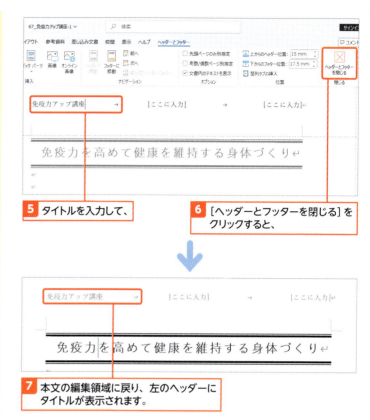

5 タイトルを入力して、

6 [ヘッダーとフッターを閉じる]をクリックすると、

7 本文の編集領域に戻り、左のヘッダーにタイトルが表示されます。

2 右のヘッダーにロゴを挿入する

Hint 画像をヘッダーに表示する

ヘッダーにロゴなどの画像を挿入するには、コンテキストタブの[ヘッダーとフッター]タブで[ファイルから](画像)をクリックして画像ファイルを選択します。挿入された画像は、本文で挿入する画像と同様にサイズ変更など編集ができます。

Memo 不要なヘッダーは削除しておく

使用しないヘッダーは、そのままにしておくと、仮の文字「[ここに入力]」が印刷されてしまいます。使用しないヘッダーは次ページの手順⓫のようにして削除します。削除してもタブを残しておけば、クリックするとカーソルが表示され、ヘッダーを追加できます。

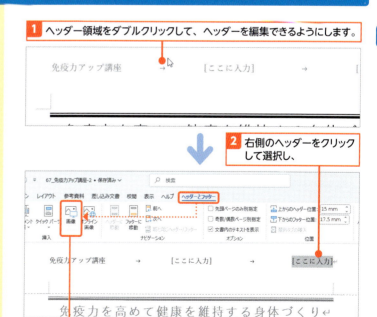

1 ヘッダー領域をダブルクリックして、ヘッダーを編集できるようにします。

2 右側のヘッダーをクリックして選択し、

3 コンテキストタブの[ヘッダーとフッター]タブ→[ファイルから](画像)をクリックすると、

時短のコツ ヘッダー領域と編集領域をすばやく切り替える

本文の編集中にヘッダー領域をダブルクリックすると、ヘッダーを編集できる状態になります。本文の編集に戻るには、編集領域をダブルクリックします。

Memo ファイル名や作成者などの文書情報を表示する

ヘッダーを挿入する位置をクリックし①、コンテキストタブの［ヘッダーとフッター］タブで［ドキュメント情報］をクリックして②、挿入したい項目をクリックします③。

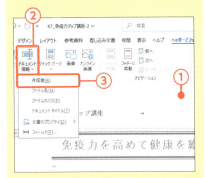

Memo ヘッダーに日付を表示する

コンテキストタブの［ヘッダーとフッター］タブで［日付と時刻］をクリックすると、［日付と時刻］ダイアログが表示されます（p.93の「使えるプロ技」を参照）。一覧から日付のパターンをクリックし、［OK］をクリックします。［自動的に更新する］のチェックをオンにすると①、文書を開くたびに現在の日付が表示されます。

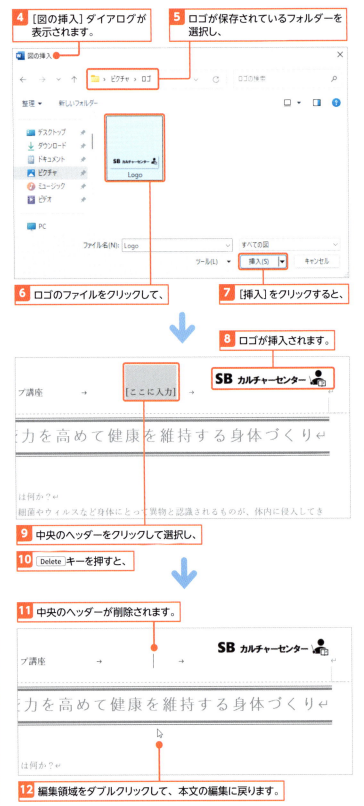

4 ［図の挿入］ダイアログが表示されます。

5 ロゴが保存されているフォルダーを選択し、

6 ロゴのファイルをクリックして、

7 ［挿入］をクリックすると、

8 ロゴが挿入されます。

9 中央のヘッダーをクリックして選択し、

10 Delete キーを押すと、

11 中央のヘッダーが削除されます。

12 編集領域をダブルクリックして、本文の編集に戻ります。

3 中央のフッターにページ番号を挿入する

Hint フッターを編集／削除するには

[挿入]タブの[フッターの追加]をクリックして表示されるメニューで[フッターの編集]①をクリックするとフッター領域が表示され、編集できます。また、[フッターの削除]②をクリックして削除します。

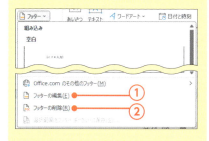

Memo ページ番号を2から始めるには

[挿入]タブの[ページ番号の追加]をクリックし①、表示されるメニューで[ページ番号の書式設定]をクリックすると②、[ページ番号の書式]ダイアログが表示されます③。[開始番号]に「2」を入力します④。

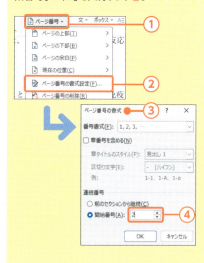

Memo ページ番号を削除する

[挿入]タブの[ページ番号の追加]をクリックし、[ページ番号の削除]をクリックします。

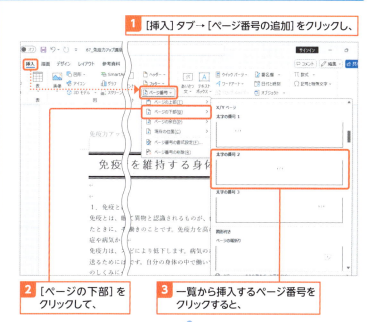

1 [挿入]タブ→[ページ番号の追加]をクリックし、

2 [ページの下部]をクリックして、

3 一覧から挿入するページ番号をクリックすると、

4 フッター領域が表示され、ページ番号が挿入されます。

5 [ヘッダーとフッターを閉じる]をクリックすると、

6 本文の編集領域に戻り、フッターにページ番号が表示されます。

Section 68 長い文書を作成するのに便利な機能

練習用ファイル: 📁 68_免疫力アップ講座-1〜5.docx

論文などページ数が多い文書を作成する場合、見出しとなる文字に**見出しスタイル**を設定するとよいでしょう。見出しスタイルには「見出し1」「見出し2」…があり、見出しのレベルに合わせたスタイルを設定すると、全体的な構成の確認や入れ替え、目次作成など、文書の整理が容易になります。

ここで学ぶのは
- ナビゲーションウィンドウ
- 見出しスタイル
- 目次

1 見出しスタイルを設定する

解説 見出しスタイルを設定する

見出しスタイルは、「見出し1」、「見出し2」などがあり、見出し1が一番上のレベルです。見出しは、[ホーム]タブの[スタイル]グループから選択します。見出しスタイルが一覧に表示されていない場合は、[その他]をクリックして一覧を表示して選択してください。

Memo 見出しスタイルを解除する

見出しスタイルを解除するには、右の手順❷で[標準]をクリックします。

Memo 見出しスタイルの書式を変更する

見出しスタイルを設定した段落で書式変更し、その設定を他の見出しスタイルにも適用するには、書式設定後❶、設定されている見出しスタイルを右クリックして❷、[選択個所と一致するように見出しを更新する]をクリックします❸ (p.169参照)。

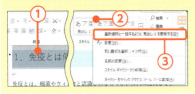

❶ 大見出しを設定する行にカーソルを移動し、

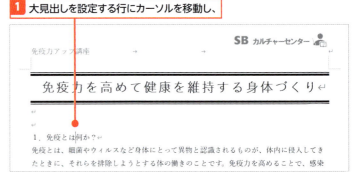

❷ [ホーム]タブ→[見出し1]をクリックすると、

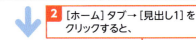

❸ [見出し1]が設定されます。行頭に表示される「・」は見出しを表す編集記号で印刷されません。

❹ [見出し2]を設定する行にカーソルを移動し、

❺ [見出し2]をクリックして、

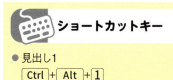

ショートカットキー

- 見出し1
  [Ctrl]+[Alt]+[1]
- 見出し2
  [Ctrl]+[Alt]+[2]
- 見出し3
  [Ctrl]+[Alt]+[3]

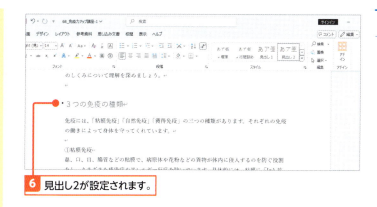

6 見出し2が設定されます。

2 ナビゲーションウィンドウで文書内を移動する

解説 ナビゲーションウィンドウを使って文書内を移動する

ナビゲーションウィンドウを表示すると、見出しスタイルが設定されている段落が階層構造で一覧表示されます。表示された見出しをクリックするだけで、文書内を移動できます。

Key word ナビゲーションウィンドウ

文書の構成を確認したり、検索結果を表示したりするウィンドウです。

Memo 下位レベルを表示／非表示する

ナビゲーションウィンドウの見出しの先頭に付いているは、下位のレベルの見出しを含んでいることを示しています。クリックすると、下位レベルの見出しが折りたたまれ①、をクリックすると再表示されます②。

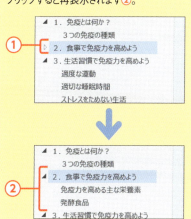

1 [表示]タブをクリックし、

2 [ナビゲーションウィンドウ]をクリックしてチェックをオンにすると、

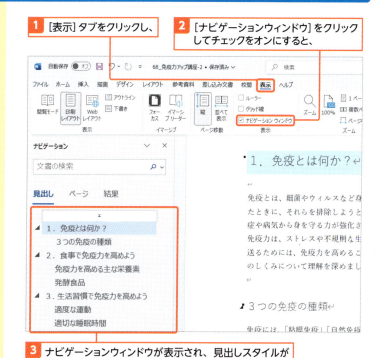

3 ナビゲーションウィンドウが表示され、見出しスタイルが設定されている段落が階層表示されます。

4 ナビゲーションウィンドウで見出しをクリックすると、

5 本文中の見出しが表示されます。

3 見出しを入れ替える

解説　見出しの入れ替え

ナビゲーションウィンドウで見出しをドラッグするだけで、下位レベルの見出しや本文も一緒に入れ替えることができます。

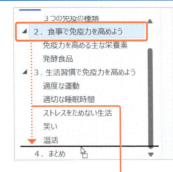

1 移動したい見出しにマウスポインターを合わせ、移動先までドラッグすると、

2 下位レベルの見出しも含めて移動します。

Memo　見出しを削除する

ナビゲーションウィンドウで見出しを右クリックして、[削除]をクリックすると、見出しとその見出しに含まれる下位レベルの見出しと本文も同時に削除されます。

4 目次を自動作成する

解説　目次を自動作成する

見出しスタイルが設定されていると、その項目を使って目次を自動作成できます。手間なく正確に目次が作成できるため便利です。

1 一番上の見出しの先頭にカーソルを移動し、

2 Ctrl + Enter キーを押して改ページしておきます。

3 目次を挿入する位置にカーソルを移動し、

Key word　目次フィールド

作成された目次の部分を「目次フィールド」といいます。Ctrl キーを押しながら、目次フィールドをクリックすると、本文内の見出しに移動します。

Memo　目次を更新する

目次作成後に、見出しやページの変更などがあった場合は目次を更新します。目次内をクリックし、先頭にある[目次の更新]をクリックします①。[目次の更新]ダイアログで[目次をすべて更新する]をクリックして②、[OK]をクリックします③。

④ [参考資料]タブ→[目次]をクリックして、

⑤ 一覧から目次のスタイルをクリックすると、

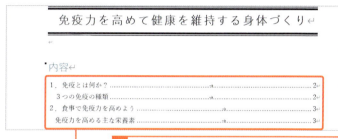

⑥ 見出しスタイルを元に目次が自動作成されます。

5 画面を分割する

解説　画面の分割

[表示]タブの[分割]をクリックすると、画面の中央に分割線が表示され、文書が上下に分割されます。分割した文書はそれぞれ独立してスクロールでき、画面を見比べながら編集できます。

Hint　分割の割合を変更する

分割線にマウスポインターを合わせ、の形になったらドラッグします。

① [表示]タブ→[分割]をクリックすると、

② 画面中央に分割線が表示され、画面が上下2つに分割されます。

[分割の解除]をクリックすると、分割が解除され元の表示に戻ります。

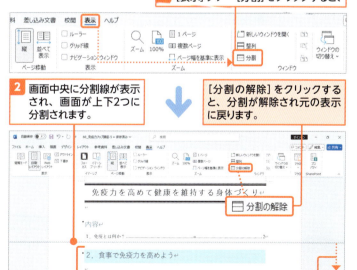

③ 下の画面をスクロールすると、文書の表示範囲が変わります。

Section 69 誤字、脱字、表記のゆれをチェックする

練習用ファイル： 69_アロマテラピー入門.docx

誤字や脱字、英単語のスペルチェックなど、入力した文章を校正するには、「スペルチェックと文章校正」を使います。スペルミスや「い」抜き言葉や「ら」抜き言葉、文法的におかしい文を検出し、赤波線や青二重線が表示されて確認、修正が行えます。

ここで学ぶのは
- スペルチェック
- 文章校正
- 表記のゆれ

1 スペルチェックと文章校正を行う

Hint 次の修正候補が表示されなくなった場合

本文内で直接修正した場合、[文章校正]作業ウィンドウに修正候補が表示されなくなります。[再開]をクリックすると①、次の修正候補が表示されます。

Memo スペルチェック

英単語のスペルミスや、日本語の句読点のダブりや入力ミスなどに赤い波線が表示されます。赤い波線は印刷されません。

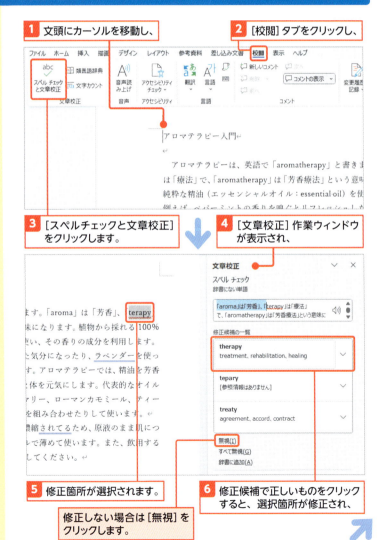

1 文頭にカーソルを移動し、
2 [校閲]タブをクリックし、
3 [スペルチェックと文章校正]をクリックします。
4 [文章校正]作業ウィンドウが表示され、
5 修正箇所が選択されます。修正しない場合は[無視]をクリックします。
6 修正候補で正しいものをクリックすると、選択箇所が修正され、

Memo 文章校正と表記のゆれ

「い」抜きや「ら」抜きのような文法が間違っている可能性がある箇所や「ペクチン」「ﾍﾟｸﾁﾝ」のように表記が統一されていない箇所には、青の二重線が表示されます。青の二重線は印刷されません。

「ら」抜き言葉　　「い」抜き言葉

Memo 1つずつ修正するには

赤の波線または青の二重線が表示されている箇所を右クリックし①、メニューに表示される修正候補（ここでは［「い」抜き　されている］）をクリックすると②、文字が修正され下線が消えます③。該当する箇所を入力し直して修正しても消えます。また、［無視］をクリックすると下線のみ消えます。

ショートカットキー

● スペルチェックと文章校正
F7

誤字、脱字、表記のゆれをチェックする

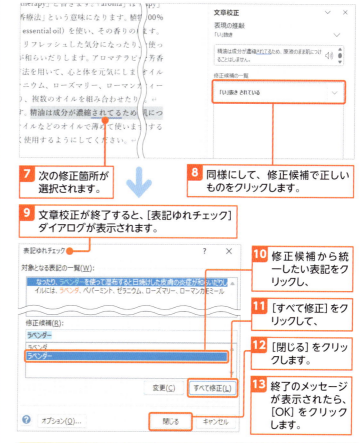

7 次の修正箇所が選択されます。

8 同様にして、修正候補で正しいものをクリックします。

9 文章校正が終了すると、[表記ゆれチェック]ダイアログが表示されます。

10 修正候補から統一したい表記をクリックし、

11 [すべて修正]をクリックして、

12 [閉じる]をクリックします。

13 終了のメッセージが表示されたら、[OK]をクリックします。

使えるプロ技！ 文章校正の設定

「い」抜き言葉や「ら」抜き言葉が文章内にあってもチェックされない場合があります。それは、校正レベルが「くだけた文」に設定されているためです。「通常の文」に変更するとチェックされるようになります。このような文章校正の設定は、[Wordのオプション]ダイアログの[文章校正]で行います。
p.35の「使えるプロ技」の方法で[Wordのオプション]ダイアログを表示して[文章校正]をクリックし①、[文書のスタイル]で[通常の文]を選択します②。
また、[この文書のみ、結果を表す波線を表示しない]と[この文書のみ、文章校正の結果を表示しない]のチェックをオンにすると③、現在の文書のみ赤の波線や青の二重線が表示されなくなります。

9 文書作成に便利な機能

Section 70 翻訳機能を利用する

練習用ファイル：70_翻訳.docx

ここで学ぶのは
- 翻訳
- 選択範囲の翻訳
- ドキュメントの翻訳

英文の意味がわからない場合、**翻訳機能**が便利です。翻訳機能は多言語に対応しているので、英語だけでなく中国語やフランス語などを翻訳することもできます。また、翻訳範囲を指定することも、文書全体を翻訳することもできます。

1 英文を翻訳する

解説 英語の文書を翻訳する

文書の翻訳はMicrosoft翻訳ツールというオンラインサービスで行います。そのためインターネットが使用できる環境で利用できます。右の手順 の［ドキュメントの翻訳］では、開いている文書を別の言語に翻訳し、新規文書に表示します。英語をはじめとする外国語を日本語に翻訳するだけでなく、日本語を外国語に翻訳することもできます。

ここでは、英文を日本語に翻訳します。

1 翻訳したい英語の文書を開き、
2 ［校閲］タブ→［翻訳］をクリックして、
3 ［ドキュメントの翻訳］をクリックします。

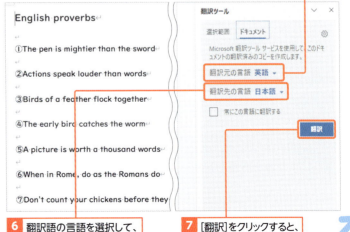

4 ［翻訳ツール］作業ウィンドウの［ドキュメント］タブが表示されます。
5 翻訳元の言語を選択し、
6 翻訳語の言語を選択して、
7 ［翻訳］をクリックすると、

Memo 翻訳後は必ずチェックする

翻訳された文書は、翻訳ツールによる自動翻訳です。翻訳ミスも見受けられますので、うのみにすることなく、必ずチェックし、必要な修正をするようにしましょう。

Hint ［翻訳ツール］作業ウィンドウの見方

［翻訳元の言語］に選択した言語（この場合は英語）が表示され、［翻訳先の言語］に翻訳された言語（この場合は日本語）が表示されます。

Hint 翻訳言語の指定

翻訳元の言語は自動的に検出されます。翻訳先の言語を他の言語に変更したい場合は、［翻訳先の言語］の［▼］をクリックして①、一覧から言語を選択し直してください②。

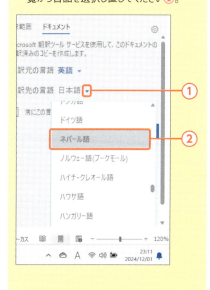

8 指定された言語に翻訳され、新規文書に表示されます。

Memo 文書内の語句をスマート検索（Web）で調べる

スマート検索は、文書内で選択した語句をネット検索できる機能です。調べたい語句を選択し①、［参考資料］タブをクリックし②、［検索］をクリックすると③、［検索］作業ウィンドウが表示され、Bing検索された結果が表示されます。

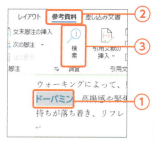

使えるプロ技！ 選択範囲を翻訳する

文書全体ではなく、文書内の選択した範囲だけを翻訳したい場合は、翻訳したい文字列を範囲選択し①、［校閲］タブの［翻訳］で［選択範囲の翻訳］をクリックします②。［翻訳ツール］作業ウィンドウの［選択範囲］タブで、［翻訳元の言語］に選択した文字列が表示され③、［翻訳先の言語］に指定した言語に翻訳されたものが表示されます④。［挿入］をクリックすると⑤、選択されていた文字列が翻訳先の文字列に置き換わります。

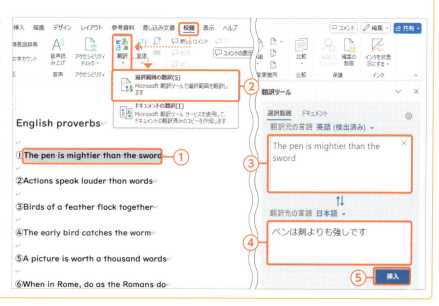

Section 71 インクツールを使う

練習用ファイル：71_マナー研修-1～2.docx

ここで学ぶのは
- インクツール
- 図形に変換

［描画］タブにある**インクツール**を使うと、ペンによって文書内に手書きでマーカーを引いたり、文字を書き込んだりできます。使用するペンは自由に増やしたり、色や太さを変更したりできます。また、**［インクを図形に変換］機能**を使うと、手書きで描いたものを図形に変換できます。

1 手書きでコメント入力やマーカーを引く

解説　手書きで描画する

文書内で手書きするには、［描画］タブをクリックし、ペンを選択して、編集画面上でドラッグします。終了するには、Escキーを押します。手書きで描画されたものを「インク」と呼び、図形オブジェクトとして扱えます。

Memo　ペンを追加する

追加したい種類のペンを右クリックし①、［別の（ペンの種類）を追加］をクリックします②。同じ種類のペンが追加され、表示されたメニューで太さや色を選択します③。

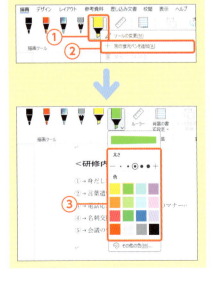

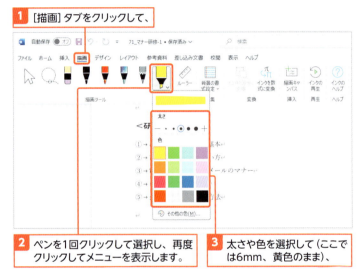

1 ［描画］タブをクリックして、

2 ペンを1回クリックして選択し、再度クリックしてメニューを表示します。

3 太さや色を選択して（ここでは6mm、黄色のまま）、

4 再度ペンをクリックしてメニューを閉じます。

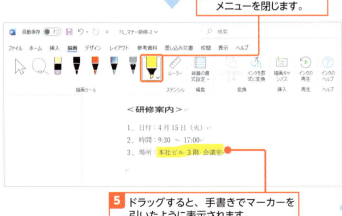

5 ドラッグすると、手書きでマーカーを引いたように表示されます。

Memo ペンの種類

描画ツールに用意されているペンは、「ペン」①、「鉛筆書き」②、「蛍光ペン」③の3種類です。「ペン」はサインペンで書くような線、「鉛筆書き」は鉛筆で書くような細くて少しかすれた線、「蛍光ペン」は蛍光ペンで書くような蛍光色の太い線を描画できます。

6 同様にしてペンを選択し、色、太さを選択して、

7 ドラッグして描画します。

8 [Esc] キーを押して、描画を終了します。

2 インクを削除する

解説 インクを削除する

描画したインクを削除したい場合は[消しゴム]をクリックし、インクをクリックまたはドラッグで削除します。

1 [描画] タブ→ [消しゴム] をクリックして、

2 削除したいインクの上でクリックまたはドラッグすると、

3 ドラッグまたはクリックしたインクが削除されます。

4 [Esc] キーを押して消しゴムを終了します。

Hint インクを部分的に削除する

[消しゴム]を2回クリックして①、表示されたメニューで[消しゴム(ポイント)]をクリックすると②、インク上でクリックまたはドラッグした部分だけ削除できます。インク全部を削除するのではなく、インクの一部を少しだけ削除して調整したいときに便利です。

Hint [なげなわ]を使って複数のインクをまとめて選択

[描画] タブの [なげなわ] をクリックし①、インクを囲むようにドラッグすると、囲まれたインクをまとめて選択できます②。選択されたインクに対して、[Delete] キーで

削除したり、右クリックして[インクの設定]を選択し、[インクの形式]作業ウィンドウを表示して、編集したりできます。

Hint [Delete] キーで削除する

インクは図形と同様に編集できるため、描画終了後、インクをクリックして選択し、[Delete] キーを押して削除することができます。

3 インクを図形に変換する

解説　インクを図形に変換する

ペンの種類で［ペン］または［鉛筆書き］が選択されているとき、［インクを図形に変換］をクリックしてオンにすると、手書きで描画した円や四角形などが図形に変換されます。手書きですばやく描画できるので、タブレット端末を使っている場合にとても便利です。

Hint　インクをテキストに変換する

インクで描画した文字を選択し、右クリックして［インクをテキストに変換］をクリックすると①、文字に変換することができます②。

Memo　図形に変換できるインク描画

描画して図形に変換できるのものとして、円、四角形、三角、ひし形、平行四辺形、矢印、台形、五角形、楕円、多角形などがあります。

Hint　描画キャンバスの挿入

［描画］タブの［描画キャンバス挿入］をクリックすると、描画するための領域が文書内に挿入されます。文章だけの文書の途中に描画したい場合などに便利です。

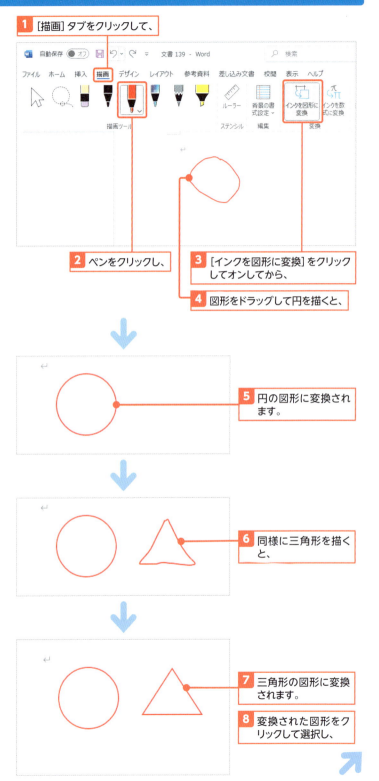

1 ［描画］タブをクリックして、
2 ペンをクリックし、
3 ［インクを図形に変換］をクリックしてオンしてから、
4 図形をドラッグして円を描くと、
5 円の図形に変換されます。
6 同様に三角形を描くと、
7 三角形の図形に変換されます。
8 変換された図形をクリックして選択し、

71 インクツールを使う

⑨ p.238〜241を参考に、図形を回転、移動、塗りつぶしや枠線の色など、通常の図形と同じように編集ができます。

使えるプロ技！ インクを数式に変換する

インクツールには手書き文字を数式に変換する機能も用意されています。[描画]タブの[インクを数式に変換]をクリックすると①、[数式入力コントロール]ダイアログが表示されます②。入力欄に数式をドラッグして入力すると③、自動認識された数式が表示されます④。[挿入]をクリックすると⑤、文書に数式が挿入されます⑥。

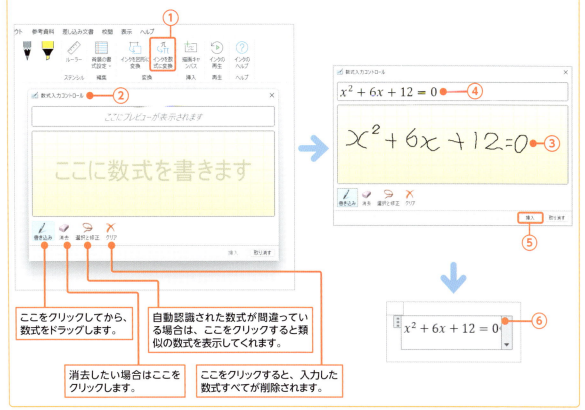

ここをクリックしてから、数式をドラッグします。

消去したい場合はここをクリックします。

自動認識された数式が間違っている場合は、ここをクリックすると類似の数式を表示してくれます。

ここをクリックすると、入力した数式すべてが削除されます。

9 文書作成に便利な機能

295

Section 72 差し込み印刷を行う

練習用ファイル： 72_展示会のご案内.docx、72_住所録.xlsx

ここで学ぶのは
- 差し込み印刷
- アドレス帳の編集
- 差し込みフィールド

［差し込み印刷］機能を使うと、案内文などのレターに宛先となるデータを**差し込んで印刷**できます。顧客など、複数の人に同じ文書のDMを送りたいときに便利です。ここでは、差し込み印刷で必要となるデータの準備方法、差し込み印刷の実行手順を説明します。

1 差し込み印刷とは

配布資料や案内文などに、一部ずつ宛先を変えて印刷する機能を「差し込み印刷」といいます。差し込み印刷を行うには、①データを差し込む文書（案内文など）と、②宛先データ（住所録など）が必要です。先に2つのデータを用意し、③差し込み印刷の設定を行います。

①データを差し込む文書　　　　　②宛先データ

③文書に宛先データを差し込む

> **Memo　差し込まれる文書の種類**
>
> ここでは、案内書のようなレターにデータを差し込む手順を例に紹介しますが、他に封筒やはがき、宛名ラベルに差し込むこともできます。

2 差し込み印刷の基本手順

差し込み印刷は、①差し込まれる文書と②宛先データを用意し、③文書にデータを差し込みます。①の文書に②のデータを差し込んで表示するため、2つのファイルは関連付けられます。文書にデータを差し込むには、③以降のⓐからⓖの順に操作します。それぞれの操作は、[差し込み文書]タブのボタンを使用します。ここでボタンの位置を確認しておいてください。

① データ差し込み用の文書を用意する

② 差し込むデータ(宛先)を用意する

③ 文書にデータを差し込む
- ⓐ 差し込み印刷の開始
- ⓑ 宛先の選択
- ⓒ アドレス帳の編集
- ⓓ 差し込みフィールドの挿入
- ⓔ 結果のプレビュー

④ 完了と差し込み
- ⓕ プリンターに差し込み
- ⓖ 新規文書へ差し込み

3 ①データ差し込み用の文書を用意する

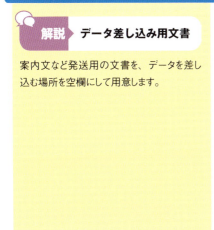

解説　データ差し込み用文書

案内文など発送用の文書を、データを差し込む場所を空欄にして用意します。

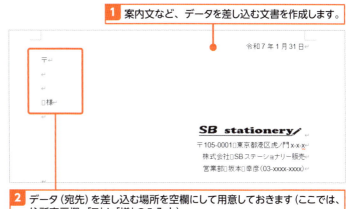

1 案内文など、データを差し込む文書を作成します。

2 データ(宛先)を差し込む場所を空欄にして用意しておきます(ここでは、住所表示欄、「〒」と「様」のみ入力)。

4 ②差し込むデータ（宛先）を用意する

解説　差し込み用のデータを用意する

宛先として差し込むデータを表形式で用意します。Excelのワークシートで作成された表やWordで作成した表を使うことができます。また、宛先のリストファイルを新規で作成することも、Accessなどのデータベースソフトのデータを使うことも可能です。本書ではExcelの表を例に説明しています。

ここでは、Excelを使って住所録を作成します。

1 Excelを起動し、新規ファイルを作成します。

2 1行目に「項目名」を入力します。

3 2行目以降に「データ」を入力します。

5 ③文書にデータを差し込む

解説　差し込み印刷の開始

[差し込み印刷の開始]をクリックして表示されるメニューでは、作成する文書の種類を選択します。案内文のような文書の場合は[レター]を選択します。

ⓐ差し込み印刷の開始

ここでは、文書「展示会のご案内.docx」に、Excelの「住所録.xlsx」の住所データを差し込みます。

1 データを差し込む文書（ここでは「展示会のご案内.docx」）を開いておきます。

2 [差し込み文書]タブ→[差し込み印刷の開始]をクリックして、

3 文書の種類（ここでは[レター]）をクリックします。

Memo　差し込み印刷ウィザード

右の手順3で[差し込み印刷ウィザード]をクリックすると、差し込み印刷ウィザードが起動します。画面に表示される指示通りに操作し、対話形式で差し込み印刷の設定ができます。

Memo 差し込み印刷の設定を解除する

差し込み印刷の設定を解除し、通常の文書に戻すには、[差し込み印刷の開始]をクリックして、[標準のWord文書]をクリックします。なお、差し込みフィールド（次ページを参照）は削除されないので、手作業で削除します。

Hint 宛先リストの選択

ここではすでに作成している住所録を使用するため、右の手順2で[既存のリストを使用]を選択していますが、他に差し込み印刷用に新しく住所録を作成できる[新しいリストの入力]、メール（Outlook）の連絡先が使える[Outlookの連絡先から選択]を選択することもできます①。

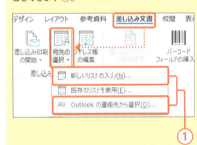

Memo 使用できるExcelデータの条件

 差し込み印刷のリストとして使用できるExcelデータは、列の1行目に項目名が記され、項目ごとにそれぞれ数値や文字が入力されている必要があります。

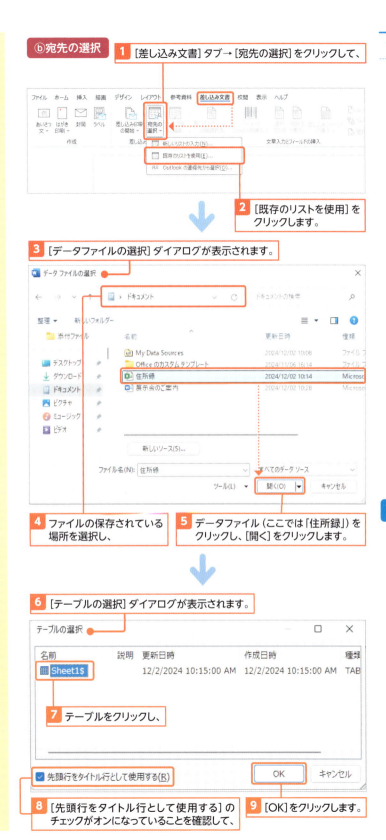

ⓑ宛先の選択

1 [差し込み文書]タブ→[宛先の選択]をクリックして、

2 [既存のリストを使用]をクリックします。

3 [データファイルの選択]ダイアログが表示されます。

4 ファイルの保存されている場所を選択し、

5 データファイル（ここでは「住所録」）をクリックし、[開く]をクリックします。

6 [テーブルの選択]ダイアログが表示されます。

7 テーブルをクリックし、

8 [先頭行をタイトル行として使用する]のチェックがオンになっていることを確認して、

9 [OK]をクリックします。

解説　アドレス帳の編集

[アドレス帳の編集]をクリックすると表示される[差し込み印刷の宛先]ダイアログには、データファイル内の実際に差し込まれるデータが一覧表示されます。チェックボックスがオンになっているデータが差し込まれるので、クリックしてオン／オフを切り替えれば、差し込むデータを個別に選択できます。また、データの抽出や修正もできます（次ページの「使えるプロ技」を参照）。

Hint　差し込みフィールドの挿入

[差し込みフィールドの挿入]の⌄をクリックすると、宛先の選択（p.299）で指定したデータファイルの項目名が一覧表示されます。

Key word　差し込みフィールド

宛先のデータを表示するための場所で、フィールドコード（p.229の「使えるプロ技」を参照）という特殊な記号が設定されています。

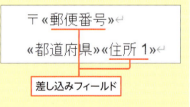

Memo　差し込みフィールドを削除する

挿入した差し込みフィールドを削除するには、削除したいフィールドの後ろにカーソルを移動し、Back spaceキーを2回押します。

ⓒ アドレス帳の編集

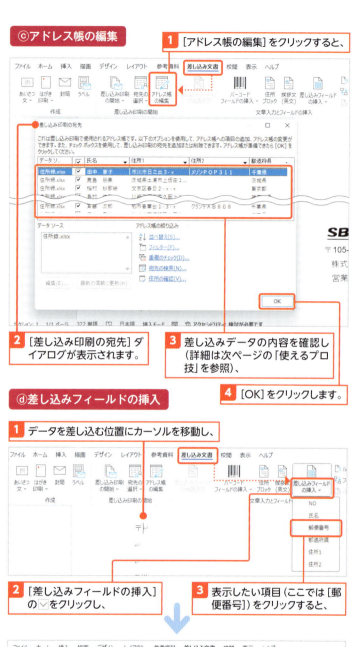

1 [アドレス帳の編集]をクリックすると、

2 [差し込み印刷の宛先]ダイアログが表示されます。

3 差し込みデータの内容を確認し（詳細は次ページの「使えるプロ技」を参照）、

4 [OK]をクリックします。

ⓓ 差し込みフィールドの挿入

1 データを差し込む位置にカーソルを移動し、

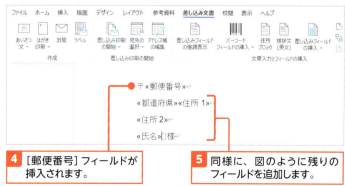

2 [差し込みフィールドの挿入]の⌄をクリックし、

3 表示したい項目（ここでは[郵便番号]）をクリックすると、

4 [郵便番号]フィールドが挿入されます。

5 同様に、図のように残りのフィールドを追加します。

解説 結果のプレビューと表示の切り替え

[結果のプレビュー]をクリックするごとに差し込みフィールドの位置のデータの表示／非表示を切り替えられます。ボタンをクリックして、表示するデータを切り替えます。

①先頭のレコード	宛先リストの先頭のデータを表示
②前のレコード	宛先リストの前のデータを表示
③次のレコード	宛先リストの次のデータを表示
④最後のレコード	宛先リストの最後のデータを表示

Memo 差し込みフィールドの強調表示

[差し込み文書]タブの[差し込みフィールドの強調表示]をクリックすると、差し込みフィールドに網かけが表示され、強調表示されます。文書内のどこにフィールドが配置されているか確認に使えます。

ⓒ結果のプレビュー

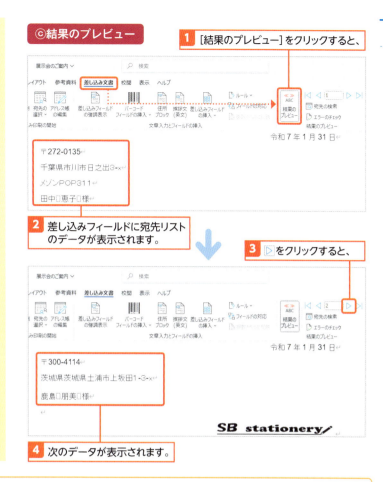

1 [結果のプレビュー]をクリックすると、

2 差し込みフィールドに宛先リストのデータが表示されます。

3 ▷をクリックすると、

4 次のデータが表示されます。

使えるプロ技！ 差し込みデータを抽出・修正する

[差し込み印刷の宛先]ダイアログのデータの列幅は、列見出しの右境界線をドラッグして調整します①。ダイアログの境界線をドラッグしてウィンドウサイズが変更できます②。また、列見出しの[▼]をクリックし③、メニューから並べ替えや抽出ができます④。[データソース]でデータファイル名をクリックし⑤、[編集]をクリックすると⑥、[データソースの編集]ダイアログが表示され⑦、データを修正できます。ここで修正すると、元のデータファイルも修正されます。

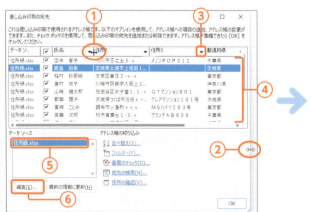
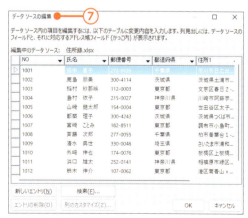

6 ④完了と差し込み

解説　差し込み印刷の実行

データを差し込んで印刷を実行するには、右の手順❷で[文書の印刷]を選択します。印刷をしないでデータを差し込んだ文書を用意したい場合は、[個々のドキュメントの編集]をクリックします（次ページを参照）。

Memo　印刷しないレコードがある場合

[プリンターに差し込み]ダイアログをいったん閉じ、[アドレス帳の編集]をクリックして[差し込み印刷の宛先]ダイアログを表示し、印刷しないレコード（1件のデータ）のチェックボックスをオフにします（p.300参照）。

Memo　印刷するレコードを指定する

①すべての宛先を印刷
②現在表示されている宛先のみ印刷
③連続する宛先を印刷。例えば、1件目から3件目まで印刷する場合は、[最初のレコード]に「1」、[最後のレコード]に「3」を指定します。

ⓕ差し込み印刷の実行

前ページからの続きで操作します。

1 [差し込み文書]タブ→[完了と差し込み]をクリックして、

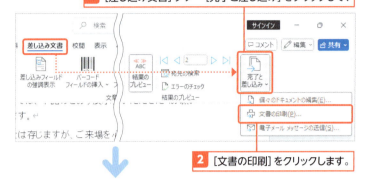

2 [文書の印刷]をクリックします。

3 [プリンターに差し込み]ダイアログが表示されます。

4 [レコードの印刷]で種類を選択し、

5 [OK]をクリックします。

6 [印刷]ダイアログが表示されます。

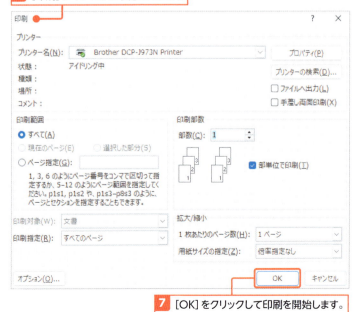

7 [OK]をクリックして印刷を開始します。

解説 差し込み済みの文書を作成する

[差し込み文書]タブの[完了と差し込み]で[個々のドキュメントの編集]をクリックすると、新規文書が作成され、宛名リストのデータを文書に差し込み、データの件数分だけのページが作成されるため、宛先別に編集することができます。なお、新規文書は宛先リストのファイルとは関連付いていません。

ⓖ 新規文書にデータを差し込む

1 [差し込み文書]タブ→[完了と差し込み]をクリックして、

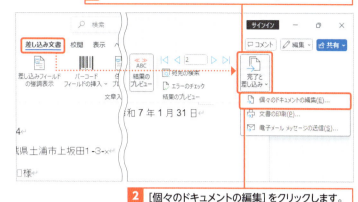

2 [個々のドキュメントの編集]をクリックします。

3 [新規文書への差し込み]ダイアログが表示されます。

4 [レコードの差し込み]で種類を選択し、

5 [OK]をクリックすると、

6 新規文書「レター1」が作成されます。

Memo 差し込み文書を保存する

p.298で作成した差し込みフィールドを追加した差し込み文書(ここでは「展示会のご案内.docx」)は、宛先リストのデータファイル(ここでは「住所録.xlsx」)と関連付いています。差し込み文書をいったん保存して閉じた後、再度開くと、以下のような確認メッセージが表示されます。[はい]をクリックすると、関連付けているデータファイルが読み込まれます。差し込み文書を保存したら、データファイルは移動したり、削除したりしないようにしましょう。

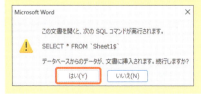

7 スクロールしてデータが差し込まれたページを確認します。

8 ページごとに編集を加えて、印刷したり、保存したりできます。

Section 73 パスワードを付けて保存する

練習用ファイル: 📁 73_売上報告.docx

ここで学ぶのは
- パスワード
- 暗号化
- 書き込みパスワード

文書に**パスワード**を付けて保護しておくと、パスワードを知っているユーザーしか文書を開いたり、編集したりできなくなります。文書を開くことを保護するには、[パスワードを使用して暗号化]を設定します。文書の編集を保護するには、[書き込みパスワード]を設定します。

1 パスワードを設定して文書を暗号化する

解説 パスワードを設定して文書を暗号化する

文書にパスワードを付けて暗号化すると、パスワードを知っているユーザーしか文書を開けなくなります。いわゆる読み取りパスワードのことです。パスワード設定後、文書を保存するとパスワードが有効になります。
なお、パスワードは大文字・小文字が区別されます。

注意 パスワードは忘れないように

パスワードを忘れてしまうと文書を開けなくなるので、忘れないように注意してください。

Memo パスワードを解除するには

パスワードが設定されている文書を開き、右の手順④の[ドキュメントの暗号化]ダイアログでパスワード欄を空欄にして、[OK]をクリックします。

暗号化したい文書を開いておきます。

1 [ファイル]タブ→[情報]をクリックし、

2 [文書の保護]→[パスワードを使用して暗号化]をクリックします。

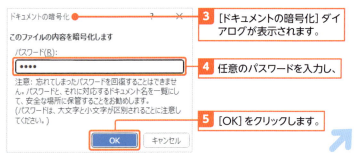

3 [ドキュメントの暗号化]ダイアログが表示されます。

4 任意のパスワードを入力し、

5 [OK]をクリックします。

[文書の保護]メニュー

［文書の保護］をクリックして表示されるメニューでは、文書にパスワードを設定する他に、文書を読み取り専用（他の人は編集ができない状態）にすることや、他の人の行える編集機能を制限することなど、文書の安全性に関するさまざまな設定を行うことができます。

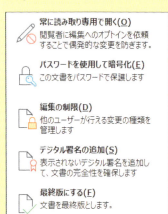

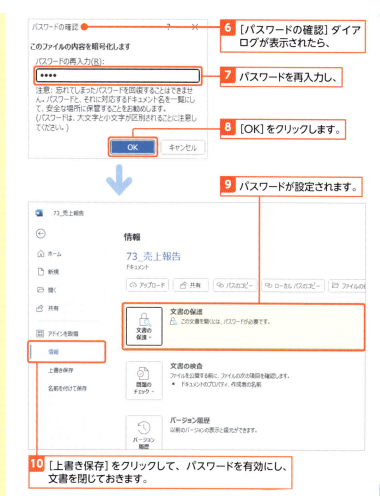

6 ［パスワードの確認］ダイアログが表示されたら、
7 パスワードを再入力し、
8 ［OK］をクリックします。
9 パスワードが設定されます。
10 ［上書き保存］をクリックして、パスワードを有効にし、文書を閉じておきます。

パスワードの有効化

パスワードを設定した後、それを有効化するには文書を上書き保存する必要があります。

2 パスワードを設定した文書を開く

解説　パスワードを設定した文書を開く

パスワードを設定した文書を開くときには、パスワードの入力を求められる画面が表示されます。パスワードを入力すると文書が開くことを確認しましょう。

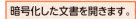
暗号化した文書を開きます。

1 ［ファイル］タブ→［開く］をクリックし、
2 ［参照］をクリックして、

Hint [情報]ページでできること

[情報]ページにはここで紹介しているようなパスワード設定を行う[文書の保護]の他に、ファイルを公開する前に作成者の名前やプロパティを確認する[問題のチェック]、保存されていない文書の回復などを行う[文書の管理]といったメニューが用意されています。

3 [ファイルを開く]ダイアログを表示し、

4 パスワードを設定した文書をクリックし、

5 [開く]をクリックします。

6 [パスワード]ダイアログが表示されます。

7 パスワードを入力し、

8 [OK]をクリックすると、

9 文書が開きます。

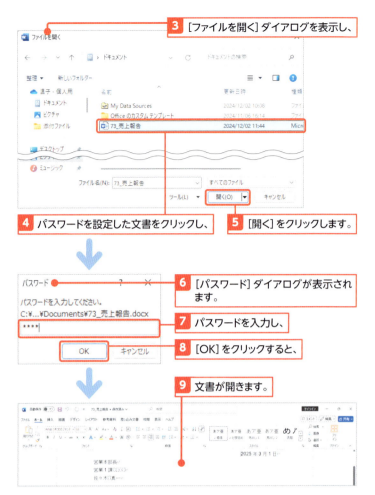

3 書き込みパスワードを設定する

解説 書き込みパスワードを設定する

書き込みパスワードを設定すると、パスワードを知っている人だけが、文書を編集し上書き保存できる状態で文書を開くことができるようになります。

1 書き込みパスワードを設定したい文書を開き、p.100の手順で[名前を付けて保存]ダイアログを表示します。

2 [ツール]→[全般オプション]をクリックすると、

[全般オプション]ダイアログの読み取りパスワード

[全般オプション]ダイアログで表示される[読み取りパスワード]でも、p.304で解説したパスワードを使用して暗号化と同じ設定ができます。

書き込みパスワードを設定した文書を開く

文書を開くと、[パスワード]ダイアログが表示されます。パスワードを入力して[OK]をクリックすると①、文章を編集し、上書き保存できる状態で開きます。パスワードを入力しないで[読み取り専用]をクリックすると②、読み取りのみ可能な状態で開き、タイトルバーに「読み取り専用」と表示されます。

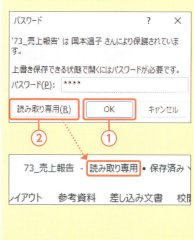

書き込みパスワードを解除する

書き込みパスワードを解除するには、右の手順❹でパスワード欄を空欄にして、文書を上書き保存します。

---

3 [全般オプション]ダイアログが表示されます。

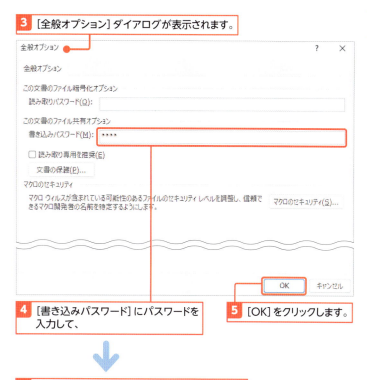

4 [書き込みパスワード]にパスワードを入力して、

5 [OK]をクリックします。

6 [パスワードの確認]ダイアログが表示されます。

7 パスワードを再入力し、

8 [OK]をクリックします。

9 [名前を付けて保存]ダイアログに戻ったら、[保存]をクリックして保存します。

Memo 文書を最終版にする

p.304の手順❷で[最終版にする]を選択すると、文書が最終版として読み取り専用で保存されます。最終版にした文書を開くと、タイトルバーに[読み取り専用]と表示され①、最終版を表すメッセージバーが表示されます②。どうしても編集が必要な場合は、[編集する]をクリックすると③、最終版が解除され、編集できるようになります。

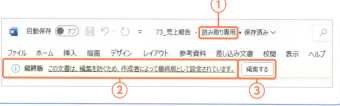

Memo — **Word 2024 の主な新機能**

Word 2024では、従来の機能に加えていくつかの新しい機能が追加されています。ここでは、主なものを簡単に紹介します。

Wordセッションの回復

変更を保存する前に、予期せずWordが閉じてしまった後、Wordを起動すると閉じられたときに開いていた文書が自動で開き、中断した場所から作業が続行できるようになっています。

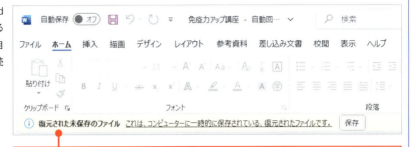

強制終了後、Wordを起動すると、終了前の文書が開き、メッセージバーが表示される。このファイルは一時保存のファイルなので、[保存]をクリックすることでファイルが正常に保存される。

新しいOffice 2024のテーマ

テーマにOffice 2024が追加され、新規の文書は既定でOffice 2024のテーマが適用されています。新しいテーマは、カラーパレットが一新されています。以前のOfficeテーマに変更したい場合は、[デザイン] タブの [テーマ] をクリックし、[Office 2013 – 2022テーマ] をクリックします。

● Office のテーマ

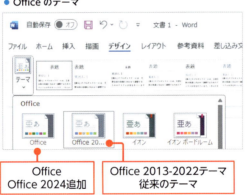

Office　Office 2024追加

Office 2013-2022テーマ　従来のテーマ

● Office 2024 のカラーパレット

文書モードの切り替え

文書を表示、確認、編集の3つのモードを簡単に切り替えたり、文書にコメントを追加したりするのに、画面右上に表示されたメニューをクリックするだけですばやく操作できます。わざわざリボンを切り替える必要がありません。文書を共有して共同作業する場合に便利です。

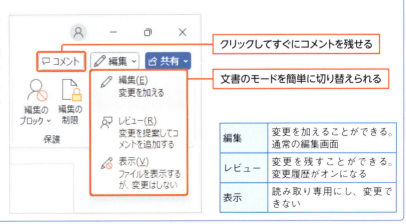

クリックしてすぐにコメントを残せる

文書のモードを簡単に切り替えられる

編集	変更を加えることができる。通常の編集画面
レビュー	変更を残すことができる。変更履歴がオンになる
表示	読み取り専用にし、変更できない

第10章

文書を共有する

ここでは、OneDriveの使い方や、文書の共有、コメント、変更履歴の記録や文書の比較など、文書を複数の人数で共同で編集する場合に使える、便利な機能を紹介します。

Section 74 ▶ OneDrive を利用する
Section 75 ▶ コメントを挿入する
Section 76 ▶ 変更履歴を記録する
Section 77 ▶ 2つの文書を比較する

Section 74 OneDriveを利用する

ここで学ぶのは
- OneDrive
- Microsoft アカウント
- 同期

OneDriveとは、Microsoft社が提供する**オンラインストレージサービス**です。Microsoftアカウントを持っていると、インターネット上に自分専用の保存場所が提供され、WordやExcelのファイルや写真などのデータを保存できます。OneDriveとパソコン間でデータを自動で同期させられるため、データの紛失を防ぐことができます。

1 OneDriveにWord文書を保存する

 解説　OneDriveに保存する

Microsoftアカウントでサインインしていれば、自分のパソコンに保存するのと同じ感覚でOneDriveに文書を保存できます。OneDriveに文書を保存すると、自動保存機能によって文書の変更があると自動的に保存されるようになり、保存し忘れることがなくなります。

 Memo　Microsoftアカウントでサインインする

タイトルバーの右端にある［サインイン］をクリックし①、表示される画面でMicrosoftアカウントを入力して②、［次へ］をクリックします③。サインインが完了すると アイコンがタイトルバーに表示されます。まだMicrosoftアカウントを作成していない場合は、「アカウントを作成しましょう」から作成できます。

1. Microsoftアカウントでサインインしておきます。
2. ［ファイル］タブ→［名前を付けて保存］をクリックし、
3. ［OneDrive］をクリックして、
4. ［OneDrive - 個人用］をクリックします。
5. ［名前を付けて保存］ダイアログが表示されます。
6. 保存先となるOneDriveのフォルダー（ここでは［ドキュメント］）をクリックし、
7. ファイル名（ここでは「健康通信3月号」）を入力して、
8. ［保存］をクリックすると、指定したOneDriveのフォルダーに保存されます。

Memo　OneDriveの利用可能容量

1つのMicrosoftアカウントにつき、無料で5GBまで使用できます。Microsoft 365では1TBまで使用できるようになります。詳しくはMicrosoft社のWebページでご確認ください。

⑨ 文書が保存され、編集画面に戻ると[自動保存]が「オン」になります。以降、文書に変更があると自動的に保存されるようになります（p.101の「Hint」を参照）。

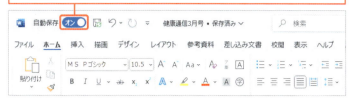

2 パソコンとOneDrive間の自動同期を設定／解除する

解説　自動同期の設定と解除

OneDriveの設定により、パソコンなどのデバイス上の「デスクトップ」「ドキュメント」「ピクチャ」フォルダーにあるファイルを自動的に同期させることができます。同期する設定になっていると、パソコン上で文書を「ドキュメント」に保存すると、自動的にOneDriveの「ドキュメント」にも保存され、常にパソコンとOneDriveの内容が同じになります。そのためパソコンを紛失した場合でもデータを守ることができます。OneDriveとパソコンで保存するデータを分けたい場合は、自動同期の設定を解除してください。

自動同期を設定する

① タスクバー上のOneDriveのアイコン をクリックし、

② [ヘルプと設定]→[設定]をクリックします。

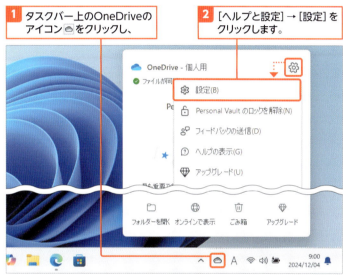

③ [OneDriveの設定を開きます]画面で[同期とバックアップ]をクリックし、

④ [バックアップを管理]をクリックします。

Hint 同期の状態をエクスプローラーで確認

パソコンとOneDrive間で同期が完了するとエクスプローラーのファイルやフォルダーに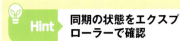が表示されます。

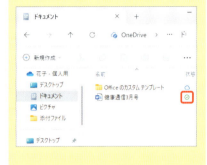

5 [このPCのフォルダーをバックアップする] 画面で、同期するフォルダー（ここでは [ドキュメント]）のここをクリックしてオンに変更します。

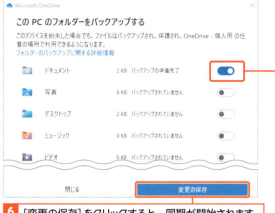

6 [変更の保存] をクリックすると、同期が開始されます。

7 バックアップを開始した内容のメッセージが表示されたら [閉じる] をクリックし、

8 手順❸の [同期とバックアップ] 画面が表示されたら、[閉じる] ボタンをクリックして閉じておきます。

自動同期を解除する

1 [このPCのフォルダーをバックアップする] 画面を表示しておきます。

2 同期を解除したいフォルダー（ここでは [ドキュメント]）のここをクリックすると、

同期解除後のファイルの状態

同期を解除すると、同期していたファイルはOneDriveに残りますが、PC上には残りません。エクスプローラーを開くと、同期を解除したフォルダーに①、［ドキュメントへのショートカット］が表示されます②。ダブルクリックするとOneDrive上の同期していたファイルやフォルダーが保存されている場所が開きます③。必要に応じてファイルやフォルダーを元の場所にコピーまたは移動してください。

● PC上のフォルダー

● OneDrive上のフォルダー

必要に応じてPC上に移動またはコピーします。

3 バックアップ停止を確認する画面が表示されたら、［バックアップを停止］をクリックします。

4 ［ドキュメント］フォルダーのバックアップが解除されたことを確認し、

5 ［閉じる］をクリックして閉じます

6 ［同期とバックアップ］画面が表示されたら、［閉じる］をクリックして閉じます。

3 Web上でOneDriveを利用する

解説　Web上でOneDriveを利用する

Microsoft Edgeなどのブラウザーを使って、Web上でOneDriveを開くことができます。外出先にあるパソコンやタブレット、スマートフォンなど機種やOSを問わずOneDriveの内容が確認できます。OneDrive上のWord文書ファイルをクリックすると、Word Onlineが起動し、文書が開きWeb上で基本的な編集作業ができます。

Memo　サインインの画面が表示された場合

右の手順2の後、サインインを求める画面が表示された場合は、画面の指示に従って、Microsoftアカウントとパスワードを入力してサインインしてください。

Hint　Word Onlineが起動する

右の手順5の後、Word Onlineが起動し、新しいタブにファイルが表示されます。画面を閉じるには、タブの右にある[タブを閉じる]をクリックします。

4 Wordで開いている文書を共有する

解説 Wordで作業中の文書を共有する

OneDrive上のファイルを他のユーザーが開けるようにするには、ファイルの共有が必要です。ファイルを共有する場合、共有ファイルを開くためのURLを指定したメールアドレス宛にメールします。標準では編集可能な状態で共有できますが、表示のみに変更することもできます。OneDriveに保存されている文書をWordで開いている場合、Wordから直接共有のメールを送信できます。

Memo リンクのコピー

手順**2**で[リンクのコピー]をクリックすると、以下のような画面が表示されます。すでにリンク先のURLがコピーされているため、リンク先を文書やメールに貼り付けて使用することができます。

Hint ファイルを添付して送信する

[リンクの送信]画面で[コピーを送信]をクリックし、一覧から[Word文書]または[PDF]をクリックすると、Outlookが起動し、選択したファイル形式のファイルが添付された状態で新規メッセージが表示されます。文書を直接共有するのではなく、文書のコピーを別ファイルで送信して確認してもらうことができます。

1 共有するファイルはあらかじめOneDriveに保存しておきます。

2 共有するファイルを開き、[共有]→[共有]をクリックします。

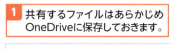
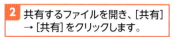

3 [リンクの送信]画面が表示されます。

4 鉛筆のアイコンをクリックし、

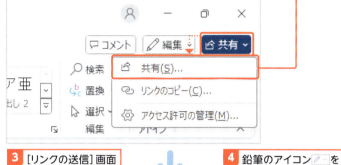

5 メニューから共有の種類(ここでは、[編集可能])を選択します。

6 共有するユーザーのメールアドレスを入力し、

7 必要なメッセージを入力して、

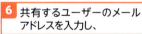

次ページMemo確認

8 [送信]をクリックすると、共有ファイルのリンクがメール送信されます。

> **Memo** アクセス許可の管理
>
> 手順②で[アクセス許可の管理]をクリックすると、文書をすでに共有しているユーザーの一覧が表示され、共有の方法を管理する画面が表示されます（p.317「使えるプロ技」参照）。

⑨ リンク送信の完了メッセージが表示されたら、[閉じる]をクリックします。

> **Memo** [共有の設定]でセキュリティを高める

手順⑤で[共有の設定]をクリックすると、[リンクの設定]画面が表示されます。共有するファイルは、既定では[すべてのユーザー]となっており、リンクを知っているユーザーであれば誰でもアクセスできます。メールを受け取ったユーザーのみがアクセスできるようするには、[特定のユーザー]をクリックします①。その他の設定で編集可能／表示のみの選択ができます②。[適用]をクリックすると③、[リンクの送信]画面に戻り、設定が変更されます④。共有するユーザーのメールアドレス、メッセージを入力して送信します⑤。文書を共有する場合は、[特定のユーザー]を選択して、ユーザーを限定することでセキュリティを高めることをお勧めします。また、Microsoft365を使用しているのであれば、有効期限やパスワードの指定をすることを検討してください。

● [リンクの設定]画面

● メールを受け取ったユーザーに限定する

共有の状態を確認／変更する

［共有］をクリックし、メニューから［アクセス許可の管理］をクリックすると①、［アクセス許可を管理］画面が表示されます②。［ユーザー］タブにはファイルにアクセスできる人数が表示され③、ファイルを使用できるユーザー一覧が表示されます④。［リンク］タブには、設定されているリンクの数が表示され⑤、リンク用のURLが表示されます⑥。⚙（設定）でリンクの設定ができ⑦、🗑（リンクの削除）で共有を削除できます⑧。

Section 75 コメントを挿入する

練習用ファイル: 75_健康通信-1～3.docx

コメント機能を使うと、文書中の語句や内容について、確認や質問事項を欄外に残しておけます。文書内でコメント間を移動しながら、内容を確認し、返答ができます。共有した文書についての意見交換のツールとして使ったり、作成者の確認用の覚書として使ったりと、文章校正時に便利です。

ここで学ぶのは
- コメントの挿入
- コメントの表示／非表示
- コメントの返答

1 コメントを挿入する

解説 コメントの挿入

コメント機能を使うと、文書中の語句や内容について、確認や質問事項を欄外に残しておけます。共有された文書を複数人で校正する場合にやり取りするのに使えます。

Memo コメントを削除する

削除したいコメントをクリックして選択し、[校閲] タブをクリックして①、[削除] をクリックします②。

ショートカットキー

●コメントの挿入
Ctrl + Alt + M

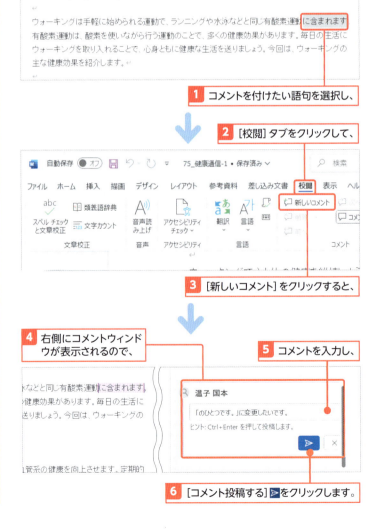

1 コメントを付けたい語句を選択し、
2 [校閲] タブをクリックして、
3 [新しいコメント] をクリックすると、
4 右側にコメントウィンドウが表示されるので、
5 コメントを入力し、
6 [コメント投稿する] をクリックします。

2 コメントの表示／非表示を切り替える

解説　コメントの表示／非表示を切り替える

[校閲]タブの[コメント表示]をクリックするごとにコメントの表示／非表示を切り替えられます。非表示のときはコメント位置に💬が表示されます①。クリックするとコメントが表示され、内容確認や編集ができます。

1 [校閲]タブをクリックし、

2 [コメントの表示]をクリックしてオフにすると、

3 コメントが非表示になり、コメントが挿入されていた位置に💬が表示されます。

3 コメントに返答する

解説　コメントに返信する

コメントに対する返信をするには、コメントウィンドウにある[返信]ボックスに入力し、[返信を投稿する]➤をクリックします。

Memo　自分が入力したコメントを修正・削除する

自分が入力したコメントを削除するには、ユーザー名の右側に表示される…をクリックし、メニューから[コメントを削除]をクリックします①。また、修正するには、✏をクリックします②。

コメントが非表示になっている場合は、表示しておきます。

1 返信内容を入力し、
2 [返信を投稿する]➤をクリックします。

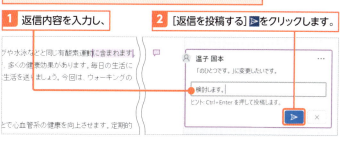

3 返信が投稿されます。

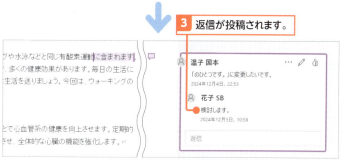

Section 76 変更履歴を記録する

練習用ファイル: 76_健康通信-1〜3.docx

ここで学ぶのは
- 変更履歴の記録
- 変更履歴の承諾
- [変更履歴]ウィンドウ

変更履歴とは、文書内で変更した内容を記録したものです。複数の人数で文書を変更する際に、変更履歴を記録しておくと、誰がどのような変更をしたのか確認できます。変更された内容は、1つずつ確認しながら、承諾したり、元に戻したりして文書への反映を選択できます。

1 変更履歴を記録する

解説 変更履歴を記録する

文書内で変更内容を記録するには、[校閲]タブの[変更履歴の記録]をクリックしてオンにします。ボタンが濃色表示になり、変更内容が記録されるようになります。また、[変更内容の表示]を[すべての変更履歴/コメント]にしておくと、変更内容がすべて表示されるので、どのような変更を行ったのかが一目瞭然です(次ページの「Hint」を参照)。

1 [校閲]タブをクリックし、

2 [変更内容の表示]を[すべての変更履歴/コメント]に変更しておきます。

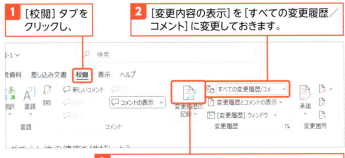

3 [変更履歴の記録]をクリックして記録を開始します。

4 修正を加えると文字の色が変わります。

5 変更した行の左余白に灰色の線が表示されます。

6 変更履歴の記録を終了するには、[校閲]タブ→[変更履歴の記録]をクリックします。

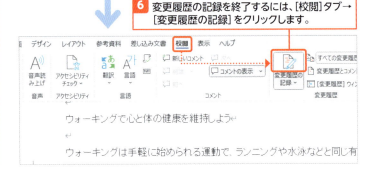

Memo 文字の追加と削除

追加文字には下線が引かれ、削除すると取り消し線が引かれます。

●追加　　　　　　●削除

2 変更履歴を非表示にする

 変更履歴の表示／非表示

変更履歴の表示／非表示は、変更のあった行の左余白に表示される線をクリックします。灰色の線をクリックすると変更履歴が非表示になり、赤線に変わります。また、赤線をクリックすると変更履歴が表示され、灰色の線に変わります。

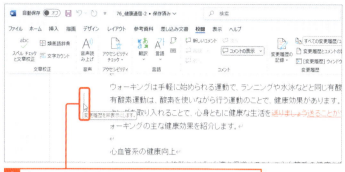

1 変更した行の左余白にある灰色の線をクリックすると、

2 灰色の線が赤色に変わり、 **3** 変更内容が非表示になり、

4 [変更内容の表示] が [シンプルな変更履歴/コメント] に変更になります。

 変更内容の詳細を確認する

変更履歴が表示されているとき、変更箇所にマウスポインターを合わせると、変更の詳細が表示されます。

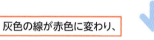

 変更内容の表示

[校閲] タブの [変更内容の表示] の選択項目によって変更履歴やコメントの表示方法が変わります①。表示方法を切り替えて、変更内容を確認したり、変更前の状態を表示したりできます。

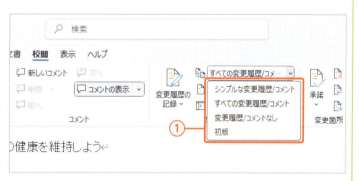

項目	表示内容
シンプルな変更履歴/コメント	変更した結果のみが表示される。変更のあった行の左余白に赤線が表示される
すべての変更履歴/コメント	すべての変更内容が色付きの文字で表示される。変更のあった行の左余白に灰色の線が表示される
変更履歴/コメントなし	変更結果のみが表示される
初版	変更前の文章が表示される

3 変更履歴を文書に反映する

解説　変更履歴の反映

変更内容を1つずつ確認しながら、承諾したり、元に戻したりして、変更履歴を反映していきます。

Memo　変更箇所の確認

[校閲] タブの [変更箇所] では、文書に行った変更履歴を1つずつ確認できます。[前の変更箇所]、[次の変更箇所] で変更箇所の移動を行います。変更を反映する場合は [承諾して次へ進む] を、変更を破棄する場合は [元に戻して次に進む] をクリックします。

使えるプロ技！　変更履歴のオプション

[校閲] タブの [変更履歴] グループの▼をクリックすると、[変更履歴オプション] ダイアログが表示され、変更履歴に表示するものを編集することができます。さらに [詳細オプション] ①をクリックして表示される [変更履歴の詳細オプション] ダイアログでは、変更履歴の色や書式などの変更も行えます。

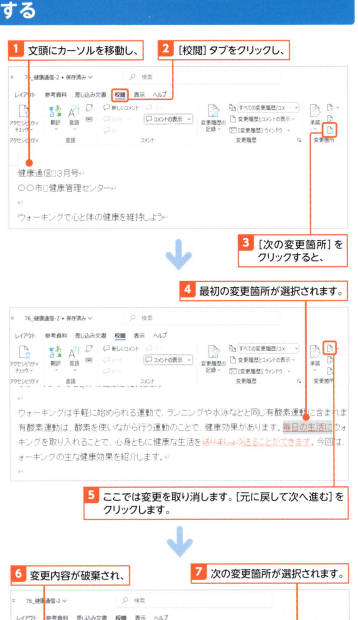

1. 文頭にカーソルを移動し、
2. [校閲] タブをクリックし、
3. [次の変更箇所] をクリックすると、
4. 最初の変更箇所が選択されます。
5. ここでは変更を取り消します。[元に戻して次へ進む] をクリックします。

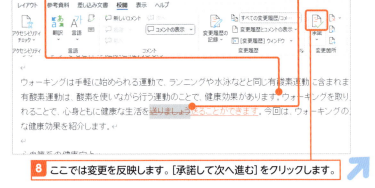

6. 変更内容が破棄され、
7. 次の変更箇所が選択されます。
8. ここでは変更を反映します。[承諾して次へ進む] をクリックします。

Memo 変更をまとめて承諾する

変更内容をまとめて承諾して一気に反映するには、[校閲]タブの[承諾して次へ進む]の▽をクリックして①、[すべての変更を反映]をクリックします②。

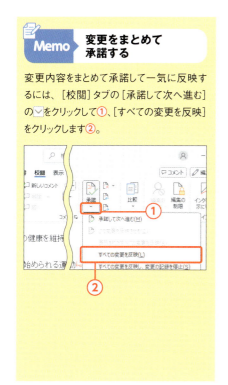

9 変更が反映されます。

10 同様にして変更を反映していきます。

11 すべての変更内容が反映されると、メッセージが表示されます。[OK]をクリックして終了します。

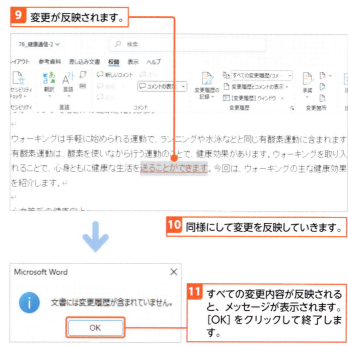

使えるプロ技！ 変更履歴を一覧表示する

[校閲]タブの[[変更履歴]ウィンドウ]をクリックすると①、[変更履歴]作業ウィンドウが表示され②、変更履歴が一覧表示されます。変更内容をまとめて確認したいときに便利です③。

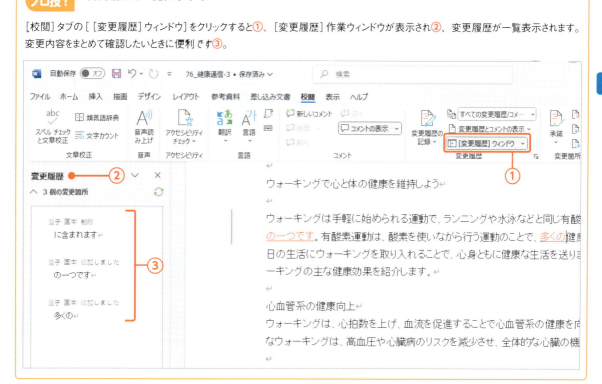

Section 77 2つの文書を比較する

練習用ファイル: 77_研修案内.docx、77_研修案内2.docx

ここで学ぶのは
- 比較
- 文書の比較
- 組み込み

比較の機能を使うと、元の文書と変更を加えた文書を比較して、変更点を変更履歴にして比較結果の文書に表示します。変更履歴を記録しないで修正した文書がどこに変更を加えているか確認でき、変更内容をそのまま反映させるか、取り消すか選択できます。

1 2つの文書を表示して比較する

解説 文書の比較

元の文書と変更後の文書を比較して、新規文書に変更点を変更履歴として表示します。どの部分が変更されたのかチェックでき、変更履歴で反映するかどうかも指定できます。

● 元の文書　● 変更された文書

変更点を変更履歴に表示

● 比較結果文書

ここでは、元の文書「77_研修案内」、変更された文書「77_研修案内2」を比較します。それぞれのファイルを開いておいてください。

1 [校閲]タブ→[比較]をクリックし、

2 [比較]をクリックすると、

3 [文書の比較]ダイアログが表示されます。

4 [元の文書]の☑をクリックして、一覧から[77_研修案内]を選択します。

5 [変更された文書]の☑をクリックして、一覧から[77_研修案内2]を選択して、

6 [OK]をクリックします。

Memo　変更履歴が保存されている文書を比較する

[比較]機能では、2つの変更履歴が保存されていない文書同士を比較します。変更履歴が保存されている文書でも比較したい場合は、前ページの手順❷で[組み込み]をクリックして、両方の文書が持つ変更履歴を1つの文書にまとめます。

Memo　比較する文書を開いていない場合

前ページの手順❹❺で[元の文書]や[変更された文書]の横にある📁をクリックすると、[ファイルを開く]ダイアログが表示され、比較する文書を指定できます。

時短のコツ　比較結果だけを表示する

右の手順❾のように[元の文書]と[変更された文書]を閉じて、比較結果だけを表示すれば、変更履歴を確認しながら、反映の作業が行えます。

Memo　非表示にした比較元の文書を再表示する

右の手順❾で[両方の文書を表示]をクリックすると、比較元の文書を再表示できます。

---

❼ 比較された結果が中央の[比較結果文書]に新規文書として、表示されます。

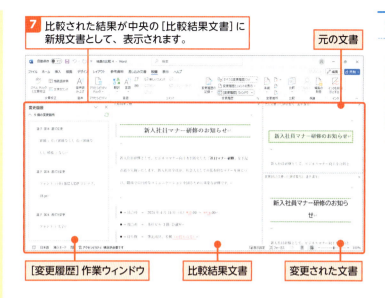

[変更履歴]作業ウィンドウ　　比較結果文書　　変更された文書　　元の文書

❽ [校閲]タブ→[比較]をクリックして、

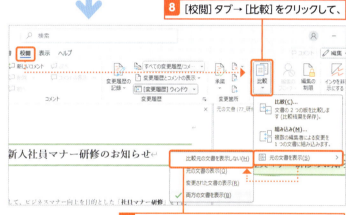

❾ [元の文書を表示]→[比較元の文書を表示しない]をクリックすると、

❿ 元の文書、変更された文書が非表示になり、比較結果の文書のみ表示されます。

77

2つの文書を比較する

10 文書を共有する

325

Hint 共有された文書での作業

文書を共有されたユーザー(p.315 参照)は、次のような文面のメールを受け取ります①。文書名または[開く]をクリックすると②、Microsoft Edge のようなブラウザーが起動し、Word Online 上に共有された文書が開きます③。サインインしている場合、パソコンに Word がインストールされていれば[編集]→[デスクトップで開く]をクリックすると④、Word が起動し、Word 上で編集できるようになります⑤。また、共有文書を編集する場合、[編集]→[レビュー]をクリックして変更履歴の記録をオンにし⑥、誰がどのように編集したか履歴を残して確認できるようにすることをお勧めします⑦。

なお、メールに送られたリンクの設定に基づいて文書が開くので、[リンクを知っていれば誰でも編集できます]の設定で開いた場合は、Word Online に Microsoft アカウントでサインインしなくても文書を開き編集できます。この場合、プログラムにより自動で付けられた名前(例:いちご(ゲスト))が同時に開いている別ユーザーの画面に表示されるので、ユーザー名が正しく表示されるようにサインインするようにしてください。

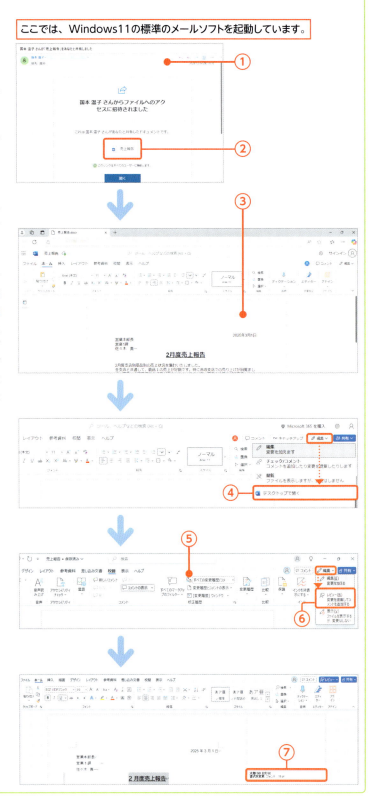

ここでは、Windows11の標準のメールソフトを起動しています。

Appendix

付録

　ここでは、Wordを使って年賀状を作成する手順を紹介します。文面は、ワードアート、写真、アイコン、図形、テキストボックスを配置して作成します。宛名は、はがき宛名印刷ウィザードを使って作成できます。手順通り操作すれば、意外と簡単に作成できます。是非試してみてください。また、Microsoft社の生成AIであるCopilotをWordで活用する方法も紹介しています。

Section 78	▶	年賀状を作成する
Section 79	▶	はがき宛名印刷
Section 80	▶	生成AIのCopilotを使う

Section 78 年賀状を作成する

練習用ファイル: 📁 78_年賀状2026-1〜6.docx

ここで学ぶのは
- はがきの作成
- 年賀状
- 暑中見舞い

本書で説明した機能を活用すれば、**年賀状**や**暑中見舞い**も簡単に作成できます。ここでは、年賀状を作成してみましょう。サンプルをベースにして自分なりに作り変えてご利用ください。ここでは、手順を表にして簡略して説明しています。参照ページを載せていますので、そちらを参照しながら操作してみてください。

1 用紙を設定し、写真を挿入する

空白の文書を作成し、用紙のサイズを[はがき]、印刷の向きを指定して、余白の設定をします。自分で撮った写真を挿入し、トリミング機能を使って、使用する部分を切り抜きます。

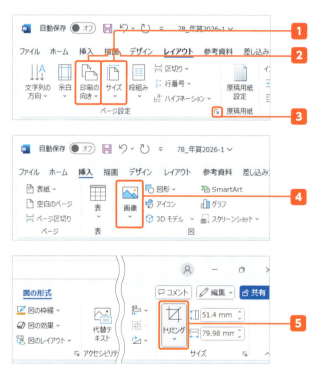

	機能	設定値	操作	ページ
①	サイズ	はがき	[レイアウト]タブ→[サイズ]→[はがき]	p.88
②	印刷の向き	縦	[レイアウト]タブ→[印刷の向き]→[縦]	p.89
③	余白（上下左右）	10mm	[ページ設定]ダイアログ→[余白]タブ→[上、下、左、右]→[10mm]	p.90
④	写真の挿入	任意の画像	[挿入]タブ→[画像]→[このデバイス]→[図の挿入]ダイアログで画像選択	p.256
⑤	トリミング	画面を参照	コンテキストタブの[図の形式]タブ→[トリミング]→範囲をドラッグで指定	p.257

2 題字をワードアートで作成する

題字をワードアートで作成します。挿入した写真の後ろにカーソルがある場合は Enter キーを押して改行し、カーソルを写真の下に移動してから、ワードアートを挿入します。文字列を入力して、サイズ、フォント、文字サイズ、色、文字間隔を変更して調整します。

	機能	設定値	操作	参照ページ
1	ワードアート	塗りつぶし：黒、文字色1；影	[挿入] タブ→ [ワードアートの挿入] →種類を選択	p.252
2	文字入力	画面参照	そのまま入力	p.54
3	フォント	UDデジタル教科書体 NP	[ホーム] タブ→ [フォント]	p.138
4	フォントサイズ	28	[ホーム] タブ→ [サイズ]	p.139
5	文字間隔	文字間隔：広く 間隔：3pt	[ホーム] タブ→ [フォント] グループの をクリックし、[フォント] ダイアログの [詳細設定] タブ	p.153
6	文字の塗りつぶし	赤 (画面参照)	[図形の書式] タブ→ [文字の塗りつぶし]	p.254

解説 年賀状作成の手順

ここでは、以下の流れで年賀状を作成しています。

① 用紙の設定
② 写真の挿入
③ ワードアートの挿入
④ テキストボックスの挿入（あいさつ文、差出人住所用）
⑤ 図形の挿入
⑥ アイコンの挿入
⑦ ページ罫線の挿入

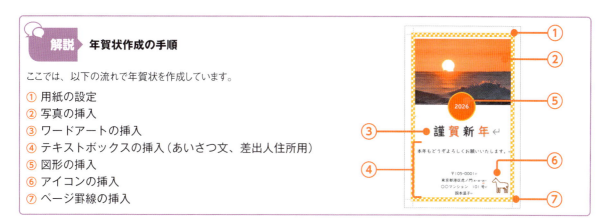

3 テキストボックスを作成する

横書きテキストボックスを挿入し、コメントや差出人住所を入力して、書式設定します。

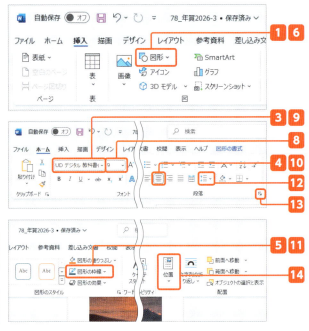

	機能	設定値	操作	ページ
コメント用				
1	テキストボックスの作成	テキストボックス	[挿入]タブ→[図形]→[テキストボックス]→ドラッグ	p.248
2	文字入力	画面参照	そのまま入力	p.54
3	フォント	UDデジタル 教科書体 NP	[ホーム]タブ→[フォント]	p.138
4	文字の配置	中央揃え	[ホーム]タブ→[中央揃え]	p.156
5	枠線	枠線なし	コンテキストタブの[図形の書式]タブ→[図形の枠線]→[枠線なし]	p.242
差出人住所用				
6	テキストボックスの作成	テキストボックス	[挿入]タブ→[図形]→[テキストボックス]→ドラッグ	p.248
7	文字入力	画面参照	そのまま入力	p.54
8	フォントサイズ	9pt	[ホーム]タブ→[フォントサイズ]	p.139
9	フォント	3、4、5と同じ		
10	文字の配置			
11	枠線			
12	段落間調整	段落間隔なし	[ホーム]タブ→[行と段落の間隔]→[段落後の間隔を削除]	p.184
13	行間の調整	[1ページの行数を指定時に文字をグリッド線に合わせる]をオフにする	[ホーム]タブ→[段落]グループの をクリックし、[段落]ダイアログの[1ページの行数を指定時に文字をグリッド線に合わせる]をオフにする	p.185
14	オブジェクトの配置	中央下	コンテキストタブの[図形の書式]タブ→[オブジェクトの配置]→中央下に配置し、四角の枠に沿って文字列を折り返す	p.250

4 図形の作成

西暦を表示する円を配置し、サイズ、色、フォント、余白を調整して配置します。

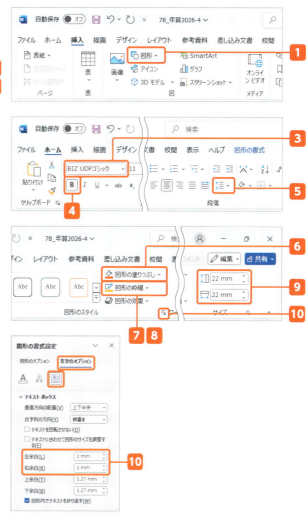

	機能	設定値	操作	ページ
1	図形の作成	楕円	［挿入］タブ→［図形］→［楕円］→ Shift キーを押しながらドラッグ	p.236
2	文字入力	2026	そのまま入力	p.54
3	フォント	BIZ UDPゴシック	［ホーム］タブ→［フォント］	p.138
4	太字	太字：オン	［ホーム］タブ→［太字］	p.142
5	段落間調整	段落間隔なし	［ホーム］タブ→［行と段落の間隔］→［段落後の間隔を削除］	p.184
6	塗りつぶし	赤	コンテキストタブの［図形の書式］タブ→［図形の塗りつぶし］	p.241
7	枠線（色）	オレンジ	コンテキストタブの［図形の書式］タブ→［図形の枠線］	p.241
8	枠線（太さ）	2.25pt	コンテキストタブの［図形の書式］タブ→［図形の枠線］→［太さ］	p.242
9	サイズ	高さ/幅：22mm	コンテキストタブの［図形の書式］タブ→［図形の高さ］、［図形の幅］	p.239
10	余白	左余白/右余白：1mm	コンテキストタブの［図形の書式］タブ→［図形のスタイル］グループの をクリックし、［図形の書式設定］作業ウィンドウの［文字のオプション］にある［レイアウトとプロパティ］で［テキストボックス］の［左余白］と［右余白］	p.249

5 アイコンの挿入

干支のウマのアイコンを挿入し、文字の折り返し、サイズ変更、塗りつぶしの色、枠線の色などを指定します。カーソルを写真の下の行に移動してからアイコンを挿入しましょう。アイコンの挿入時は、レイアウトオプションの設定が［行内］であるため、［前面］に変更してから編集を行います。

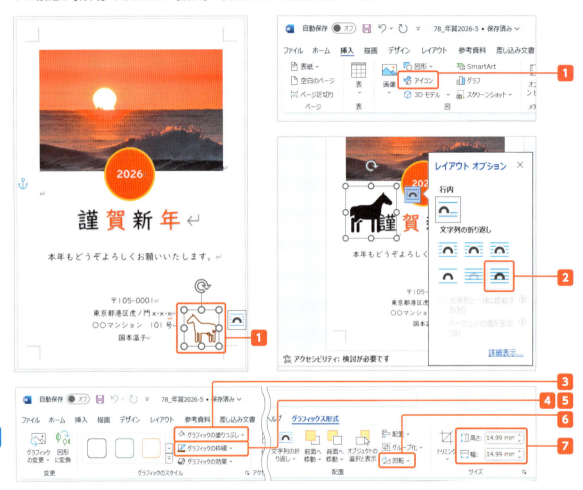

	機能	設定値	操作	ページ
1	アイコンの挿入	ウマ	［挿入］タブ→［アイコン］→［ウマ］	p.270
2	文字列の折り返し	前面	［レイアウトオプション］→［文字列の折り返し］	p.260
3	塗りつぶし	白	コンテキストタブの［グラフィックス形式］タブ→［グラフィックの塗りつぶし］	p.241
4	枠線（色）	オレンジ、アクセント2、黒＋基本色50%	コンテキストタブの［グラフィックス形式］タブ→［グラフィックの枠線］	p.241
5	枠線（太さ）	2.25pt	コンテキストタブの［グラフィックス形式］タブ→［グラフィックの枠線］→［太さ］	p.242
6	回転	左右反転	コンテキストタブの［グラフィックス形式］タブ→［オブジェクトの回転］→［左右反転］	p.238
7	サイズ	高さ：約15mm 幅：約15mm	コンテキストタブの［グラフィックス形式］タブ→［図形の高さ］、［図形の幅］	p.239

※ ［3］～［7］の［グラフィックス形式］タブに直接該当するページはありませんが、［図の形式］タブとほぼ同じなので、ページ参照はそちらにしています。

6 ページ罫線の挿入

文面の周囲にページ罫線を飾り罫線で追加し、華やかさを追加します

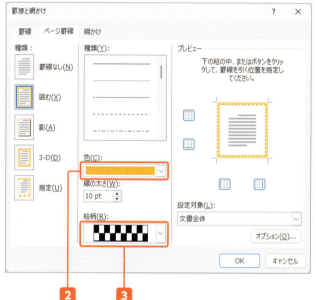

	機能	設定値	操作	ページ
❶	ページ罫線	飾り罫線	[デザイン]タブ→[ページ罫線]	p.274
❷	色	オレンジ	[線種とページ罫線と網掛けの設定]ダイアログ→[ページ罫線]タブ→[色]	p.274
❸	絵柄	画面参照	[線種とページ罫線と網掛けの設定]ダイアログ→[ページ罫線]タブ→[絵柄]	p.274

Section 79 はがき宛名印刷

練習用ファイル：79_住所録.xlsx

ここで学ぶのは
- 宛名データの順備
- はがき宛名面印刷ウィザード

本書の差し込み印刷で使用したExcelの表を使って、**はがき宛名印刷**をしてみましょう。Wordには、[はがき宛名印刷ウィザード]が用意されているため、対話形式で簡単に設定できます。

1 宛名データを準備する

はがき宛名印刷をする前に、ExcelまたはWordで宛名データの表を作成しておく必要があります。1行目に宛名で印刷したい項目を用意し、2行目以降にデータを入力した表を作成しておきます。「ＮＯ」のように印刷しない項目があっても問題ありません。どちらも表のみ作成し、名前を付けて保存しておきます。また、[はがき宛名面印刷ウィザード]では、半角の数字を漢数字に変換できます。漢数字で表示したい場合は、数字を半角で入力しておきます。アルファベットや数値を全角にすると、縦に表示されます。

なお、ここではExcelのデータ（「住所録.xlsx」）を使用して解説します。

Excelの住所録

NO	氏名	連名	郵便番号	都道府県	住所1	住所2	会社名	部署
101	田中 久美子		105-0021	東京都	港区東新橋14-8-X	ＧＧビル９階	株式会社 ○○建設	経理部
102	斉藤 健吾	希美	252-0142	神奈川県	相模原市緑区元橋本町8-X	ハイツ青森205		
103	飯田 義道		154-0001	東京都	世田谷区池尻5-1-X	ＴＴビル５階	株式会社 ○○商会	企画部
104	清水 健介		215-0012	神奈川県	川崎市麻生区東百合丘3-15-X			
105	森本 剛一	今日子	300-4111	茨城県	土浦市大畑3-3-X X			
106	篠田 香澄		330-0046	埼玉県	さいたま市浦和区大原1-1-X			
107	木村 友里恵		565-0821	大阪府	大阪府吹田市山田東			
108	佐々木 貴美		192-0011	東京都	八王子市滝山町2-2-X			
109	山本 和也		107-0061	東京都	港区北青山2-1-X	ＳＢビル２階	株式会社 □□スポーツ	営業部
110	鈴木 拓哉	紀子	632-0014	奈良県	天理市布留町225 X			
111	杉浦 康彦	明菜	112-0012	東京都	文京区大塚5-1-X X	○△マンション801		
112	山下 幸太郎		103-0022	東京都	中央区日本橋室町3-X	ＭＭビル１階	山下不動産	
114	井上 一郎	百合子	272-0134	千葉県	市川市入船1-2-X	ＡＢハイツ102号		

Wordの住所録

NO	氏名	連名	郵便番号	都道府県	住所1	住所2	会社名	部署
101	田中 久美子		105-0021	東京都	港区東新橋 14-8-X	ＧＧビル９階	株式会社○○建設	経理部
102	斉藤 健吾	希美	252-0142	神奈川県	相模原市緑区元橋本町 8-X	ハイツ青森 205		
103	飯田 義道		154-0001	東京都	世田谷区池尻 5-1-X	ＴＴビル５階	株式会社○○商会	企画部
104	清水 健介		215-0012	神奈川県	川崎市麻生区東百合丘 3-15-X			
105	森本 剛一	今日子	300-4111	茨城県	土浦市大畑 3-3-X X			
106	篠田 香澄		330-0046	埼玉県	さいたま市浦和区大原 1-1-X			
107	木村 友里恵		565-0821	大阪府	大阪府吹田市山田東			
108	佐々木 貴美		192-0011	東京都	八王子市滝山町 2-2-X			
109	山本 和也		107-0061	東京都	港区北青山 2-1-X	ＳＢビル２階	株式会社□□スポーツ	営業部
110	鈴木 拓哉	紀子	632-0014	奈良県	天理市布留町 225 X			
111	杉浦 康彦	明菜	112-0012	東京都	文京区大塚 5-1-X X	○△マンション 801		
112	山下 幸太郎		103-0022	東京都	中央区日本橋室町 3-X	ＭＭビル１階	山下不動産	
114	井上 一郎	百合子	272-0134	千葉県	市川市入船 1-2-X	ＡＢハイツ 102 号		

2 [はがき宛名面印刷ウィザード]を開始する

 はがき宛名印刷の流れ

はがき宛名印刷の流れは、以下のようになります。

① 宛名データの準備 (p.334)

↓

② [はがき宛名面印刷ウィザード] を開始 (p.335)

↓

③ 宛名面の修正 (p.339)
・フィールドの対応を確認・修正
・文字サイズを修正
・連名フィールドを追加

↓

④ 新規文書にデータを差し込む (p.344)

⑤ 印刷を実行 (p.345)

Key word [はがき宛名面印刷ウィザード]

[はがき宛名面印刷ウィザード] では、対話形式で1つずつ操作しながら宛名面を作成していきます。

 [はがき文面作成ウィザード]

右の手順❸で[文面の作成]をクリックすると、[はがき文面作成ウィザード] が起動します。宛名面だけでなく、文面の作成もウィザードを使用して対話形式で作成することができます。

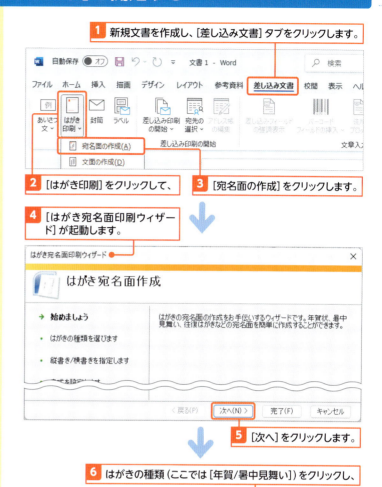

1 新規文書を作成し、[差し込み文書] タブをクリックします。

2 [はがき印刷] をクリックして、

3 [宛名面の作成] をクリックします。

4 [はがき宛名面印刷ウィザード] が起動します。

5 [次へ] をクリックします。

6 はがきの種類 (ここでは [年賀/暑中見舞い]) をクリックし、

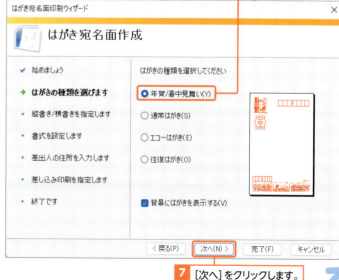

7 [次へ] をクリックします。

Hint 郵便番号の位置

右の手順8の画面で[差出人の郵便番号を住所の上に印刷する]にチェックを付けると、郵便番号枠ではなく住所の上に郵便番号が表示されます。

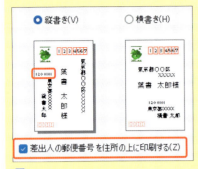

Memo 住所内の数字を漢数字にする

[はがき宛名面印刷ウィザード]では、半角の数字を漢数字に変換できます。漢数字で表示したい場合は、あらかじめ宛名データの数字を半角で入力しておき、右の手順11で[宛名住所内の数字を漢数字に変換する]にチェックをオンにします。ちなみに、全角の数字やアルファベットは、縦に表示されます。

Memo 差出人を宛名面に印刷する場合

[差出人住所内の数字を漢数字に変換する]のチェックをオンにすると、差出人住所の入力画面（次ページの手順13の画面）で入力する半角の数字が印刷時に漢数字に変換されます。

---

8 はがきの形式（ここでは[縦書き]）を選択し、

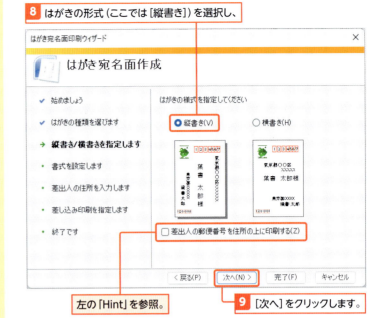

左の「Hint」を参照。

9 [次へ]をクリックします。

10 [フォント]で宛名印刷時のフォント（ここでは[HG正楷書体-PRO]）を選択し、

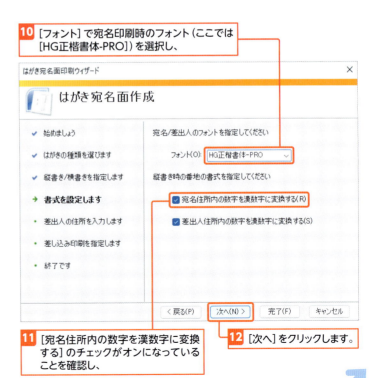

11 [宛名住所内の数字を漢数字に変換する]のチェックがオンになっていることを確認し、

12 [次へ]をクリックします。

Hint 差出人印刷をする

宛名面に差出人住所を印刷する場合は、[差出人を印刷する]のチェックをオンにして、データを入力します。ここでは、印刷しないので、チェックを付けずに[次へ]をクリックして先に進んでいます。

Memo Wordのアドレス帳を利用する

ここではあらかじめExcelで作成しておいた住所録を使用しますが、[差し込み文書]タブの[宛先の選択]をクリックし、[新しいリストの入力]をクリックして表示される[新しいアドレス帳]ダイアログを使って住所録を作成することもできます。

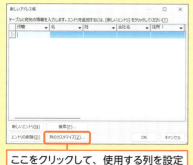

ここをクリックして、使用する列を設定できます。

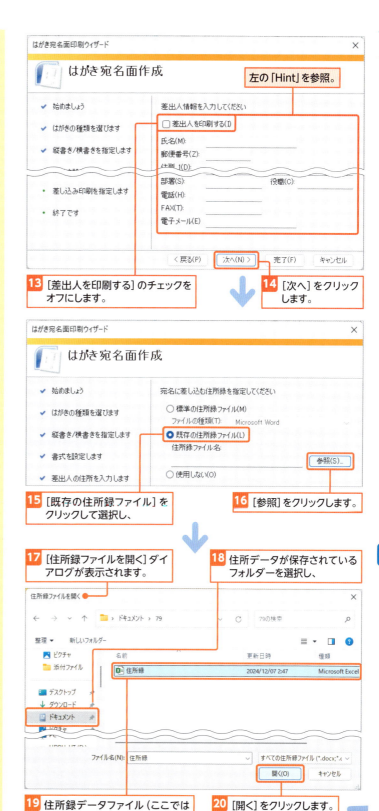

13 [差出人を印刷する]のチェックをオフにします。

14 [次へ]をクリックします。

15 [既存の住所録ファイル]をクリックして選択し、

16 [参照]をクリックします。

17 [住所録ファイルを開く]ダイアログが表示されます。

18 住所データが保存されているフォルダーを選択し、

19 住所録データファイル(ここでは[住所録])をクリックして、

20 [開く]をクリックします。

Hint 敬称の指定

宛名の敬称をメニューから選択することができます。[住所録で敬称が指定されているときは住所録に従う]のチェックをオンにすると、住所録のデータに入力されている敬称がそのまま使用されます。

Memo リストにない住所を1件だけ印刷する

住所録などのリストを使わずに、1件だけ宛名印刷したい場合は、手順21で[使用しない]を選択します。ウィザードが終了すると以下のように新規文書に宛名面が作成されます①。[はがき宛名面印刷]タブの[宛名住所の入力]をクリックして②、表示される[宛名住所の入力]ダイアログに送付先の氏名と住所を入力し③、[OK]をクリックすると④、宛名に氏名と住所が表示されるので⑤、そのまま印刷できます。なお、文字データが入力されているため、直接修正できます。

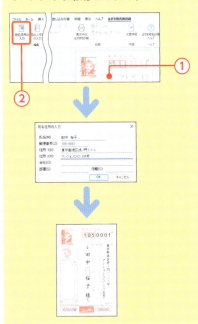

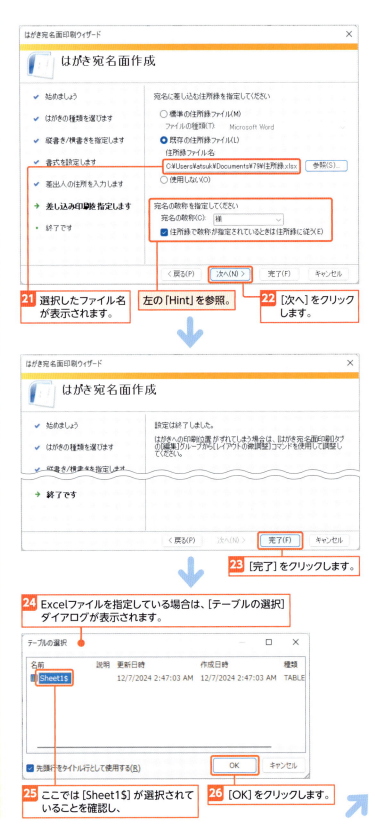

21 選択したファイル名が表示されます。

左の「Hint」を参照。

22 [次へ]をクリックします。

23 [完了]をクリックします。

24 Excelファイルを指定している場合は、[テーブルの選択]ダイアログが表示されます。

25 ここでは[Sheet1$]が選択されていることを確認し、

26 [OK]をクリックします。

Memo	保存したファイルを開くとき

宛名面の文書を保存して閉じた後、再度開くと、以下のようなメッセージが表示されます。[はい]をクリックして文書を開くと、宛先データファイルと関連付けられます。

㉗ はがきの宛名面が作成され、1件目のデータが表示されます。

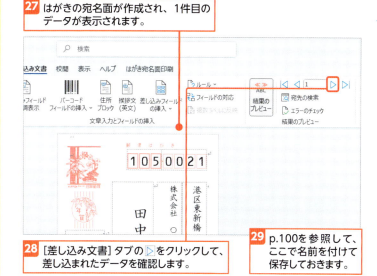

㉘ [差し込み文書]タブの▷をクリックして、差し込まれたデータを確認します。

㉙ p.100を参照して、ここで名前を付けて保存しておきます。

3 宛名面を修正する

 解説 宛名の確認と修正

作成した宛名面を確認し、必要な修正を加えます。ここでは、宛名データ（Excelの表）の項目名と、宛名面に配置された挿入フィールドの対応付け、文字サイズの修正、連名フィールドの追加を例に修正方法を説明します。

フィールドの対応を確認／修正する

フィールドが重複して表示されているのでこれを修正します。

❶ [差し込み文書]タブをクリックし、

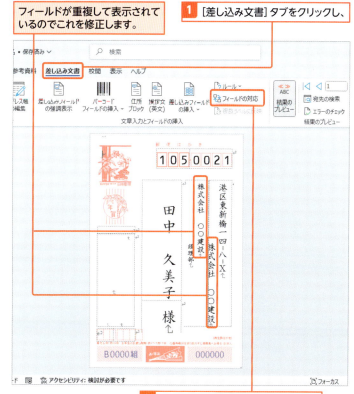

❷ [フィールドの対応]をクリックすると、

解説　フィールドの対応

宛名印刷機能を利用するには、元データのどのフィールドが差し込み印刷の必須フィールドに対応するように設定する必要があります。すべてのフィールドを使用する必要はありません。

Memo　宛名データの項目名と一致させる

右の手順6で表示される項目は、宛名データで入力した項目名と一致しています。ここから選択してはがきのフィールド名と一致させます。

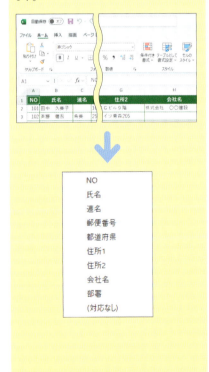

Hint　結果を更新する

手順8で表示が変わらなかった場合は、[差し込み文書]タブの[結果のプレビュー]を2回クリックして表示を更新してください。

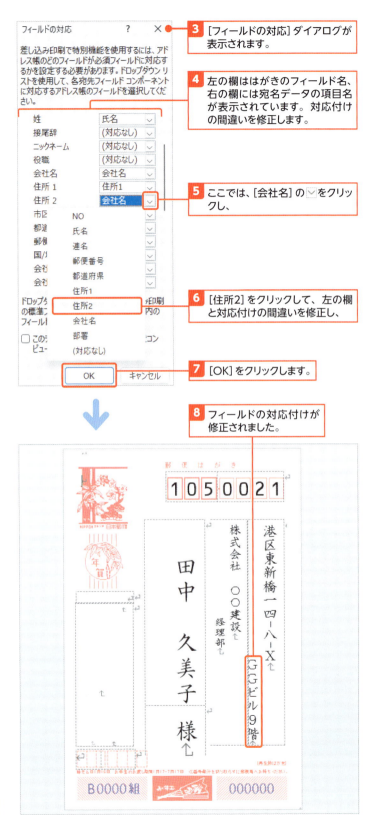

3 [フィールドの対応]ダイアログが表示されます。

4 左の欄ははがきのフィールド名、右の欄には宛名データの項目名が表示されています。対応付けの間違いを修正します。

5 ここでは、[会社名]の∨をクリックし、

6 [住所2]をクリックして、左の欄と対応付けの間違いを修正し、

7 [OK]をクリックします。

8 フィールドの対応付けが修正されました。

文字サイズを調整する

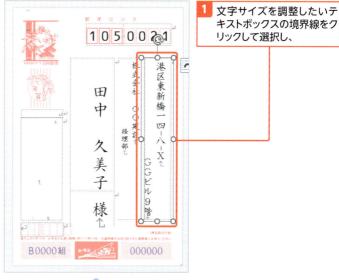

1 文字サイズを調整したいテキストボックスの境界線をクリックして選択し、

2 [ホーム]タブをクリックし、

3 フォントサイズの値を少し小さくします（ここでは[15]）。

4 テキストボックス内に文字が収まりました。

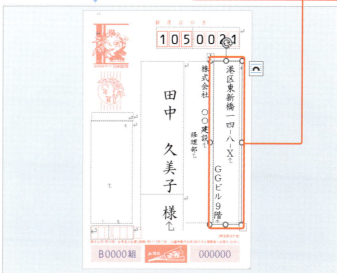

Hint フィールドの追加

余分なフィールドはそのままにしておいても大丈夫ですが、不足しているフィールドはそのままだと印刷されないので追加する必要があります。フィールドの追加については、p.342で解説します。

Memo テキストボックスが選択しづらい場合

文字サイズを変更したい文字上をドラッグして、文字を選択してください。

Hint 文字列の折り返し

右の手順**1**でテキストボックスを選択すると、[レイアウトオプション]が表示されます。[レイアウトオプション]をクリックすると以下の選択ができます。

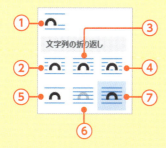

● [レイアウトオプション]の内容

ボタン		名前	内容
①		行内	文字と同様に行内に図形が配置
②		四角形	文字が図の四角い枠に合わせて回り込む
③		狭く	文字が図の縁に合わせて回り込む
④		内部	文字が図内部の透明な部分にも流れ込む
⑤		上下	文字が行単位で図を避けて配置
⑥		背面	図が文字の背面に配置
⑦		前面	図が文字の前面に配置

解説 フィールドの追加

ウィザードによって、自動的にフィールドが配置され、宛名データの項目名を元に自動的にフィールドが対応付けられています。この例では[役職]のような余分なフィールドも追加されていますが、データがなければ印刷されませんので、そのままにしておいてかまいません。[連名]フィールドのように不足しているフィールドは追加する必要があります。

注意 手順3の注意点

右の手順3で[名]フィールドの下でクリックするときは、[名]フィールドのある枠の内側をクリックします。上手くできないときは、「<<名>>」の上でクリックしてカーソルを表示し①、↓キーを押して「<<名>>」の下にカーソルを移動してください②。カーソルが見えなくなりますが③、Enterキーを押すと改行されてカーソルが表示されます④。

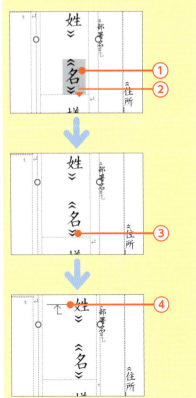

連名フィールドを追加する

1 [差し込み文書]タブをクリックし、

2 [結果のプレビュー]をクリックしてオフにし、挿入フィールドを表示します。

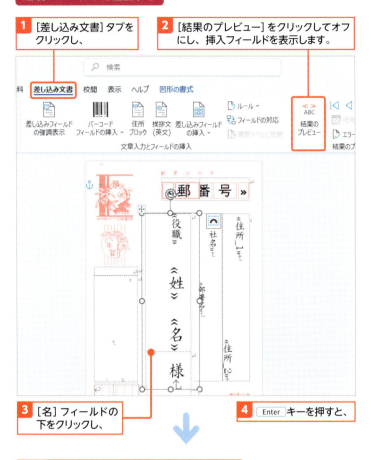

3 [名]フィールドの下をクリックし、

4 Enterキーを押すと、

5 改行され、次の行にカーソルが表示されます。

6 [差し込みフィールドの挿入]をクリックし、

7 [連名]をクリックすると、

Memo 段落の書式設定

縦書きの場合は、上揃え、上下中央揃え、下揃え、両端揃え、均等割り付けの設定が用意されています。書式設定の詳細については、p.156を参照してください。

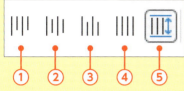

ボタン		名前	内容
①	|||	上揃え	上余白に揃える。縦書き本文では一般的に使われ、読みやすい印象を与える
②	|||	上下中央揃え	中央に揃える。表紙や見出しで使われ、フォーマルな印象を与える
③	|||	下揃え	下余白の内側に揃える。ヘッダーやフッターの文字やここで解説している手順のように、小さなコンテンツセクションでよく使用される
④	|||	両端揃え	上下の余白に合わせて文字を配置する。整った印象を与える
⑤	|||	均等割り付け	段落全体を余白に合わせて文字を配置する。整った印象を与える

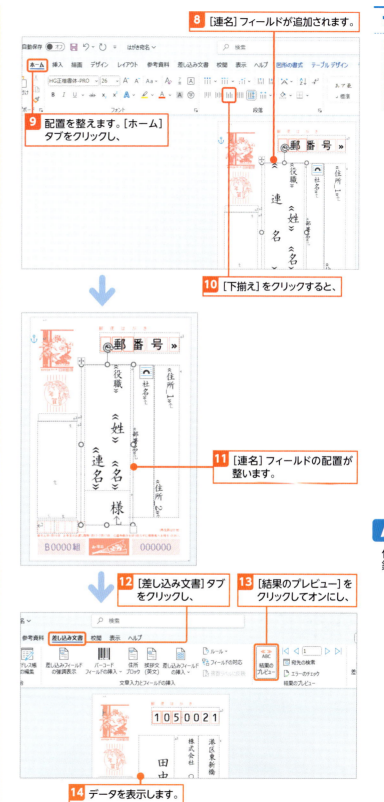

4 新規文書にデータを差し込む

解説　新規文書の作成

ここでは、1件ずつデータを確認し、必要な修正を加えます。例えば、連名の「様」を追加する作業をここで行います。

1 [差し込み文書] タブ→ [完了と差し込み] → [個々のドキュメントの編集] をクリックします。

Memo　1ページに戻すには

[表示] タブの [1ページ] をクリックすると、1件のみの表示に戻ります。

2 [新規文書への差し込み] ダイアログが表示されます。

3 [すべて] をクリックし、

4 [OK] をクリックします。

Memo　宛名データファイルとは関連付いていない

新規文書にデータを差し込み、すべてのデータ分のページが用意されています。この文書は宛名データと関連付いていないので、それぞれ個別に変更できます。なお、宛名データ自体に変更があった場合は、宛名印刷文書を開いて、再度作成し直してください。

5 新しい文書が作成され、タイトルバーに「レター1」と表示されます。

6 すべてのデータが差し込まれます。スクロールして住所データが差し込まれたことを確認します（ここでは [表示] タブの [複数ページ] をクリックして、複数ページ表示しています）。

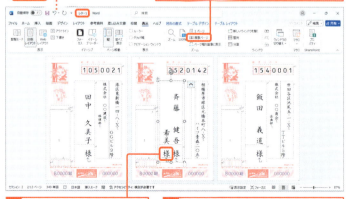

Hint　連名の「様」の入力方法

氏名の下にある「様」の下をクリックしてカーソルを表示し、Enterキーを押して改行し、連名の下にカーソルが表示されたら「様」と入力します。

7 宛名面を個別に編集します（ここでは連名の下に「様」を追加しました）。

8 修正が終わったら、p.100を参照して名前を付けて保存しておきます。

5 印刷を実行する

解説　印刷の実行

宛名印刷データが準備できたら、印刷を実行します。

1 [差し込み文書]タブ→[完了と差し込み]→[文書の印刷]をクリックします。

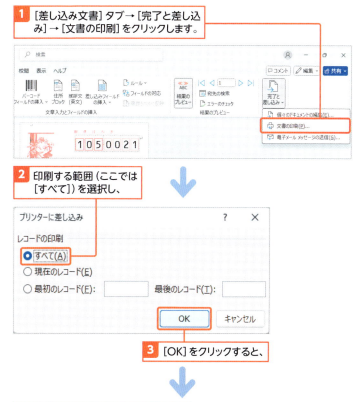

2 印刷する範囲(ここでは[すべて])を選択し、

3 [OK]をクリックすると、

4 [印刷]ダイアログが表示されます。

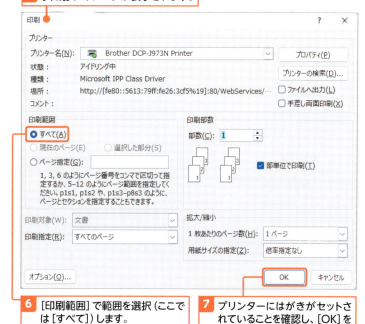

6 [印刷範囲]で範囲を選択(ここでは[すべて])します。

7 プリンターにはがきがセットされていることを確認し、[OK]をクリックします。

Memo　最初は試し印刷をする

印刷ミスがないように、最初は、[印刷範囲]で[現在のページ]を選択し、はがき大の紙にテスト印刷して結果を確認してから、すべて印刷するとよいでしょう。

Section 80 生成AIのCopilotを使う

練習用ファイル：📁 80_自己免疫力講座.docx

ここで学ぶのは
▶ Copilotの種類
▶ Copilotの利用

Copilotは、Microsoft社が提供する生成AIです。会話形式で指示するだけで、文章のサンプルを生成したり、長文を要約したりできます。Wordで文書作成する際にサポートして使用すれば、効率的に作業を進めることができます。

1 Copilotの種類

Copilotには、無料で使用できるものと、サブスクリプション契約をして有料で使用するものがあります。主なものに下表のようなものがあります。

種類

Wordの種類	Copilotの種類	料金
Word 2024	Copilot in Windows	無料
	Copilot in Edge	
個人向けMicrosoft 365	Copilot Pro	月額3,200円/ユーザー
法人向けMicrosoft 365	Copilot for Microsoft 365	月額4,497円/ユーザー

※種類や料金は、変更することがあります。詳細はMicrosoft社のWebページで確認してください。

無料のCopilot

無料で使用できるCopilotには、Windows11に標準で用意されている「Copilot in Windows」とMicrosoft Edge上で使用できる「Copilot in Edge」があります。どちらもCopilotと会話形式でやり取りしながら回答を得ることができます。Wordの機能を質問するだけでなく、文書の下書きや要約、画像作成を依頼することもできます。

・Copilot in Windows

タスクバー上のCopilotのアイコンをクリックして起動

・Copilot in Edge

Microsoft Edgeのアドレスバーの右端にあるCopilotのアイコンをクリックして起動

有料のCopilot

Microsoft 365ユーザーは、サブスクリプションでCopilotを購入することができます。有料版の場合、Word、Excel、PowerPointなどのOfficeアプリケーション内で使用できます。例えばWordでは、指定した内容で文書の下書きを作成させたり、開いた文書の要約を作成したりできます。詳細はCopilotのWebサイトで確認してください。

・Microsoft 365のWord内で使用するCopilot

開いている文書の要約が作成される

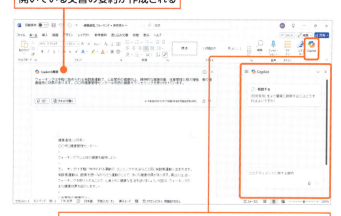

ここをクリックすると、[Copilot]作業ウィンドウが表示される

サブスクリプションとは

サブスクリプションとは、月額または年額で使用料を支払って、購入するシステムです。

個人向けMicrosoft 365の種類

個人向けのMicrosoft 365には、Microsoft 365 PersonalとMicrosoft 365 Familyがあります。

一般法人向けMicrosoft 365の種類

一般法人向けMicrosoft 365には、Microsoft 365 Business StandardやMicrosoft 365 Business Premiumなどがあります。

2 Copilotに文書の作成案を考えてもらう

解説 文章の作成案を考えてもらう

Copilot in Windowsを使って、文書の作成案を考えてもらうことができます。Copilotに対する質問文のこと「プロンプト」といいます。ここでは、Copilotにプロンプトを入力し、質問する手順も合わせて確認してください。

Memo 生成結果をそのまま使わない

Copilotは生成AIなので、常に最新のデータを収集しています。そのため、いつも同じ結果になるとは限りません。また、正確でない場合もあるので、そのまま使うのではなく、必ず自分または専門知識のある人に内容を確認し、必要に応じて加筆修正して使うようにしてください。

Memo [Enter]キーで送信する

プロンプト（命令文）をCopilotに送信するとき、手順4の［メッセージを送信］をクリックする代わりに、[Enter]キーを押しても送信することができます。

Memo 質問ボックス内で改行する

質問を複数行に分けて入力したい場合、質問ボックス内で改行するには、[Shift]＋[Enter]キーを押します。

Memo 書き直しを依頼できる

Copilotから回答の後、「もう少しわかりやすく」とか、「〇〇という内容を含めて」というふうに、書き直しを依頼することもできます。何度かやり取りをしながら、作成してみるといいでしょう。

1 をクリックして、Copilotを起動します。

2 サインインしていない場合は、［サインイン］をクリックして、Microsoftアカウントでサインインしておきます。

3 ここにプロンプト（ここでは「新商品発表会の冒頭で話すあいさつ文を考えて」）を入力し、

4 ［メッセージを送信］をクリックすると、

5 Copilotから回答が返り、あいさつ文の下書きが表示されます。

 作成された結果をWordにコピーして、自分で編集し直します。

3 Copilotに文章を要約してもらう

解説　文章を要約してもらう

Wordで作成された長文をCopilotで要約を作成し、短時間で内容を理解するのに役立てることができます。Wordの文章をCopilotに貼り付けて使用します。Copilotでは、プロンプトに入力されたデータを学習のために利用します。そのため、個人情報や機密情報は入力しないように調整してから貼り付けるようにしてください。

Memo　上手な要約の方法

Copilotで要約を作成する際、文章をそのまま貼り付けても良いのですが、自分が理解したいポイントや強調したい部分がある場合は、その内容も併せてプロンプトに含めるとより効果的です。例えば、「以下の文章を、栄養に重点をおいて要約してください。」のように指定すると、栄養を強調された要約文が返ってきます。

1 Wordで要約したい文書を開き、

2 Ctrl + A キーを押して全文を選択し、Ctrl + C キーを押してコピーします。

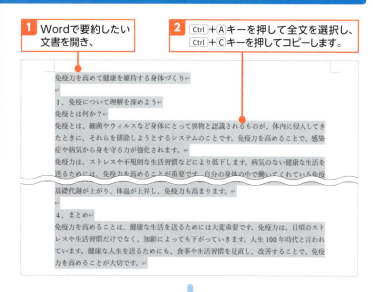

3 Copilotを起動し、質問ボックスに「以下の文章を要約してください。」と入力したら、

4 Shift + Enter キーを押して改行します。

5 続けて、Ctrl + V キーを押して文章を貼り付けたら、

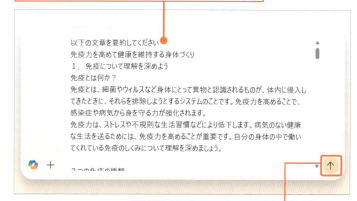

6 [メッセージの送信]をクリックします。

ショートカットキー

- 全文選択
  Ctrl + A
- コピー
  Ctrl + C
- 貼り付け
  Ctrl + V
- 質問ボックス内で改行
  Shift + Enter

7 Copilotにより要約された内容を確認します。

4 会話をリセットして新しく質問する

解説 会話をリセットして新しく質問する

Copilotで続けて質問すると、基本的には前の質問の続きとして回答が返ります。新しい話題で質問したい場合は、会話をリセットするといいでしょう。

Memo 間違えてリセットしてしまった

会話をリセットしても、Microsoftアカウントでサインインしていれば、その内容は履歴として残っています。次ページの方法で履歴の一覧から該当する質問をクリックすると再表示されます。

Memo 最初の画面に戻りたい

Copilotを起動したときに表示される画面に戻るには、左端にある [ホームへ] をクリックします。

1 (開く)をクリックし、 **2** [新しいチャットを開始]をクリックすると、

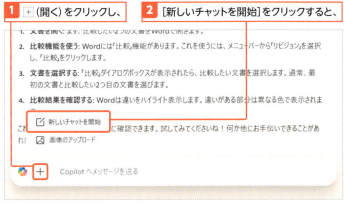

3 会話がリセットされ、画面がクリアされます。

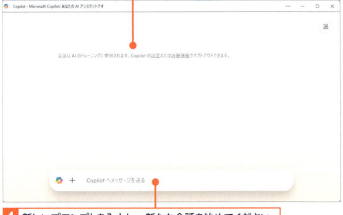

4 新しいプロンプトを入力し、新たな会話を始めてください。

5 以前の質問を再表示する

 解説 以前の質問を再表示する

Copilotに以前質問した内容を見直したい場合、履歴を表示します。履歴は、Microsoftアカウントごとに残りますので、あらかじめサインインしておく必要があります。

 Memo サインインしていない場合

Microsoftアカウントでサインインしていない場合は、以下のようにサインインを要求する画面が表示されます。画面の指示に従ってサインインしてください。

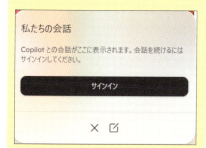

 Memo 会話を完全に削除する

今までの会話を完全に削除するには、履歴一覧の各会話の右にある🗑をクリックします。会話単位で削除できます。

1 Copilotのt起動時の画面を表示し、

2 🕐（履歴を表示）をクリックすると、

⬇

3 今までの履歴が表示されます。

4 表示したい会話をクリックすると、指定した会話が表示されます。

Copilot Pro を Word 内で使う

有料版のCopilotを使うと、Wordの新規文書に直接下書きを作成したり、開いた文書の要約を作成したり、文書を別の表現で書き換えたりと、いろいろなことができます。また、Word内にCopilotのウィンドウを表示して質問や操作をすることもできます。

新規文書のプロンプト入力画面

新規文書を作成すると、上部にCopilotのプロンプト入力欄が表示されます①。ここに、作成したい文書の概要を入力し②、[生成]をクリックすると③、文書の下書きが作成されます④。[保持する]をクリックすると文書として確定されます⑤。

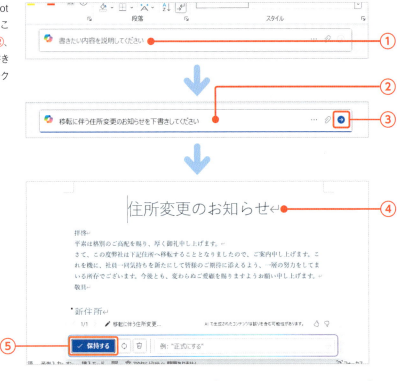

既存の文書を要約

既存の文書を開くと、文書の上に[Copilotの概要]が表示されます①。∨（概要の展開）をクリックすると②、要約された内容が表示されます③。

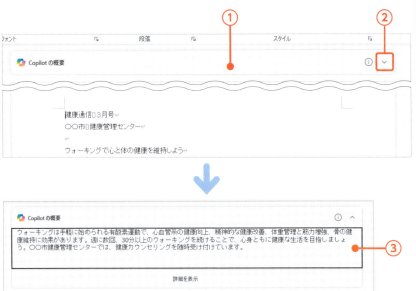

文書を自動で書き換える

[自動書き換え]機能を使うと、作成中の文書の内容を部分的に書き換えることができます。書き換えたい部分を選択し①、[Copilotを使って書き換え]をクリックして②、[自動書き換え]をクリックすると③、書き換えの候補が表示されます。[<]、[>]をクリックして候補を確認し④、[書き換え]をクリックすると⑤、選択した部分が置き換わります。

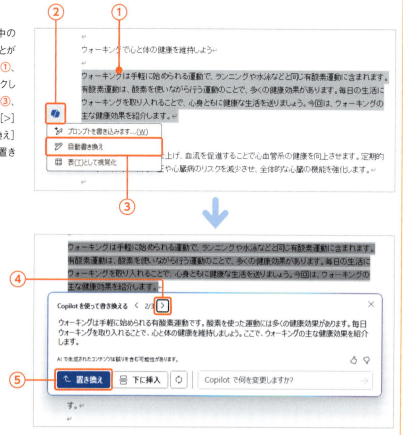

便利なショートカットキー

Word使用時に知っておくと便利なショートカットキーを用途別にまとめました。たとえば、白紙の文書を作成するときに使用する Ctrl + N とは、Ctrl キーを押しながら N キーを押すことです。

●文書の操作

ショートカットキー	操作内容
Ctrl + N	白紙の文書を作成する
Ctrl + O	Backstageビューの[開く]を表示する
Ctrl + F12	[ファイルを開く]ダイアログを表示する
Ctrl + S	文書を上書き保存する
F12	[名前を付けて保存]ダイアログを表示する
Ctrl + W	文書を閉じる
Alt + F4	文書を閉じる／Wordを終了する
Ctrl + P	Backstageビューの[印刷]を表示する
Ctrl + Z	直前の操作を取り消して元に戻す
Ctrl + Y	元に戻した操作をやり直す
F4	直前の操作を繰り返す
ESC	現在の操作を途中で取り消す

●ウィンドウの操作

ショートカットキー	操作内容
Ctrl + F1	リボンの表示／非表示を切り替える
Ctrl +マウスのホイールを奥に回す	拡大表示する
Ctrl +マウスのホイールを手前に回す	縮小表示する

●文字入力・変換

ショートカットキー	操作内容
変換	確定した文字を再変換する
ESC	入力を途中で取り消す
F6	文字の変換中にひらがなに変換する
F7	文字の変換中に全角カタカナに変換する
F8	文字の変換中に半角カタカナに変換する
F9	文字の変換中に全角英数字に変換する
F10	文字の変換中に半角英数字に変換する

●カーソルの移動

ショートカットキー	操作内容
Home	現在カーソルのある行の行頭に移動する
End	現在カーソルのある行の行末に移動する
PageUp	1画面上にスクロールする
PageDown	1画面下にスクロールする
Ctrl + Home	文書の先頭に移動する
Ctrl + End	文書の末尾に移動する
Shift + F5	前の変更箇所に移動する

●範囲選択

ショートカットキー	操作内容
Shift + ↑ ↓ → ←	選択範囲を上下左右に拡大／縮小する
Shift + Home	現在のカーソル位置からその行の先頭までを選択する
Shift + End	現在のカーソル位置からその行の末尾までを選択する
Ctrl + Shift + Home	現在のカーソル位置から文書の先頭までを選択する
Ctrl + Shift + End	現在のカーソル位置から文書の末尾までを選択する
Ctrl + A	文書全体を選択する

●書式設定

ショートカットキー	操作内容
Ctrl + B	選択した文字に太字を設定／解除する
Ctrl + I	選択した文字に斜体を設定／解除する
Ctrl + U	選択した文字に下線を設定／解除する
Ctrl + X	選択した内容をクリップボードに切り取る
Ctrl + C	選択した内容をクリップボードにコピーする
Ctrl + V	クリップボードの内容を貼り付ける
Ctrl + Shift + C	書式をコピーする
Ctrl + Shift + V	書式を貼り付ける

●その他の操作

ショートカットキー	操作内容
Ctrl + F	ナビゲーションウィンドウを表示する
Ctrl + H	[検索と置換]ダイアログの[置換]タブを表示する
Ctrl + G ／ F5	[検索と置換]ダイアログの[ジャンプ]タブを表示する
F7	スペルチェックと文章校正を実行する
Ctrl + Enter	ページ区切りを挿入する

用語集

Wordを使用する際によく使われる用語を紹介しています。すべてを覚える必要はありません。必要なときに確認してみてください。

数字・アルファベット

3Dモデル
3次元の立体感のある画像のことです。文書に挿入後、ドラッグで立体的に回転させることができます。

Backstageビュー
［ファイル］タブをクリックしたときに表示される画面で、ファイル操作や印刷、Word全体の設定が行えます。

Copilot
Microsoft社が提供する生成AI（人工知能）で、会話するようにやり取りしながらユーザーの質問に回答します。文章の作成や要約、画像の作成などユーザーのニーズに合わせていろいろな情報を提供できます。

IMEパッド
日本語入力システムに付属している機能で、漢字を手書き、総画数、部首などから検索し、文書内に入力できます。

Microsoft Search
入力されたキーワードに対応する操作を検索したり、文書内でキーワードを検索したりする機能です。

Microsoftアカウント
パソコンにサインインしたり、OneDriveなどのサービスを使用できたりするアカウントです。インターネット上で取得できます。

NumLockキー
テンキーから数字を入力できるように切り替えるためのキーです。NumLockがオンのときはキーボードの［NumLock］のランプが点灯し、数字が入力できるようになります。

OneDrive
Microsoft社が提供しているWeb上のデータ保存場所で、Microsoftアカウントを登録すると、標準では無料で5GBまでデータを保存できます。Wordの文書だけでなく、Excelや写真などのデータも保存できます。

PDFファイル
アドビシステムズ社が開発した、機種やソフトに関係なく表示したり、印刷したりできる電子文書のファイル形式です。Wordでは、文書をPDFファイルとして保存することができます。

SmartArt
リスト、手順、組織図などの図表を簡単に作成できる機能です。

Webレイアウト
Webブラウザーで文書を開いたときと同じイメージで表示される表示モードです。

Word Online
Webブラウザー上でWordの文書を表示／編集できるツールです。WebブラウザーでOneDriveにMicrosoftアカウントでサインインし、保存されているWordファイルをクリックしたときにWord OnlineでWordファイルが開きます。

［Wordのオプション］ダイアログ
Wordを使用するときのさまざまな設定を行うダイアログです。

あ

アイコン
いろいろな物事をシンプルなイラストで記号化した絵文字です。Wordでは人物、動物、風景、ビジネスなどさまざまな分野のアイコンを文書に挿入できます。

アウトライン
罫線や画像が省略され、文章のみが表示される表示モードです。章、節、項のような階層構造の見出しのある文書を作成／編集する場合に便利な画面です。

アクセシビリティ
視覚機能に制約のある方をはじめ、多くの人にとっての利用しやすさ（読みやすさ／わかりやすさ）のことです。

アンカー
文書に挿入された図形や写真などのオブジェクトを選択すると表示される錨（いかり）のマークです。オブジェクトが関連付けられている段落に表示されます。

暗号化
パスワードを知っているユーザーしかファイルを開くことができないように保護することです。

インクツール
文書内に手書きでマーカーや文字を描き込んだりできる機能です。手書きで描いた四角形や矢印などを図形に変換することもできます。

印刷プレビュー
印刷結果を確認する画面のことです。［ファイル］タブの［印刷］をクリックすると現在開いている文書の印刷プレビューが確認できます。

印刷レイアウト
余白や画像などが印刷結果のイメージで表示される、標準の表示モードです。

インデント

文字の字下げのことで、行頭や行末の位置をずらして段落内の行の幅を変更できます。設定できるインデントは4種類あり、「左インデント」は段落全体の行頭の位置、「右インデント」は段落全体の行末の位置、「1行目のインデント」は段落の1行目の行頭の位置、「ぶら下げインデント」は2行目以降の行頭の位置を指定します。段落のインデントの状態は、ルーラーに表示されるインデントマーカーで確認／設定できます。

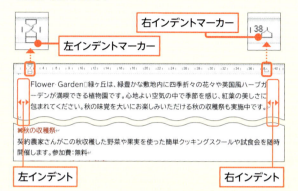

ウィザード

対話形式で画面の指示に従って操作するだけで設定が行える機能です。例えば、宛名などをレターに挿入する「差し込み印刷ウィザード」や、はがきに宛名印刷をする「はがき宛名面印刷ウィザード」などがあります。

上書き保存

一度名前を付けて保存した文書を変更した後で、更新して保存することです。

閲覧モード

画面の幅に合わせて文字が折り返されて表示されます。編集することはできず、画面で文書を表示するための表示モードです。

エンコード

パソコンの画面に文字として表示されるものは、実際のデータ上では数値として保存されています。パソコンの内部のはたらきで、数値が表示可能な文字に変換されます。エンコードとは、各文字を数値に割り当てる番号体系のことをいいます。

オートコレクト

入力した文字を自動で修正する機能です。例えば、英単語の1文字目を大文字にしたり、スペルミスを自動で修正したりします。

オートコレクトのオプション

オートコレクトの機能により自動修正された文字にマウスポインターを合わせると表示されるボタンで、クリックして表示されるメニューで修正前の状態に戻したり、オートコレクトの機能をオフにしたり、オートコレクトの設定画面を表示したりできます。

オブジェクト

図形や写真、ワードアート、SmartArtなど、文書に挿入できるデータのことです。

か

カーソル

文字を入力したり、画像を挿入したりする位置を示す、点滅する縦棒のことです。↑↓→←キーを押したり、マウスクリックで移動できます。

拡張子

ファイル名の後ろに続く「.」(ピリオド)以降の文字で、ファイルの種類を表しています。Word 2007以降の文書の拡張子は「.docx」で、Word 2003以前の文書の拡張子は「.doc」です。

かな入力

キーボードの文字キーに表示されているひらがなをタイプして入力する方法のことです。

空行

行内に何も入力せずにEnterキーを押したときの、段落記号だけの行です。空白行ともいいます。

行間

前の行の文字の上端から、次の行の文字の上端までの間隔のことです。

共同編集

ファイルを共有し、共有したファイルを複数のユーザーで同時に開いて、共同で編集することです。または、その機能のことです。

行頭文字

箇条書きで文字を入力するときに、各行の先頭に表示する「●」などの記号や「①、②、③」などの段落番号のことです。

禁則処理

「ー」(長音)や「、」や「。」のような記号が行頭に表示されないようにしたり、「(」などが行末に表示されないように設定する機能のことです。

均等割り付け

選択した文字について、指定した文字数分の幅に均等に配置する機能です。例えば、4文字の文字を5文字分の幅になるように揃えることができます。

クイックアクセスツールバー

タイトルバーの左側にある、よく使う機能(ボタン)を登録しておけるツールバーです。常に表示されているため、機能を素早く実行できます。ボタンは自由に追加できるので、よく使う機能を追加しておくと便利です。

繰り返し

直前に行った操作を繰り返して実行する機能です。[ホーム]タブの[繰り返し]ボタンをクリックするか、F4キーを押して実行できます。

クリックアンドタイプ
文書内の何も入力されていない空白の領域でダブルクリックするとその位置にカーソルが表示され、その位置から文字入力ができる機能です。

グリッド線
図形などのオブジェクトを揃えたいときに目安として表示する線で、[表示]タブの[グリッド線]で表示／非表示を切り替えられます。グリッド線は印刷されません。

クリップボード
[コピー]や[切り取り]を実行したときにデータが一時的に保管される場所です。Officeクリップボードでは、最大で24個のデータを一時保存できます。

罫線
文書内に引くことができる線で、行数と列数を指定して表を作成したり、ドラッグで引いたりできます。文字や段落に引く罫線や、ページの周囲に引くページ罫線があります。

結語（けつご）
手紙などの文書の末尾に記述する結びの言葉です。結語は文頭に記述する頭語（とうご）と対になっており、頭語が「拝啓」の場合は「敬具」、「前略」の場合は「草々」を使います。

検索
指定した条件で文書内にあるデータを探す機能です。文字だけでなく、グラフィックスや表などを検索対象にすることもできます。

校正
誤字や脱字などを訂正して文書に修正を加える作業のことです。

コピー＆ペースト
データをコピーし、指定した位置に貼り付けることです。[ホーム]タブの[コピー]ボタンと[貼り付け]ボタンを使って操作できます。

コメント
文書に挿入するメモ書きです。複数の人で文書を校正する際に、修正意見などをコメントとして挿入してやり取りするのに使えます。

コンテキストタブ
オブジェクトを選択したり、表内にカーソルがあるときなど、特別な場合に表示されるタブで、タブ名が青字で表示されます。コンテキストタブには、選択している図形などのオブジェクトや表に関するリボンが用意されています。

さ

作業ウィンドウ
編集画面の左や右に表示される設定画面です。作業ウィンドウで設定した内容はすぐに編集画面に反映され、表示したまま作業が行えます。

差し込み印刷
宛先などの別ファイルのデータを1つの文書内に差し込みながら印刷する機能です。はがき宛名印刷など、はがきの宛先を変えながら印刷したいときに使います。

差し込み印刷ウィザード
対話型で画面の指示に従って差し込み印刷の設定が行える機能です。

下書き
余白や画像などが表示されず、文字入力や編集作業をするのに適している表示モードです。

自動保存
Microsoftアカウントでサインインしているとき、OneDriveなどに文書を保存している場合に、文書の変更が自動的に保存される機能です。

ショートカットキー
特定の機能が割り当てられているキーまたはキーの組み合わせです。例えば、Ctrlキーを押しながらBキーを押すと太字が設定できます。ショートカットキーを使うと、マウスでメニューを選択することなく、キーボードから簡単に機能が実行できます。

ショートカットメニュー
マウスを右クリックしたときに表示されるメニューです。右クリックした位置の近くにメニューが表示されるので、すばやく機能を選択できます。

書式
選択した文字や段落に対して見栄えを変更する設定です。例えば、フォント、フォントサイズ、太字、文字色や配置などがあります。

書式のコピー
選択している文字または段落に設定されている書式を、別の文字や段落にコピーする機能です。

ズーム
画面の表示倍率を変更する機能です。Wordでは、10～400％の範囲で表示倍率を変更できます。

ズームスライダー
画面下部のステータスバーの右側に表示される、画面の表示倍率を変更できるバーです。つまみをドラッグするか、[＋]または[－]をクリックして倍率を変更できます。

スクリーンショット
パソコンに表示されている画面を画像データにしたものです。Wordでは、[挿入]タブの[スクリーンショット]で画面の全体または一部を画像として文書内に取り込むことができます。

スクロール
画面に表示される領域を上下左右に動かして変更することです。開いている文書が1画面で表示しきれない場合に、画面の右側や下側にスクロールバーが表示され、スクロールバー上のつまみをドラッグして表示画面を変更できます。

スタート画面
Wordを起動したときに最初に表示される画面です。この画面からこれから行う作業を選択します。新規で文書を作成したり、保存済みの文書を開いたりできます。

スタイル
フォントや文字サイズなどの文字書式や、配置などの段落書式を組み合わせて登録したものです。

ストック画像
ロイヤリティフリーで提供されている画像で、文書内で画像やアイコン、人物の切り抜き絵などの素材を自由に使用でき、表現を豊かにすることができます。

セクション
ページ設定ができる単位となる、文書内の区画です。［レイアウト］タブの［ページ/セクション区切りの挿入］をクリックして任意の位置にセクション区切りを追加し、文書を複数のセクションに分割できます。

セル
表内の、1つひとつのマス目のことです。

セルの結合
表内で、隣り合ったセルを1つにまとめることです。

促音（そくおん）
「さっき」や「あさって」のように、「っ」で表される音です。

た

ダイアログ（ダイアログボックス）
複数の機能をまとめて指定できる設定用の画面です。ダイアログの表示中は、編集の作業はできません。［OK］をクリックすると指定した設定が実行され、画面が閉じます。「ダイアログボックス」ともいいます。

タイトルバー
画面（ウィンドウ）の上端に表示されるバーのことです。左側にはクイックアクセスツールバー、現在開いている文書名、アプリケーション名が表示され、右側には［最小化］、［元に戻す（縮小）］または［最大化］、［閉じる］ボタンが表示されています。タイトルバーをドラッグすると、ウィンドウを移動することができます。

濁音（だくおん）
「がっこう」や「げんき」のように濁点「゛」で表される音のことです。

タッチモード
Wordの画面を直接触って操作するモードで、指で操作しやすいようにリボンのボタンが大きく表示されます。また、マウスを使って操作するモードを「マウスモード」といいます。

タブ
Tabキーを押したときに挿入される記号で、文書内で文字の先頭位置を揃えるときに利用します。初期設定では、Tabキーを1回押すと、行頭から全角4文字分の空白が挿入されます。

段組み
文章を複数の段に分けて配置することです。段組みにすると、1行の文字数が短くなるので、読みやすくなります。雑誌や新聞でよく使用されています。

単語登録
単語の読みと名前などの文字の組み合わせを登録することです。漢字変換しづらい漢字を読みと一緒に登録しておくと、指定した読みですばやく変換できるようになります。

段落
段落記号から次の段落記号までの文章の単位のことです。

段落書式
選択している段落に対して設定できる書式のことです。中央揃え、箇条書き、インデント、行間などがあります。

置換
特定の文字を文章の中から検索し、指定した文字に置き換える機能のことです。

長音（ちょうおん）
「ケーキ」や「スーツ」のように「ー」で表す、伸ばす音のことです。

テーマ
文書全体のフォント、配色、段落間隔、図形などの効果を組み合わせて登録されたものです。テーマを適用すると、文書全体のデザインを一括して変更することができます。

テキストファイル
書式などが設定されていない、文字データだけのファイルです。テキストファイルは、使用するソフトに関係なく開くことができ、汎用性があります。

テキストボックス
文書内の任意の位置に文字を配置できる図形の1つです。横書き用と縦書き用のテキストボックスがあります。

テンキー
キーボードの右側の、数字のキーが集まっている部分です。電卓と同じ配列で数字が配置されているので、数字をすばやく入力できます。テンキーを使用するにはNumLockをオンにする必要があります。

テンプレート
文書のひな型のことで、あらかじめ文字、表、書式などが設定されており、必要な箇所に文字を入力するだけで文書を作成できます。Wordでスタート画面または［ファイル］タブの［新規］をクリックしたときに表示される［新規］画面で、用意されているテンプレートを使うことができます。

頭語（とうご）
手紙などの文書の冒頭に記述する言葉です。頭語を記述したら、必ず文書の最後に対になる結語（けつご）を記述します。例えば、「拝啓」の場合は「敬具」、「前略」の場合は「草々」を使います。

特殊文字
文書に入力できる特殊な記号や文字のことです。例えば、♪のような絵文字やラテン語、ギリシャ語などがあります。

トリミング
文書内に挿入した画像の一部分を切り出すことです。画像の必要な部分だけを使いたいときに使います。

359

な

ナビゲーションウィンドウ
文書内に設定されている見出しを階層的に表示します。見出しをクリックするだけで文書内を移動できます。また、文書内にある文字などのデータを検索するときにも使用します。

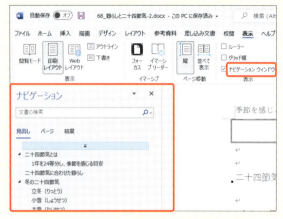

名前を付けて保存
文書を指定した場所に、指定した名前でファイルとして保存することです。

日本語入力システム
パソコンで日本語を入力するためのプログラムで、WindowsにはIMEという日本語入力システムが付属されています。Wordでは、IMEを使って日本語を入力します。

入力オートフォーマット
入力された文字によって自動的に書式が設定される機能のことです。例えば、「拝啓」と入力して改行したり空白を入力したりすると、対応する結語の「敬具」が自動的に右揃えで入力されます。

入力モード
キーボードを押したときに入力される文字の種類のことで、「ひらがな」「全角カタカナ」「全角英数」「半角カタカナ」「半角英数」があります。

は

パスワード
暗号化して保存した文書を開くときに入力を要求される文字です。パスワードを知っているユーザーのみが文書を開くことができます。

貼り付け
[コピー] または [切り取り] してクリップボードに保管されたデータを、[貼り付け] をクリックして指定した場所に貼り付ける機能です。

貼り付けのオプション
[貼り付け] を実行してデータを貼り付けた直後に表示されるボタンです。文字だけや、元の書式を保持するなど、貼り付け方法を後から変更することができます。

半濁音
「パソコン」や「プリンター」のような半濁点「゜」を付けて表す音のことです。

ハンドル
図形や画像などのオブジェクトを選択したときに表示されるつまみです。オブジェクトの周囲に表示される白いハンドルをドラッグするとサイズを変更できます。

表示モード
Wordの編集画面の種類です。「閲覧モード」「印刷レイアウト」「Webレイアウト」「アウトライン」「下書き」の5種類あり、「印刷レイアウト」が標準の表示モードになります。

ファンクションキー
キーボードの上部にある F1 ～ F12 までのキーです。ソフトごとに、さまざまな機能が割り当てられています。

フィールド
特定のデータを表示する領域のことです。フィールドには、フィールドコードと呼ばれる式が挿入されており、フィールドコードの内容に対応したデータが表示されます。例えば、自動的に更新される日付や計算式、差し込みデータなどのデータはフィールドとして挿入されます。

フォーカスモード
タブやリボンを非表示にして文章の編集だけに集中できる表示モードです。

フォント
書体のことです。Word 2021の初期設定のフォントは「游明朝」です。

フォントサイズ
文字の大きさのことで、ポイント単位（1ポイント＝約0.35ミリ）で変更できます。

フッター
ページの下部にある余白部分の領域で、ページ番号や日付などを挿入し、印刷時にすべてのページに同じ内容で印刷できます。

プレースホルダー
文字を入力するためにあらかじめ用意されている枠組みです。Wordに用意されているテンプレートの中にプレースホルダーが配置されているものがあり、クリックして文字を入力すると、プレー

スホルダーがその文字に置き換わります。

プロポーショナルフォント
文字の横幅に合わせて、文字間隔が調整されるフォントです。「MS P 明朝」や「MS P ゴシック」などのように、フォントの名前に「P」が付きます。

プロンプト
Copilotなど、コンピューターに何かを実行するように指示するために入力する命令文のことです。

ページ設定
用紙のサイズや向き、余白や1ページの行数や文字数など、文書全体やセクションに対する書式設定のことです。

ヘッダー
ページの上部にある余白部分の領域で、日付やロゴなどを挿入し、印刷時にすべてのページに同じ内容で印刷できます。

変更履歴
文書内で変更した内容を記録する機能です。記録した内容を後で1つずつ確認しながら、反映するか削除するかを指定できます。

編集記号
段落記号やタブ記号、セクション区切りなど、文書中に挿入される編集用の記号のことです。編集記号は印刷されません。

ま

マウスポインター
マウスを動かすと、それに連動して画面を移動するアイコンです。Wordでは、移動先の場所や状態によって形状が変わり、実行できる機能も異なります。

ミニツールバー
文字や図形などを選択したときや、右クリックしたときに表示される、よく使われるボタンが配置された小さなツールバーです。

文字書式
選択している文字に対して設定できる書式です。フォント、フォントサイズ、太字、フォントの色などがあります。

文字列の折り返し
文書内に挿入した図形や画像に対して、文字の配置方法を設定することです。画像の周囲に回り込ませたり、文字の前面や背面に配置したり、いろいろな設定ができます。

元に戻す
直前に行った操作を取り消して、操作する前の状態に戻すことです。［ホーム］タブの［元に戻す］ボタンをクリックすると、直前の操作を元に戻すことができます。［元に戻す］ボタンの横にある▽をクリックすると過去に行った操作の履歴が一覧で表示され、複数の操作をまとめて取り消すこともできます。

や

やり直し
［元に戻す］を実行してして取り消した操作を、再度実行してやり直すことです。

拗音（ようおん）
「きょう」や「ちゃん」など、小さい「ゃ」「ゅ」「ょ」を付けて表す音のことです。

予測変換
文字入力途中に入力履歴などを元に変換候補が表示される機能で、入力作業を効率化できます。

ら

リアルタイムプレビュー
メニューを表示して一覧から選択肢にマウスポインターを合わせたときに、設定後のイメージが表示される機能です。設定前に確認できるので、何度も設定し直すことがありません。

リーダー
タブによって文字と文字の間に挿入された空白を埋める線のことです。

リボン
機能を実行するときに使うボタンが配置されている、画面上部の領域です。関連する機能ごとにリボンが用意されており、タブをクリックしてリボンを切り替え、目的のボタンをクリックして機能を実行します。

ルーラー
編集画面の上部と左側に表示される目盛りのことで、上部のルーラーを「水平ルーラー」、左側のルーラーを「垂直ルーラー」といいます。インデントやタブ位置の確認や変更ができたり、文字数を測ったりできます。

ルビ
選択した文字の上に小さく表示されるふりがなのことです。

レイアウトオプション
文書内に配置された画像の右上に表示されるボタンです。クリックすると、文書内での配置方法を選択するメニューが表示されます。

ローマ字入力
キーに表示されているアルファベットをローマ字読みで入力する方法です。例えば、「あか」と入力する場合は「AKA」とタイプします。

わ

ワードアート
影や反射、立体などの特殊効果を付けたり、文字を変形したりしてデザインされた文字のことです。文書のタイトルなど、目立たせたい文字を強調し、効果的に見せることができます。

ローマ字／かな対応表

あ行

あ	い	う	え	お		あ	い	う	え	お
A	I	U	E	O		LA	LI	LU	LE	LO
	YI	WU				XA	XI	XU	XE	XO
		WHU					LYI		LYE	
							XYI		XYE	

		いぇ		
		YE		

うぁ	うぃ		うぇ	うぉ
WHA	WHI		WHE	WHO
	WI		WE	

か行

か	き	く	け	こ		が	ぎ	ぐ	げ	ご
KA	KI	KU	KE	KO		GA	GI	GU	GE	GO
CA		CU		CO						
		QU								

ヵ			ヶ	
LKA			LKE	
XKA			XKE	

きゃ	きぃ	きゅ	きぇ	きょ		ぎゃ	ぎぃ	ぎゅ	ぎぇ	ぎょ
KYA	KYI	KYU	KYE	KYO		GYA	GYI	GYU	GYE	GYO

くぁ	くぃ	くぅ	くぇ	くぉ		ぐぁ	ぐぃ	ぐぅ	ぐぇ	ぐぉ
QWA	QWI	QWU	QWE	QWO		GWA	GWI	GWU	GWE	GWO
QA	QI		QE	QO						
KWA	QYI		QYE							

くゃ		くゅ		くょ
QYA		QYU		QYO

さ行

さ	し	す	せ	そ		ざ	じ	ず	ぜ	ぞ
SA	SI	SU	SE	SO		ZA	ZI	ZU	ZE	ZO
	CI		CE				JI			
	SHI									

しゃ	しぃ	しゅ	しぇ	しょ		じゃ	じぃ	じゅ	じぇ	じょ
SYA	SYI	SYU	SYE	SYO		JYA	JYI	JYU	JYE	JYO
SHA		SHU	SHE	SHO		ZYA	ZYI	ZYU	ZYE	ZYO
						JA		JU	JE	JO

すぁ	すぃ	すぅ	すぇ	すぉ
SWA	SWI	SWU	SWE	SWO

た行

た	ち	つ	て	と		だ	ぢ	づ	で	ど
TA	TI	TU	TE	TO		DA	DI	DU	DE	DO
	CHI	TSU								

		っ		
		LTU		
		XTU		
		LTSU		

ちゃ	ちぃ	ちゅ	ちぇ	ちょ		ぢゃ	ぢぃ	ぢゅ	ぢぇ	ぢょ
TYA	TYI	TYU	TYE	TYO		DYA	DYI	DYU	DYE	DYO
CYA	CYI	CYU	CYE	CYO						
CHA		CHU	CHE	CHO						
つぁ	つぃ		つぇ	つぉ						
TSA	TSI		TSE	TSO						
てゃ	てぃ	てゅ	てぇ	てょ		でゃ	でぃ	でゅ	でぇ	でょ
THA	THI	THU	THE	THO		DHA	DHI	DHU	DHE	DHO
とぁ	とぃ	とぅ	とぇ	とぉ		どぁ	どぃ	どぅ	どぇ	どぉ
TWA	TWI	TWU	TWE	TWO		DWA	DWI	DWU	DWE	DWO

な行

な	に	ぬ	ね	の		にゃ	にぃ	にゅ	にぇ	にょ
NA	NI	NU	NE	NO		NYA	NYI	NYU	NYE	NYO

は行

は	ひ	ふ	へ	ほ		ば	び	ぶ	べ	ぼ
HA	HI	HU	HE	HO		BA	BI	BU	BE	BO
		FU				ぱ	ぴ	ぷ	ぺ	ぽ
						PA	PI	PU	PE	PO
ひゃ	ひぃ	ひゅ	ひぇ	ひょ		びゃ	びぃ	びゅ	びぇ	びょ
HYA	HYI	HYU	HYE	HYO		BYA	BYI	BYU	BYE	BYO
						ぴゃ	ぴぃ	ぴゅ	ぴぇ	ぴょ
						PYA	PYI	PYU	PYE	PYO
ふぁ	ふぃ	ふぅ	ふぇ	ふぉ		ヴぁ	ヴぃ	ヴ	ヴぇ	ヴぉ
FWA	FWI	FWU	FWE	FWO		VA	VI	VU	VE	VO
FA	FI		FE	FO			VYI		VYE	
	FYI		FYE							
ふゃ		ふゅ		ふょ		ヴゃ	ヴぃ	ヴゅ	ヴぇ	ヴょ
FYA		FYU		FYO		VYA		VYU		VYO

ま行

ま	み	む	め	も		みゃ	みぃ	みゅ	みぇ	みょ
MA	MI	MU	ME	MO		MYA	MYI	MYU	MYE	MYO

や行

や		ゆ		よ		ゃ		ゅ		ょ
YA		YU		YO		LYA		LYU		LYO
						XYA		XYU		XYO

ら行

ら	り	る	れ	ろ		りゃ	りぃ	りゅ	りぇ	りょ
RA	RI	RU	RE	RO		RYA	RYI	RYU	RYE	RYO

わ行

わ	ゐ		ゑ	を		ん
WA	WI		WE	WO		N
						NN
						XN
						N'

- 「ん」は、母音（A、I、U、E、O）の前と、単語の最後ではNNと入力します（TANI→たに、TANNI→たんい、HONN→ほん）。
- 「っ」は、N以外の子音を連続しても入力できます（ITTA→いった）。
- 「ヴ」のひらがなはありません。

索引

数字 / アルファベット

3Dモデル	268
50音順	224
BackStage	35
Copilot	346
Copilot Pro	352
Excel	230
IME	52, 72
Microsoft Search	46
NO順	225
Officeテンプレート	87
OneDrive	100, 310
PDFファイル	103, 107
SmartArt	264
Webレイアウト	45
Word Online	314

あ行

アート効果	259, 261
アイコン	270
あいさつ文	96
あいまい検索	134
アウトライン	45
明るさ／コントラスト	259
アクセス許可の管理	316
宛先	94, 296
宛名	334
アドレス帳	300
網かけ	145, 162, 165, 167, 222
アルファベット	66
アンカー	247
一括変換	63
移動	116, 125, 126, 244, 285
色	144, 222, 241, 261
インクツール	292
印刷	110, 296, 334, 345
印刷の向き	89, 90
印刷レイアウト	44
インデント	172, 175
上書き	101, 122
上揃え	218, 343
英数字	66
閲覧モード	44
エンコード	108
オートコレクト	80, 159
オブジェクト	237
オプション	35
折り返し	247, 260
オンライン画像	256, 269

か行

カーソル移動	116, 204
改行	117
回転	238
回復	109, 308
改ページ	190
顔文字	69
書き込みパスワード	306
拡張子	100, 105
重なり順	246
箇条書き	158
下線	143
カタカナ変換	61
かな入力	53
画面構成	32
画面の分割	287
漢字変換	58
記書き	98
キーの配置	51
キーボード	50
記号	68
季節のあいさつ	96
既定に設定	243
起動	26
機能キー	50
行	204
行間	182, 185, 249
行数の設定	91
行高	212
行頭の位置	174, 177
行の選択	119, 206
行末の位置	175
共有	315, 326
切り取り	125

切り抜く	257	自動保存	101, 109
禁則処理	191	自動同期	311
均等割り付け	151, 157	写真	87, 256
クイックアクセスツールバー	40	斜体	142
クイックパーツ	278	住所	69
空行	94, 117	修正	122
空白	94	自由な図形	237
組み込みスタイル	166	終了	26, 31
グラフ	233	主文	97
繰り返し	130	昇順	224
クリックアンドタイプ	116	ショートカットキー	41
クリップボード	124, 129	書式	150
グリッド線	185	ショートカットメニュー	41, 127
グループ化	246	書式のコピー	148
蛍光ペン	145, 293	書式の貼り付け	148
計算	226	新規文書	26, 84
形式を選択して貼り付け	128	垂直方向の配置	249
罫線	162, 200, 220, 274	水平線	164, 237
結語	95	数字	66
検索	132	透かし	275
効果	146, 239, 259, 261	スクリーンショット	273
降順	224	スクロール	43
更新	228, 287	図形	236, 238, 244
個人情報	86	図形の移動	244
コピー	124, 126, 148, 244	図形のコピー	244
コメント	292, 318	スタート画面	31
コンテキストタブ	36	スタイル	166, 223, 240, 262
		ストック画像	256, 268
さ行		図表パーツ	265
サイズ変更	238	スペルチェック	288
再変換	61, 65	正方形	237
サインイン	310, 351	整列	245
作業ウィンドウ	37	セキュリティ	316
削除	122, 208	セクション	188, 192
差し込み印刷	296	セル	202, 204
差し込みフィールド	300	セルの結合	215, 216
座標	226	セルの分割	217
サブスクリプション	347	全角英数モード	66
算術演算子	227	選択	118, 205
字下げ	176	先頭位置	178
四則演算	227	前文	96
下書き	45	前面移動	246
下揃え	218	総画数	74
自動入力	95, 97	操作の取り消し	130

挿入	57, 122, 208, 248
ソフトキーボード	75

た行

ダイアログ	37
タイトル	94, 280
縦書き	90, 114, 196, 255
縦中横	114, 155, 196
タブ	178
段組み	188
単語登録	76
単語の選択	118
段落罫線	162
段落書式	136, 156
段落の間隔	184
段落の選択	120
段落番号	160
置換	132
中央揃え	99, 156, 218
直線	237
著作権	269
テーマ	276, 308
テーマのフォント	140
手書き	72
テキストウィンドウ	264
テキストファイル	104
テキストボックス	248
テンプレート	85, 105
頭語	95
同時に選択	120
等倍フォント	139
透明	241
閉じる	30
ドラッグ&ドロップ	126
取り消し	130
トリミング	257
ドロップキャップ	186

な行

ナビゲーションウィンドウ	132, 285
名前を付けて保存	100
並べ替え	224
日本語入力システム	52
日本語の入力	54

入力オートフォーマット	98, 130 159
入力の切り替え	53, 55
入力の取り消し	57
入力モード	52, 63
塗りつぶし	220, 241
年賀状	328

は行

背景の削除	263
配置	245
背面移動	246
はがき	328, 334
はがき宛名印刷ウィザード	335
白紙の文書	26, 84
パスワード	304
発信者名	94
発信日付	93
貼り付け	124, 128, 230, 232
範囲選択	118
半角英数モード	52, 66
パンとズーム	271
ビジネス文書	92
左揃え	157
日付	93, 282
表	198, 204
表記のゆれ	289
表示倍率	42
表示モード	44
表示履歴	29
表の移動	219
ひらがなの入力	54
ひらがなモード	52
開く	28, 106
ファイルを開く	106
ファンクションキー	78
フィールド	229
フォント	71, 138
フォントサイズ	139
部首	75
フッター	280
太字	142
フリーフォーム	237
ふりがな	150
プレースホルダー	86, 281

ブロック単位で選択	121	文字の訂正	56
プロポーショナルフォント	139	文字配置	218
分割	287	文字幅	152
文章校正	288	文字幅を揃える	98
文書全体を選択	121	文字の選択	118
文書の比較	324	文字列の方向	249
文書を閉じる	30	元に戻す	130
文書を開く	28, 106		
文節区切り	65	**や行**	
文節単位で変換	62	矢印	242
文の選択	119	やり直し	130
ページ罫線	274	郵便番号	69
ページ番号	283	用紙サイズ	88, 113
ヘッダー	280	横書き	90
ヘルプ	47	予測変換の候補	59
ペン	292	余白	89, 90, 249
変換候補	54, 60		
変形	239	**ら行**	
変更履歴	320	リーダー	180
編集記号	94	リボン	34
保存	100	両端揃え	157
翻訳	290	両面印刷	113
		リンクのコピー	315
ま行		リンク貼り付け	232
マーカー	292	ルーラー	172, 178
末文	97	ルビ	150
まとめて変換	63	レイアウト	260
右揃え	99, 156	レイアウトオプション	236, 247, 250, 253, 260
右ドラッグ	127	列	204
見出しスタイル	284	列幅	212
見出しの入れ替え	286	連続番号	160
ミニツールバー	41	ローマ字入力	53
モードの切り替え	122, 308	ロゴ	281
モードの表示	123		
目次	286	**わ行**	
文字一覧	74	ワードアート	252
文字カーソル	116	枠線の色	241
文字間隔	153	枠線の種類	242
文字キー	50	枠線の太さ	242
文字数を指定	91	和暦	93
文字書式	136, 155		
文字の効果と体裁	144		
書式	150		
文字の追加	57		

注意事項

- 本書に掲載されている情報は、2025年1月1日現在のものです。本書の発行後にWordの機能や操作方法、画面が変更された場合は、本書の手順通りに操作できなくなる可能性があります。
- 本書に掲載されている画面や手順は一例であり、すべての環境で同様に動作することを保証するものではありません。読者がお使いのパソコン環境、周辺機器、スマートフォンなどによって、紙面とは異なる画面、異なる手順となる場合があります。
- 読者固有の環境についてのお問い合わせ、本書の発行後に変更されたアプリ、インターネットのサービスなどについてのお問い合わせにはお答えできない場合があります。あらかじめご了承ください。
- 本書に掲載されている手順以外についてのご質問は受け付けておりません。
- 本書の内容に関するお問い合わせに際して、編集部への電話によるお問い合わせはご遠慮ください。

本書サポートページ https://isbn2.sbcr.jp/30218/

著者紹介

国本 温子（くにもと あつこ）

テクニカルライター。企業内でワープロ、パソコンなどのOA教育担当後、Office、VB、VBAなどのインストラクターや実務経験を経て、現在はフリーのITライターとして書籍の執筆を中心に活動中。

カバーデザイン　西垂水 敦（krran）
編集協力　　　　BUCH⁺

Word 2024 やさしい教科書
[Office 2024 / Microsoft 365対応]

2025年 2月10日　初版第1刷発行

著　者	国本 温子
発行者	出井貴完
発行所	SBクリエイティブ株式会社 〒105-0001 東京都港区虎ノ門2-2-1 https://www.sbcr.jp/
印　刷	株式会社シナノ

落丁本、乱丁本は小社営業部にてお取り替えいたします。
定価はカバーに記載されております。
Printed in Japan　ISBN978-4-8156-3021-8